P2P网络监测与传播控制

孔　劼　丁军平　著

内 容 简 介

本书系统地介绍了点对点(Peer-to-Peer，P2P)网络的基本概念、特点、发展历史和存在的安全问题。为了解决P2P网络中对特定信息传播进行监测的问题，本书从复杂网络理论的角度出发，对P2P网络的特点进行了分析和讨论，并介绍了多种基于元信息和污染的P2P特定信息传播控制技术。

本书的内容覆盖全面，深入浅出，可以作为高校高年级本科生、研究生相关课程的教材或参考书，也可以作为相关领域科研人员的参考资料。

图书在版编目（CIP）数据

P2P网络监测与传播控制/孔劼，丁军平著．
—北京：中国石化出版社，2019．10
ISBN 978-7-5114-5559-8

Ⅰ．①P… Ⅱ．①孔… ②丁… Ⅲ．①互联网络-监测
Ⅳ．①TP393．4

中国版本图书馆CIP数据核字（2019）第224130号

中国石化出版社出版发行

地址：北京市东城区安定门外大街58号
邮编：100011　电话：(010)57512500
发行部电话：(010)57512575
http://www.sinopec-press.com
E-mail：press@sinopec.com
北京艾普海德印刷有限公司印刷
全国各地新华书店经销

*

787×1092毫米16开本11.25印张278千字
2019年10月第1版　2019年10月第1次印刷
定价：80.00元

前　言

21世纪以来，随着互联网技术的飞速发展，产生了大量基于互联网的新型网络应用，点对点网络(Peer-to-Peer，P2P)就是其中的代表。目前，P2P网络已经被广泛应用于文件共享、视频分发、保密通信等领域。在一些近年来新兴的去中心化网络应用中(例如区块链技术)，P2P网络同样发挥着重要作用。

本书作者在攻读博士阶段一直从事P2P网络的研究工作，特别是在P2P网络监测和信息传播控制方面，取得了一些研究成果。本书是作者结合自己在工作中的实际教学和科研经验，对攻读博士期间科研成果的提炼、总结和升华。本书系统介绍了P2P网络的基本概念、特点、发展历史和存在的安全问题，并对P2P网络中的信息传播监测与控制问题展开研究。在P2P信息传播监测方面，重点讨论了基于复杂网络理论的P2P特定信息传播监测模型、P2P特定信息传播的动力学特性、网络拓扑特性和用户行为特性。在P2P信息传播控制方面，着重讨论了基于“元信息”、基于版本污染、基于数据块污染的P2P特定信息传播控制模型，以及同时具有版本污染和数据块污染特点的P2P特定信息传播综合污染模型。

本书可作为计算机网络、网络安全等领域的高年级本科生、研究生的学习资料，也可供工程技术人员和科技工作者阅读参考。本书具有以下特点：

(1) 深入浅出，易于读者理解；

(2) 理论联系实际，既注重于理论方面的探讨，也关注理论在实际场景中的具体应用。

(3) 内容较为翔实，对于文中主要的模型或方法，都通过实验对其性能或特点进行了验证。

本书主要内容包括：第1章主要介绍P2P网络技术的发展历

程、基本概念和存在的问题。第2章到第5章对P2P网络中的信息传播监测问题展开讨论。其中，第2章介绍了对P2P信息传播监测进行建模所需要使用的复杂网络理论的基本知识。第3章介绍了P2P网络监测的方法、分类和研究现状，详细介绍了P2P特定信息主动、被动监测模型和节点覆盖率估算方法。第4章通过传播动力学理论对P2P特定信息传播规律进行研究。第5章对P2P特定信息传播网络的拓扑特性及用户行为展开分析。第6章到第11章对P2P网络中的信息传播控制问题展开讨论。其中，第6章介绍了P2P文件共享的基本概念，详细讨论了基于流量识别的传统P2P信息传播控制方法。第7章介绍了基于“元信息”的P2P特定信息传播控制方法；第8、9、10章讨论了基于版本污染、数据块污染和索引污染的P2P特定信息传播控制方法；在此基础上，第11章介绍了同时使用多种污染手段，以达到更好地实现P2P信息传播控制效果的综合污染方法。

本书第1、6、8、9、10、11章由孔劼撰写，第2、3、4、5、7章由丁军平撰写，全书由孔劼统稿整理，研究生屈舜对本书的出版也做出了贡献。

本书由西安石油大学优秀学术著作出版基金资助出版。

目　　录

1 绪 论

1.1 P2P 网络概述

Peer-to-Peer(P2P)是一种点对点的对等计算模式或使用该计算模式的网络技术。基于该技术构建的网络系统被称为 P2P 网络。P2P 网络打破了传统的客户机/服务器(Client/Server, C/S)模式，是一种分布式网络系统，无集中控制点，可避免 C/S 网络模式的服务器瓶颈问题，并能满足用户之间直接信息交流的需要，具有自组织性、可扩展性、鲁棒性、容错性以及负载均衡等优点。P2P 网络在众多应用领域中显示出了巨大优势，占据了互联网应用的重要地位，用户数以亿计。由于其在多个应用领域取得的巨大成功和未来广阔的应用前景，P2P 技术被工业界看作是影响因特网现在和未来最重要的技术之一。

P2P 技术在学术界同样受到了科研工作者的高度重视，有许多关于 P2P 技术的知名项目，如麻省理工学院的 Chord、ICSI 的 CAN 以及伯克利的 Tapestry 等。计算机领域众多的重要会议(如 SIGCOMM、SPAA、INFOCOM、PODC、ICDCS、ICNP 等)和刊物(如 IEEE/ACM Transactions on Networking、IEEE journal on selected areas in communications 等)纷纷刊登和发布 P2P 领域的论文，进一步推进了对 P2P 技术的研究。学术界对 P2P 领域许多理论研究成果，又被工业界转化成 Internet 上的实用系统，对于 P2P 技术的发展形成了良性循环。

1.1.1 P2P 的起源与发展

许多学者认为，P2P 起源于 20 世纪 60 年代后期美国国防部高级研究计划局(DAPRA, Defense Advanced Research Projects Agency)建立的 APPANET。建立 APPANET 的目的是共享美国不同研究机构之间的文档和计算资源，最初只有四台主机。在 APPANET 中，没有典型的客户端或者典型的服务器，所有设备在通信上都是平等的。因此，Internet 的始祖 APPANET 从某种意义上来说也是 P2P 网络的始祖。

但是，受到早期计算机性能、资源等多方面因素的限制，在很长一段时间内连接到 Internet 的普通计算机都没有提供网络服务的能力，因此逐步形成了以少量的高性能服务器为中心的 C/S 架构，在 C/S 架构下，对客户端的资源要求非常小，主要的计算任务都是由服务器完成。早期 APPANET 中最重量级的应用——FTP 和 TelNet，都是典型的客户端/服务器应用。20 世纪 90 年代初万维网(WWW, World Wide Web)的出现，使以 WWW 为主的 C/S架构的互联网应用迅速发展，C/S 架构成为构建互联网应用的主流解决方案。受此影响，P2P 技术的发展停滞不前，在学术研究上也不是热点问题。

1998 年，一个叫 Napster 的程序改变了 P2P 发展的历史。18 岁的美国波士顿 Northeastern University 一年级学生 Shawn Fanning 为了帮助舍友在网上找到需要的音乐而编写了一个简单的程序，这个程序从 Internet 中搜索到音乐文件的地址，并将地址存放在一个集中的服务器中以供检索。通过 Napster，用户可以很快地在 Internet 找到提供自己所需音乐资源的网络节点。Napster 推出后迅速取得成功，在最高峰时 Napster 网络有 8000 万个注册用户，之前任何一款 P2P 应用都无法与其相提并论，因此多数人认为 Napster 是 P2P 技术成功进入人们生活的一个标志。

在 Napster 之后，各种成功的 P2P 网络应用纷纷涌现。目前，P2P 技术已经成为构建互联网应用的基础技术之一，在文件共享、云计算、流媒体、即时通信等领域都取得了巨大的成功，被广泛应用于数据传输与内容分发、隐秘通信等领域。近年来在 P2P 技术的基础上出现了许多新兴的网络应用，例如区块链和数字货币等，很可能会给互联网技术带来新的革命。

1.1.2 P2P 的定义和特点

目前，工业界和学术界对 P2P 存在着多种不同的定义。

在工业界，由于各个公司对 P2P 技术的应用不同，对 P2P 的定义也各有不同。Intel 公司认为 P2P 是“通过系统间的直接交换达成计算机资源与信息共享的系统”，这些资源与服务包括信息交换、处理器时钟、缓存和磁盘空间等。

IBM 公司认为 P2P 是由若干互联协作的计算机构成的系统，系统具备以下特征：系统依存于边缘化(非中央式服务器)设备的主动协作，每个成员直接从其他成员而不是从服务器的参与中受益；系统中成员同时扮演服务器与客户端的角色；系统应用的用户能够意识到彼此的存在而构成一个虚拟或实际的群体。

学术界对 P2P 的定义也不尽相同。有学者认为，P2P，即为了达到既定的目标而进行的、生产者和消费者之间直接的信息和服务双向交换行为。

也有学者认为，P2P 是具有如下特征的动态系统：所有节点之间能够直接交互，建立通信和共享资源，这种交互无须借助于(或仅是部分借助于)中央服务器；任一节点仅拥有网络的局部知识；系统整体具有诸如自组织、协作、自适应等全局行为，系统获得这些高级特性主要通过节点之间的局部交互。

综合上述学术界和工业界对于 P2P 的定义，简而言之，P2P 系统即为一个以去中心化方式组织和使用资源的系统。虽然上述定义稍有不同，但共同点都是 P2P 可以充分利用节点资源，形成自组织网络；节点间的交互是直接和对等的，每个节点既为其他节点提供服务，同时也享用其他节点提供的服务；每个节点可以自由地加入或离开系统，构成一个动态逻辑网络。因此，从系统资源管理角度可以看出，P2P 具有如下特点：

(1) 平等性：虽然 P2P 系统中的节点在计算能力、存储能力、网络带宽等方面存在差异，但是其全分布式的结构决定了这些节点相互间是平等的，不能存在从属或控制与被控制的关系，所有节点都能够平等的交换信息。平等性是 P2P 系统优势的基础，也是“点对点”这个名称的由来。

(2) 鲁棒性：由于在 P2P 系统中，服务是由分散在 P2P 网络上的各个节点提供的，节点同时扮演着客户端和服务器的角色，这种分布式的结构不存在单点失效问题，系统中的一部分节点失效对全局性能影响不大。

(3) 可扩展性：在 P2P 系统中，随着用户节点的加入，不仅服务的需求增加，系统整体的资源和服务能力也在同步地扩充，理论上其可扩展性几乎可认为是无限的，该特性使 P2P 系统能够很轻易地扩展到数百万个以上的用户。

(4) 动态自适应性：由于允许节点随时加入或离开，P2P 系统的网络拓扑是动态变化的，当变化发生后，P2P 系统需要有良好的自适应性，根据节点数、网络带宽、负载等情况进行自动调整并更新相关信息，以保持系统的高效运行。

(5)自由性与私密性：在 P2P 系统中，节点的行为，如加入、退出、是否下载、是否上传、与哪些节点交换数据、对下载和上传分配多大的带宽等，都是由节点自己决定的，不受其他节点的指挥。此外，由于信息的传播与扩散是通过在节点之间的中继转发完成的，无须经过某个集中环节，用户的隐私信息被窃听和泄漏的可能性相对于通过集中式服务器进行数据传输的情况要小很多。

1.2 P2P 网络的分类

P2P 网络是叠加在现有 IP 网络上的一种逻辑覆盖网络，是一个分布式的、具有互操作性的自组织系统。P2P 网络面临的挑战之一是如何在没有中心服务器的模式下维护网络拓扑结构，并实现资源搜索。因此，根据网络拓扑组织形式可以将 P2P 网络分为以下几种类型。

1.2.1 集中式 P2P 网络

集中目录式 P2P 网络模型是最早出现的 P2P 网络模型。模形采用星形拓扑结构，设置专门的索引服务器提供节点目录索引服务，P2P 系统内的用户节点都与索引服务器相连，因此仍然具有中心化的特点，从某种意义上来说，这不是一种纯粹的 P2P 结构。集中目录式 P2P 模型如图 1.1 所示，索引服务器记录着 P2P 系统内每个用户节点加入系统时提交的文件共享列表，并每隔一段时间自动进行刷新。当资源请求节点需要下载某个文件时，向索引服务器发送文件查询请求。索引服务器收到请求后，在其保存的共享文件列表中查找与资源请求节点的请求相一致的文件，并按照某种策略(延迟最低、节点空闲度最高等)选择拥有文件的节点，将这些节点的节点信息发送给资源请求者。资源请求者收到节点信息后，与这些节点建立连接并开始数据传输。数据传输过程以纯 P2P 方式进行，索引服务器不参与数据传输。

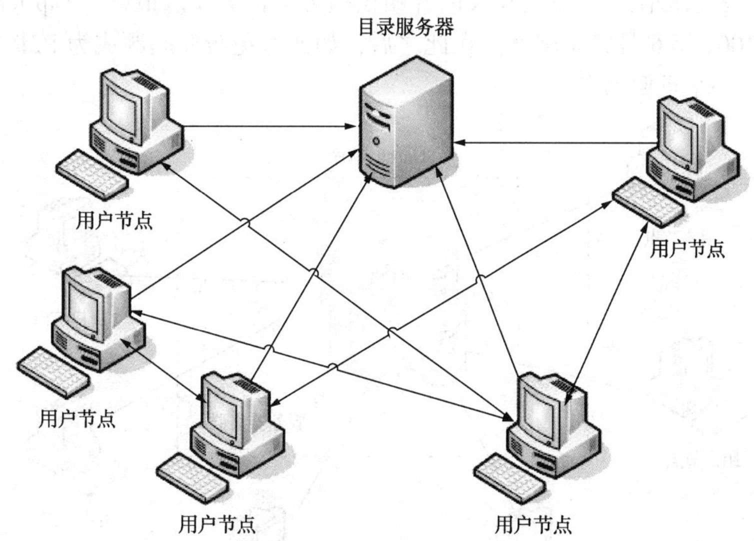

图 1.1 集中目录式 P2P 网络模型

虽然集中目录式 P2P 网络模型与 C/S 结构同样采用星形拓扑，用户节点的注册、查询过程也与 C/S 结构类似，都需要通过中心服务器来完成，但是集中目录式 P2P 网络模型与

C/S 结构在文件传输过程有着本质的不同。C/S 模式中，文件资源保存在中心服务器上，所有的客户端只能从中心服务器获取资源，客户端之间不存在交互过程；而在集中目录式 P2P 网络模型中，文件资源分散保存在各个用户节点上，中心服务器只提供目录索引服务，数据传输在用户节点之间进行。

集中目录式 P2P 网络模型最大的优点是结构简单。集中式的索引服务器在查询时效率高，可以配置不同的查询算法以实现复杂的查询机制。此外，集中式的索引服务器也降低了对海量索引信息的管理难度，可以在服务器上集中提供丰富的共享资源索引信息，对用户具有很强的吸引力。但是，集中式索引服务器带来的问题也是显而易见的。第一，集中式结构必然会存在单点失效问题，一旦索引服务器无法正常工作，系统中的新增下载任务都将因无法进行资源查询而失败。第二，一旦有用户将非法版权文件通过索引服务器发布到 P2P 文件系统中，索引服务器的提供者很容易陷入版权法律纠纷。第三，中央服务器的性能(如处理速度、带宽等因素)对 P2P 网络的效率起到非常重要的影响，随着网络规模的扩大，需要投入大量的费用去维护和更新索引服务器。

集中式 P2P 网络的典型代表是 Napster 和 BitTorrent。

Napster 的网络模型如图 1.2 所示。Napster 的特点在于其系统由 Napster 网站和 Napster 用户组成。Napster 网站是一个由服务器组成的集群系统，用户节点的文件共享索引信息存储在这些服务器上，由服务器集群统一向用户提供目录索引服务。Saroiu 等通过网络爬虫观测到 Napster 网站的集群系统包括大约 160 台服务器，当某台服务器收到用户节点的查询请求后，先查询自己记录的共享文件列表，然后查询集群内其他服务器上记录的共享文件列表，以获得整个服务器集群的全局资源信息。

Napster 系统属于 Napster 公司，并由 Napster 公司进行商业化运营。Napster 的迅速成功在给公司带来利润的同时，也带来了一个新的社会问题——网络版权问题。1999 年 12 月 7 日，美国唱片工业协会(RIAA，Recording Industry Association of America)起诉 Napster 公司违反版权保护法，要求法院勒令该公司关闭并赔偿损失 1 亿美元。最终，Napster 在 2001 年关闭了服务并在 2002 年 6 月宣布破产。在此之后，如何避免版权问题成为 P2P 文件共享系统在设计时考虑的一个重要因素。

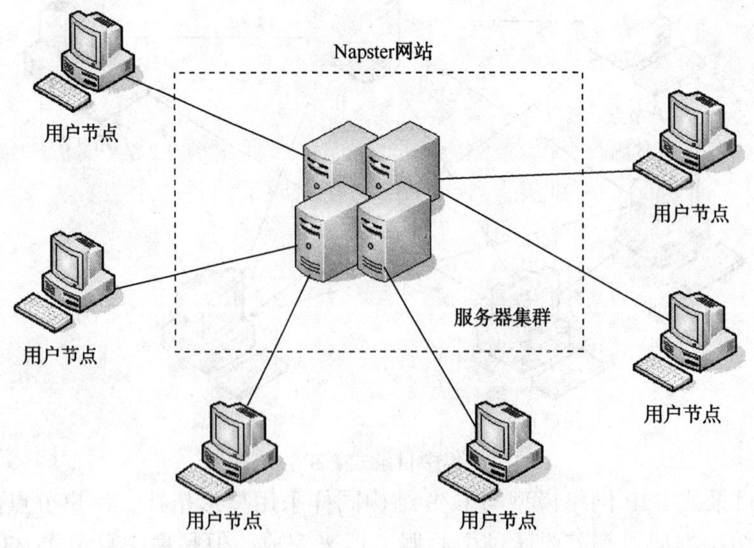

图 1.2　Napster 的网络模型

BitTorrent(简称 BT)第一个可用版本出现在 2002 年 10 月，在设计上借鉴了前辈 Napster 的集中目录式 P2P 模型，又对 Napster 做了改进，引入文件分片和散列值校验的思想，并规定用户在下载的同时必须上传。BT 的网络模型如图 1.3 所示。与 Napster 中用户通过登录 Napster 网站查询所需资源的方式不同，在 BT 中，为了方便用户以多种方式获取所需文件资源的索引服务器信息，某一资源的发布者将资源的相关信息(包括对应的索引服务器信息)制作成一个后缀为“. Torrent”的文件，这个文件又被称为“种子文件”，随后将种子文件发布到 Internet 上。发布方式灵活多样，可以通过网络论坛发布，也可以通过 FTP、电子邮件等方式，有利于共享文件的大范围传播。用户节点获得种子文件后，通过解析种子文件的内容即可获得该资源的索引服务器(在 BT 中被称为 Tracker)地址信息，与索引服务器通信后可获得资源提供者的地址信息，建立连接后即可开始数据传输过程。

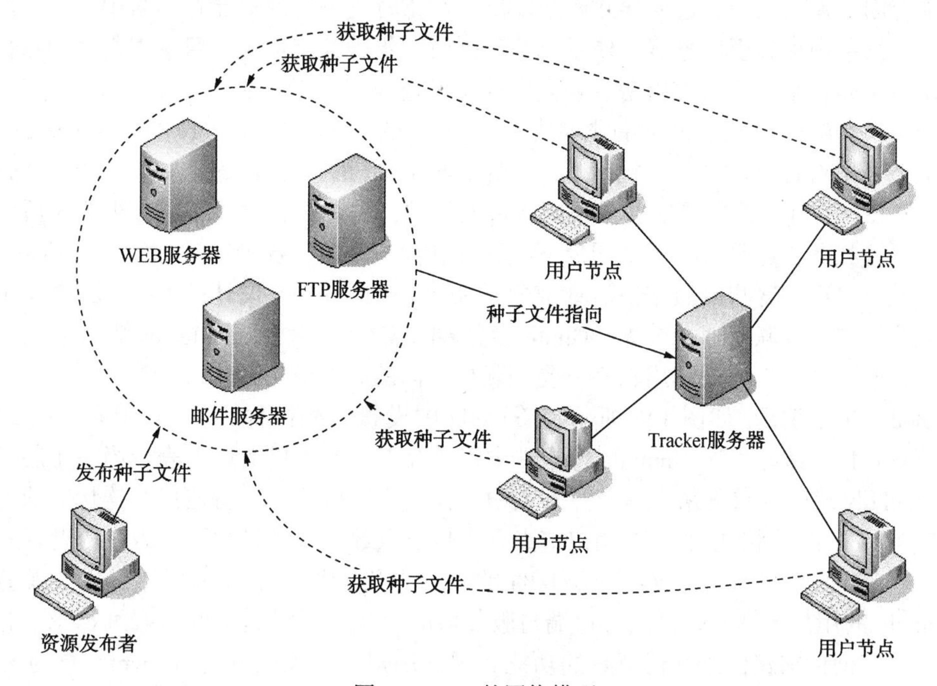

图 1.3　BT 的网络模型

相对于 Napster，BT 将资源查询的功能从系统中分离出来，用户可以通过网络搜索引擎等搜索工具获得自己所需资源的种子文件，再根据种子文件的内容，从 Tracker 中获得所需的资源提供节点信息。BT 系统没有产生类似 Napster 那样的商业化公司，BT 网络不隶属于任何组织，也不被任何组织所维护，种子文件的发布属于用户的个人行为。因此，BT 系统受到版权方面的影响较小，在 Napster 因版权问题陨落后 BT 迅速流行起来。

1.2.2　全分布非结构化 P2P 网络

非结构化网络指网络没有固定的拓扑结构，而是一个随机生成、组织松散的普通图。全分布非结构化 P2P 网络完全按照对等理念自组织形成，取消了中央服务器，解决了网络结构中心化问题，扩展性和容错性较好。

全分布式非结构化 P2P 网络中没有索引服务器，在整个网络中也没有任何一个用户节点了解整个网络的拓扑结构，节点对网络结构和其他节点的了解仅限于与其相连的邻居节点。当某个节点需要查找网络中某些特定节点时，这个节点向其所有邻居节点发出查询请求，若邻居节点不是满足查询条件的目标节点，就将查询请求以同样的方式广播到各自的邻居节点，不断重复这一过程，直到查询到满足条件的目标节点或查询跳数达到设定的最大值。若查询成功，则发起查询的用户节点可以与其目标节点直接建立连接。因此，网络中的内容查询是通过用户节点之间的泛洪式请求实现的。

与集中目录式 P2P 网络相比，全分布式非结构化 P2P 网络模型的目录查询是通过在整个系统的泛洪式请求来实现，目录服务功能被分散到了系统中每一个用户节点上，因此不存在集中目录式 P2P 模型中的索引服务器单点失效问题，拥有更好的网络扩展性和容错性，资源搜索通过相邻节点广播接力传递，每个节点记录搜索轨迹，可以防止搜索环路产生。

与此同时，全分布式非结构化 P2P 网络也存在一些缺点。第一，其泛洪式的查询方式占用的网络带宽随着查询跳数呈几何式增长，很容易造成网络拥塞。第二，系统中的低带宽节点可能会因拥塞而失效，进而导致网络断链。严重时查询访问只能在网络中很小一部分进行。第三，没有中央索引服务器，使系统缺乏高效的集中控制策略，目录查询时间较长。第四，安全性不高，系统容易因攻击者频繁发送垃圾查询信息而堵塞。

全分布式非结构化 P2P 网络的典型代表是 Gnutella。2000 年 3 月 14 日，NullSoft 公司在其网站上公开了 Gnutella 的第一个版本，但由于 NullSoft 的母公司美国在线(AOL，American On Line)担心该软件的流行可能会带来版权诉讼问题，因此在软件发布一个半小时后就关闭了网站。尽管如此，还是有上千个用户下载到该软件。其后，各种第三方组织对 Gnutella 进行克隆，开发自己的客户端版本。这些克隆的版本都与 Nullsoft 设计的 Gnutella 协议的相兼容，因此能够实现互联互通。今天，Gnutella 更多的被看作一种纯分布式非结构化 P2P 文件共享协议，而非某个具体的应用软件，受到版权方面的影响较少。

Gnutella 的网络模型如图 1.4 所示。Gnutella 中设置一些被称为“入口节点”的计算机，这些计算机长期在线。每个 Gnutella 客户端中都保存着一份入口节点列表。当一个新节点要加入 Gnutella 网络时，首先从入口节点列表中选择一个入口节点进行连接。连接完成后，新节点即成为 Gnutella 网络中的一个用户节点。入口节点数量很多且功能一致，因此通过入口节点加入新节点的方式并不会破坏 Gnutella 的纯分布式特性。由于采用泛洪式资源查询机制，Gnutella 的用户节点同时扮演客户端与服务器的角色，同时具备发送查询请求、接收查询结果、将查询请求路由给其他节点的功能，因此用户节点又被称为 Servent，意为 Server+Client。在 Gnutella 中，通过生存时间(TTL，Time-To-Live)来控制泛洪式广播，在系统内每经过一跳，TTL 值减 1。当 TTL 值为 0 时就不再继续往前发送，以避免广播无限制的消耗网络资源。

除了 Gnutella 之外，Freenet 也是典型的全分布非结构化 P2P 网络。

1.2.3 全分布结构化 P2P 网络

结构化网络模型与非结构化网络模型的根本区别在于：每个用户节点的邻居节点是否能够按照某种全局化的方式组织起来以进行快速查找。全分布式结构化 P2P 网络中消息传递和资源定位的基础是分布式散列表(Distributed Hash Table，DHT)。分布式散列表是一种分布式的存储方法，通过散列算法将结点与数据对象的对应关系映射到分布式网络中。多数基于全分布结构化网络模型的 P2P 文件共享系统采用的散列函数是 SHA1(Secure Hash Algorithm)安全散列算法，该算法能产生均匀、随机、与输入无关的 160 位散列值，且散列值发生冲突的概率极小。全分布结构化 P2P 网络最大的特点是每个节点仅维护其临近的后继结点的路由信息，在进行资源查询时，通过有限次迭代就可以有效地到达目标节点，同时还避

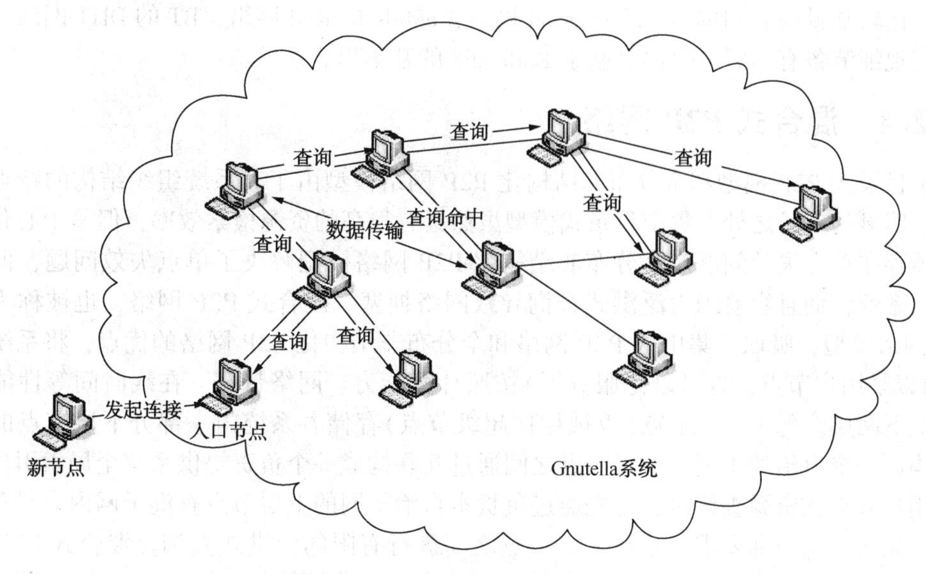

图 1.4　Gnutella 的网络模型

免了泛洪式查询带来的网络拥塞问题。因此，该类型的 P2P 网络有着良好的可扩展性和搜索性能，适用于对可用性要求高的系统。此外，由于网络中存在某些可以经过有限次查询而快速定位的特定节点，通过将路由信息冗余地复制到这些节点上，纯分布式结构化 P2P 网络还解决整了个网络范围内的单点失效问题。

全分布式结构化 P2P 网络的缺点在于其维护机制比集中式模型、全分布式非结构化模型都要复杂。首先，节点频繁加入和退出会大大增加分布式散列表的维护代价。其次，结构化网络中文件索引信息的插入和资源搜索都是以匹配文件散列值的方式进行的，只能支持精确匹配，无法实现多关键字查询或模糊搜索功能。第三，资源的查询基于纯分布式结构，虽然经过有限的跳数即可定位到资源，但查询的效率还是低于集中目录式查询。

基于全分布式结构化模型的比较有代表性的 P2P 文件系统包括加州大学伯克利分校的 CAN 和 Tapestry，麻省理工学院的 Chord，微软公司和 RICE 大学合作的 Pastry 等，但是真正在实际的 P2P 文件系统中被广泛应用的，还是 Kademlia。

Kademlia 是一种基于纯分布式结构化模型的 P2P 协议，由 Peter Maymounkov 于 2002 年发表于当年的 IPTPS 会议。Kademlia 采用"异或"(XOR)运算来度量网络节点之间的距离。由于异或运算具有非负性、对称性、单向性、传递性以及三角不等性，从而能够保证异或运算得到的节点间距离与节点的一一对应，使节点可以通过异或运算的值推断出另一个节点在 Kademlia 网络中的位置。异或运算还具有运算开销小的特点，非常适合纯分布式结构化模型。对于一个节点规模为 n 的 P2P 网络，Kadmelia 能够保证查询在$[\log n]+c$ 跳内完成，其中 c 为一个较小的常数。在 Kademlia 网络中，所有信息均以<Key，Value>属性对的形式分散地存储在各个节点上，其中 Key 值为 160 位的散列值。Kademlia 中的节点 ID 也是 160 位的二进制字符串，Kademlia 将<Key，Value>属性对储存在节点 ID 与 Key 值相等或接近的节点上，在查询时通过不断迭代逼近存储着<Key，Value>属性对的节点，最终获得相关的索引信息。Kademlia 的查询过程将在后续章节中做详细介绍。

由于 Kademlia 能够在完全不需要服务器的情况下实现资源的查询，且具有自组织、效率较高、扩展性和鲁棒性好的特点，因此近年来许多 P2P 文件共享系统将 Kademlia 网络整合到系统中，以加强系统的资源查询能力，使系统在索引服务器无法工作时依旧可以提供资源查询。比较常见的有 eDonkey 的 Overnet 网络，eMule 的 Kad 网络，BT 的 DHT 网络。尽管名称和实现细节各有不同，但都是基于 Kademlia 的基本思想。

1.2.4 混合式 P2P 网络

集中目录式 P2P 模型和全分布非结构化 P2P 网络模型由于其系统组织结构的特点，都存在一些明显的不足之处。集中目录式模型虽然具有很高的资源检索效率，但是中心化的索引服务器存在单点失效问题。全分布非结构化 P2P 网络模型解决了单点失效问题，但是资源查询效率低，而且容易因为泛洪式查询导致网络拥塞。混合式 P2P 网络，也被称为分层式 P2P 网络模型，吸取了集中式 P2P 网络和全分布非结构化 P2P 网络的优点，将系统内的节点(可以是用户节点，也可以是服务器)按照计算能力、网络带宽、在线时间等性能的强弱分为上下两层。每个上层节点(也被称作超级节点)存储着系统内一部分下层节点的索引信息，构成一个自治的子网。上层节点之间通过互联构成一个负责提供系统全局索引功能的网络。用户节点在资源查询时，首先通过负责本自治子网的上层节点查询子网内满足条件的资源，若无法满足查询要求，才在上层节点之间进行有限的泛洪式查询。混合式 P2P 网络的优点在于将节点按能力分层后，可有效地消除全分布非结构化 P2P 网络使用泛洪搜索算法带来的网络拥塞、查询效率低下问题。相对于集中目录式 P2P 网络，又将中心化索引服务器的功能分散到若干个上层节点，降低了单点失效对整个网络的影响。但是，混合式 P2P 网络依然存在局限性，从自治的子网角度来看，依旧存在单点失效问题。某个上层节点失效会造成整个系统内一部分节点无法完成资源查询。

混合式 P2P 网络模型在 P2P 文件系统中的典型代表是 KaZaA 和 eDonkey/eMule。

KaZaA 系统由荷兰公司 Consumer Empowerment 于 2001 年 3 月推出。KaZaA 系统基于 FastTrack 协议，是 FastTrack 协议的众多实现系统中最杰出的代表，在问世初期，其在线用户数即超过 300 万个，共享数据资源超过 5000TB。KaZaA 的网络模型如图 1.5 所示。

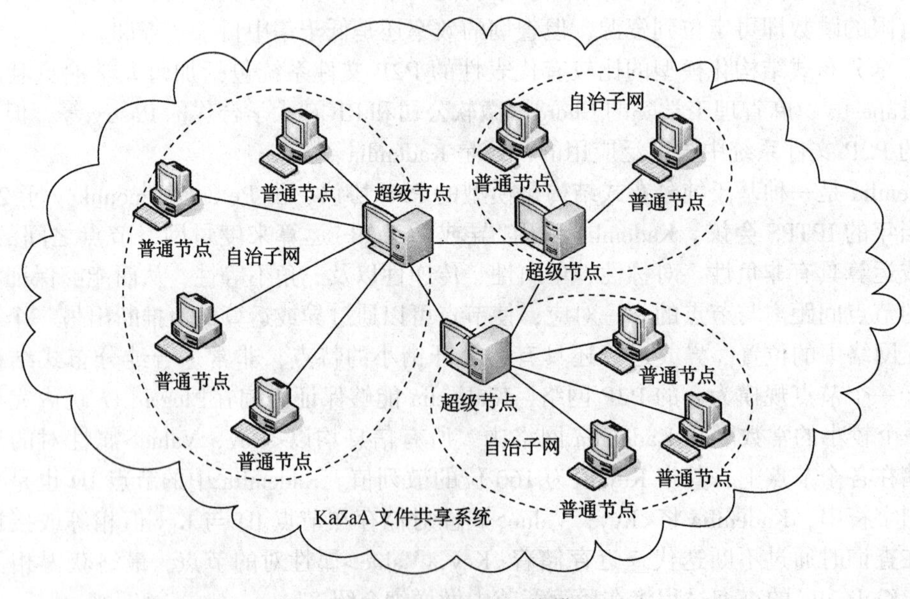

图 1.5 KaZaA 的网络模型

KaZaA 将系统内的节点按照节点能力的大小分成两类：超级节点(Super Node)和普通节点(Ordinary Node)。超级节点在处理能力、网络带宽、存储容量、在线时间等方面相对于普通节点有着较大的优势，此外，超级节点还具有较好的网络连通性，不受NAT(Network Address Translation，网络地址转换)的限制。超级节点和若干个与其邻近的普通节点组成一个自治的子网，超级节点在子网中同时扮演着普通节点和索引服务器的角色。超级节点不是固定不变的，由于超级节点只是系统中性能强大的用户节点，同样存在退出系统、节点失效等问题，因此系统中功能强大的普通节点也经常会被提升成为超级节点。从某种角度来说，KaZaA系统的这些子网是小型的集中目录式P2P系统，但是整个KaZaA系统中不同自治子网的超级节点之间又以纯分布式的结构相连，当一个超级节点接收到查询请求后，它不但查询本子网内的资源索引，还会将查询请求发送至与其相连的一小部分超级节点，因此查询能够获得这部分超级节点所保存的资源列表。不将查询请求发送到所有超级节点是出于防止网络拥塞的考虑，但是这样又会使查询具有局部性。为了解决查询的局部性问题，某些KaZaA的客户端设计了一种多重查询机制。用户节点在查询时首先将查询请求发给其所在子网的超级节点，获得查询结果后，用户节点断开与超级节点的连接并连接到一个新的超级节点上，重新发送查询请求。通过这种方法，可以使查询结果的集合得到扩展，从而缓解查询的局部性问题。

eDonkey又被称作“电驴”，于2000年9月6日由美国MetaMachine公司的Jed McCaleb发布。eDonkey的索引服务器采用分布式结构，遍布全世界，并且每个人都可以自己架设eDonkey服务器。此外，eDonkey中使用散列算法来唯一的标识系统中的节点ID和文件，并利用文件的散列值进行数据的正确性和完整性校验。eDonkey的网络模型如图1.6所示，系统由服务器层和客户端层组成。服务器层由服务器以纯分布式结构互联而成，服务器只负责提供资源索引信息和服务器列表信息，不参与数据传输。当一个客户端加入eDonkey系统时，首先连接客户端内置的入口服务器。连接建立后，从入口服务器获得一份索引服务器的列表，从其中选择最合适的索引服务器进行连接。索引服务器保存着客户端加入eDonkey系统时向其提交的共享资源列表，当一个客户端查询资源时，既可以向与其相连接的索引服务器查询，也可以将查询请求经过与其相连的索引服务器提交到服务器层的其他索引服务器上，以获得更多的资源索引信息。eDonkey的网络模型如图1.6所示。

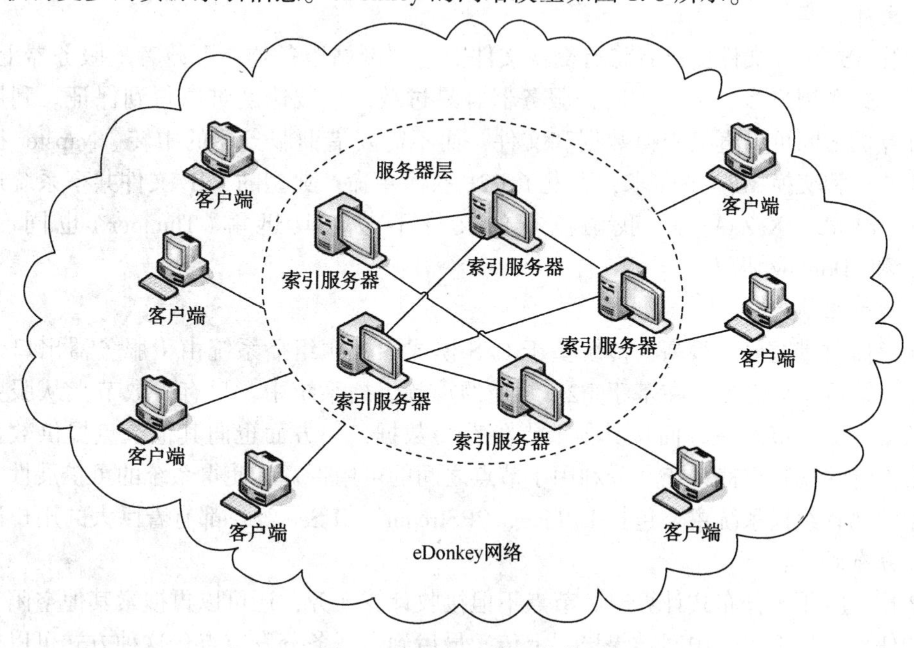

图1.6　eDonkey的网络模型

由于 eDonkey 是由一家商业公司开发的商业软件，也不可避免的遇到了版权问题。2005 年因与美国唱片工业协会的官司败诉被美国联邦最高法院判为非法，赔偿美国唱片工业协会 3000 万美元并且永久停止开发。

eMule 又被称作“电骡”，是 eDonkey 的后继者。2002 年 5 月 13 日一个名为 Merkur 的德国人因为不满意当时的 eDonkey 客户端，于是组织一批程序员在 eDonkey 协议的基础上加入新功能并改善图形界面，开发出了一款新的 P2P 文件共享软件——eMule。eMule 的基本原理与 eDonkey 相同，兼容 eDonkey 的 ed2k 网络协议，能够直接登录 eDonkey 的索引服务器，同时还提供了很多 eDonkey 所没有的功能，例如自动搜索网络中的索引服务器、保留搜索结果、与正在连接的用户节点交换索引服务器地址、优先下载便于预览的文件头尾部分等。eMule 是一款开源软件，目前由非商业的自由开源社区 emule-project 维护。

eDonkey 在发布后迅速流行起来，根据 2009 年 IPOQUE 的统计，eDonkey 和 eMule 的流量在多个国家和地区都处于所有网络应用的第二位，仅次于 BT。据 PEERATES 网站 2011 年 3 月 18 日 16 时 43 分的统计数据显示，全球共有 1638168 名用户在使用 eDonkey/eMule 系统，系统内拥有 279190380 条资源索引记录。由于该网站的统计数据源于其连接到的索引服务器，考虑到查询的局部性问题，不可能统计到所有索引服务器的情况，因此实际的用户数和索引记录应该会更高。2019 年 8 月，意大利(46.66%)、西班牙(20.26%)位于全世界 ed2k 网络节点数量的前二位。我国的 ed2k 网络节点占全世界总节点数的 3.1%。近年来，由于受到各国版权保护法律的影响，ed2k 网络规模和资源数都较以前有了较大幅度的下降，即使如此，同时在线的用户数依然接近 200 万个，资源数量超过 5000 万个。

1.3 P2P 网络应用

近年来，P2P 技术以应用为推动力，在不同应用领域发展出了各种应用模式。目前，P2P 技术主要应用包括但不限于以下一些领域。

(1) 文件共享

在传统方式中，文件提供者将待交换文件上传到网站服务器，下载者从服务器上下载。这种下载方式在用户多、文件大时，服务器容易过载，下载速度难以得到保证。利用 P2P 技术，计算机之间可以直接交换数据和文件，而不需要借助服务器的中转。Napster 抓住人们对自由共享和交换 MP3 的需求，引发了 P2P 技术革命。典型的 P2P 文件共享系统还包括 BitTorrent、eMule、KaZaA 等，我国流行的文件下载工具迅雷(Thunder)也同时支持 BitTorrent 和 eDonkey 协议。

(2) 视频组播

视频组播对带宽要求很高，传统基于 C/S 模式的视频组播系统由于服务器出口带宽限制而导致系统可扩展性差。在基于 P2P 结构的视频组播系统中，只有少数节点从服务器直接获取数据，更多节点一方面从其他节点处获得数据，一方面也向其他节点提供数据。以 P2P 技术构建的视频组播系统充分利用了节点之间的可用带宽，使得系统的可扩展性大为提高。典型的视频组播系统主要包括 PPLive、PPStream、UUSee 等，都有着巨大的用户群。

(3) 分布式计算

P2P 技术应用于分布式计算时，节点不但接收计算任务，还可以再搜索其他空闲节点并把收到的任务分发下去。中间结果层层上传，最后到达任务分发节点。这种方式可以合理整合闲散计算资源，使总体计算能力得到大规模提升。斯坦福大学的 Folding@ home 项目通过分布式计算致力于研究蛋白质折叠、误折、聚合及由此引起的相关疾病。

(4) 实时通信

Skype 语音通信软件完全采用 P2P 技术，当用户之间需要语音通信时，Skype 在覆盖网中找出一条当前带宽最大的覆盖网通路，通过多跳转发方式进行数据传送。由于 Skype 的出现和高速发展，越来越多的用户转向 IP 电话，已经对传统电信业构成了一定威胁。

(5)数据存储

在数据存储领域，P2P 技术将数据存放于多个 P2P 节点，而不是专用服务器上。这样不仅可以减轻服务器负担，还可以提高数据存储的可靠性和传输速度。P2P 数据存储系统以数据的可用性、持久性、安全性为目标，致力于海量数据管理。经典的 P2P 数据存储系统包括 OceanStore、CFS 和 Granary 等。

1.4 P2P 文件共享带来的问题

P2P 文件系统的大规模流行，使互联网用户可以快捷、便利地分享各种软件、电影、音乐、电子文献，使知识和信息在互联网上传播的速度和范围大大加强。但是与此同时，互联网节点不受任何限制的互通有无行为直接导致了一个新的社会问题——数字作品的版权问题。

数字作品的版权问题与 P2P 文件系统的大规模应用同步出现。Napster 最初的设计目的就是为了帮助互联网上的乐迷更方便地找到自己喜欢的 MP3，而音乐作品的任意传播很难保证不侵犯版权拥有者的合法权益。早在 Napster 诞生不久，重金属乐团 Metallica 发现他们的一首样本曲目“I Disappear”在发布前就流传于 Napster 网络。最终使得该曲目在美国各地的数个电台上被播放，同时乐队发现他们过去的全部曲目也可在 Napster 网络上非法获得。面对唱片工业利益受到侵犯的现实，RIAA 发起维权诉讼。RIAA 声称盗版音乐导致全球音乐产业每年减少 42 亿美元的收益，对诚实的消费者、唱片公司、零售商与艺人造成伤害，特别是 Napster，推动盗版音乐到一个空前的地步。因此，RIAA 开始下重手打击使用 P2P 文件共享软件传播音乐文件的行为。1999 年 12 月 7 日 RIAA 控告 Napster 提供从其他用户的机器上下载 MP3 文件的服务，侵犯了音乐的著作权。经过长期的反复诉讼，2001 年 2 月 12 日，法院出具裁决，认定 Napster 侵权，要求 Napster 必须中止其免费互联网服务，并且不得再提供未经授权的音乐服务。诉讼导致 Napster 元气大伤，最终于 2002 年破产。

Napster 在知识产权方面的麻烦对 P2P 文件系统后来的发展产生了很大的影响。开发者们在设计 P2P 文件系统及其工作模式的时候，或多或少都考虑了避免版权诉讼的因素。在 Napster 之后，商业化的 P2P 文件系统逐渐淡出，取而代之的是免费、开源、由非营利组织维护的 P2P 文件系统，以避免因盈利遭到知识产权诉讼。

随着 P2P 文件共享技术的发展和互联网网络带宽的提高，用户通过 P2P 文件共享系统传播的内容已不局限于 MP3，电影、电视剧、大型商业软件、文献等，只要能转换成数字格式，都可以通过 P2P 文件系统在互联网上进行大规模传播。为此许多国家和地区都制定了严格的法律禁止通过 P2P 文件系统非法传播版权文件。2005 年 10 月，香港一男子因利用 BT 软件在互联网非法上传了三部版权电影而被捕，并被法院判监禁三个月。这是全球首例因 P2P 侵权行为而获刑的案例，当时引起了轩然大波。这个案例深刻体现了 P2P 文件共享技术对传统法律的冲击。P2P 文件共享在世界范围内掀起了一场侵权、自由、共享之间的持续争论。

但是，法律诉讼不能解决全部问题。只要有利益的存在，就会有人敢于以身犯法。而且 P2P 文件系统有着巨大的用户群，对每一个用户都提出诉讼在实际操作上也是不现实的。此外，立法本来就是一个复杂而长期的过程。目前在全世界很多国家和地区，P2P 文件共享并不违反法律，靠法律保护数字文件的知识产权并不是在所有地方都行得通。因此，在通过法律保护知识产权的同时，还需要配合技术手段，使合法的 P2P 文件共享可以正常进行，非法的 P2P 文件共享得到有效的控制。

为了解决上述问题，本书以 P2P 网络环境下信息传播为背景，在分析常见 P2P 协议的基础上，对特定 P2P 信息共享过程的监测，分析和控制展开讨论。

2　复杂网络理论基础

随着 P2P 网络的不断发展，网络规模越来越庞大，节点连接关系越来越复杂，网络本身具有高度的复杂性和动态性，本质上是一个典型的复杂网络，传统网络理论已不适用于 P2P 网络研究。因此，本书应用复杂网络相关理论，对 P2P 特定信息传播网络进行监测，根据监测数据和传播动力学模型对拓扑特性和用户行为进行分析，以期获得关于 P2P 特定信息传播领域有价值的研究成果。本章首先简要介绍复杂网络的基本概念以及该领域中与 P2P 网络信息传播紧密相关的研究成果，其次对复杂网络的各种拓扑特征及其描述现象进行了研究，最后详细阐述了具有代表性的典型复杂网络模型构造方法和拓扑特性，并对关键拓扑特性进行了比较分析。

2.1　网络的图表示方法

图论是数学的一个分支，它以图为研究对象。图论中的图是由若干给定的点及连接两点的线所构成的图形，这种图形通常用来描述某些事物之间的某种特定关系，用点代表事物，用连接两点的线表示相应两个事物间具有这种关系。

定义 2-1：网络可表示为点集 V 和边集 E 组成的图 G，记作 $G=(V, E)$，且

① $V=\{v_1, v_2, \cdots, v_N\}$ 是顶点的集合，其中的元素 v_i 表示网络中的具体节点，$1\leqslant i\leqslant N_V$，$N_V$ 表示网络中节点的数目。图 G 中所有节点的集合可用 $V(G)$ 表示；

② $E=\{e_1, e_2, \cdots, e_{N_E}\}$ 是边的集合，其中的元素 $e_j=(v_{j_1}, v_{j_2})$ 表示网络中节点 v_{j_1} 与 v_{j_2} 之间的连接，一般来讲，v_{j_1} 与 v_{j_2} 不是同一个节点，$1\leqslant j\leqslant N_E$，$N_E$ 表示网络中边的数目。图 G 中所有边的集合可用 $E(G)$ 表示。

定义 2-2：当图 G 中任意两个节点对 (v_{j_1}, v_{j_2}) 和 (v_{j_2}, v_{j_1}) 表示同一条边时，则 G 称为无向图；否则，图中的边称为有向边，图 G 称为有向图，有向图也可以用 G_d 表示。在本文后续论述中，如果不做特殊说明，图 G 表示无向图。

定义 2-3：在图 $G=(V, E)$ 中，如果图 G 中的每一条边 $e_j=(v_{j_1}, v_{j_2})$，都有一个权重 w_j，则图 G 称为赋权图；否则，图 G 称为无权图。

定义 2-4：对图 G 和图 H 来说，当 $V(H)\subseteq V(G)$，且 $E(H)\subseteq E(G)$ 时，图 H 是图 G 的子图，记作 $H\subseteq G$。当 $H\neq G$ 时，图 H 是图 G 的真子图，记作 $H\subset G$。

定义 2-5：度(degree)是节点属性中的重要概念，节点 v_i 的度是与该节点连接的其他节点数量，用 $\deg(v_i)$ 或 k_i 表示。在有向图 G_d 中，节点的度可分为入度和出度：节点的入度是指从其他节点指向该节点的边的数目，用 $\deg_{in}(v_i)$ 或 k_i^{in} 表示；节点的出度是指从该节点指向其他节点的边的数目，用 $\deg_{out}(v_i)$ 或 k_i^{out} 表示，且 $\deg(v_i)=\deg_{in}(v_i)+\deg_{out}(v_i)$。图 G 的度 $\deg(G)$ 为图中所有节点的最大度值。即：

$$\deg(G)=\max_{i=1}^{N_V}[\deg(v_i)] \tag{2-1}$$

如果图 G 中所有节点的度都是常数 k，那么称图 G 为规则图，如果 k 的值为 N_V-1，那

么任意一个节点与任意其他节点都有边相连，则称图 G 为完全图。

定义 2-6：图 G 中 2 个节点 v_i 和 v_j 的距离 d_{ij} 定义为连接这两个节点的最短路径上的边数。如果两个节点不可达，那么它们之间的距离为无穷大(∞)。

定义 2-7：图 G 的直径 D_G 定义为图中任意节点对距离的最大值。即：

$$D_G = \max_{i,j=1, i\neq j}^{N_V} (d_{ij}) \tag{2-2}$$

定义 2-8：从一个节点出发沿着图 G 中的边所能到达的全部节点集合，称为图 G 的一个联通子图。对图 G 而言，如果从一个节点出发沿图中的边能够到达图中的任何节点，则称图 G 为连通图。

2.2 复杂网络基本理论

2.2.1 复杂网络的基本概念及相关研究

网络与图的最早研究起源于解决“哥尼斯堡七桥”问题，随后逐步发展成为系统化的科学理论。随着 Erdös 和 Rényi 提出随机网络(Erdös-Rényi，ER)模型，面向真实网络的建模及理论研究取得了很大进展。但是随着计算机处理能力的提高，网络研究由几百个节点的小网络，转向了规模更大、结构更复杂的网络系统，人们发现随机网络模型在处理大规模复杂网络时变得无能为力，并且很多真实网络的特性都无法用随机网络模型来解释。这些问题使得对复杂网络的科学理解，已成为网络科学研究中一个极其重要的挑战性课题。

1998 年，Watts 和 Strogatz 引入了小世界(Small World)网络模型。该模型以小概率改变规则网络中边的连接方式，构造出介于规则网络和随机网络之间的网络，该网络既具有高聚类特性，又具有较小平均路径长度。1999 年，Barabási 和 Albert 通过在互联网的随机行走发现互联网的度分布符合“胖尾”幕律分布，而后指出许多实际复杂网络的度分布具有幂律形式。由于幂律分布没有明显的特征长度，该类网络又被称为无标度(Scale-Free)网络。随着这些开创性研究的进行，复杂网络的科学探索发生了重要转变，开辟了复杂网络研究新纪元。

大部分现实网络无论从规模还是网络结构来看，都是复杂网络。例如：代谢网络、蛋白质网络、神经网络、电影演员关系网络、科学家合作网络、电子邮件网络、电力网络、Internet、WWW 网络、P2P 网络等。虽然复杂网络已成为研究热点，然而目前人们还没有给出它的精确定义。比较公认的复杂网络具有三个特征：小世界效应、自由标度性和高聚类性。

目前，复杂网络研究涉及范围已非常广泛，大量关于复杂网络的文章在国际一流刊物上发表，反映了复杂网络已经成为国际学术界的研究热点。综合而言，复杂网络的研究内容可以归纳为以下几类。

(1) 网络拓扑特性分析

网络拓扑特性分析是对复杂网络最基本的研究手段，目的是发现复杂网络的一些统计特性，例如连接度与度分布、平均路径长度与聚类系数、拓扑层次化等，并研究相关特性的有效评价方法，试图认识、掌握各种内在规律。

(2) 复杂网络建模研究

图论中提出的经典模型已经被证明与实际网络相差较远，必须发展新的网络模型以模拟网络的生长过程以及重现那些在实际网络中观察到的结构属性。根据各种实际复杂网络数据的分析结果，概括出其共有的特性，再结合对实际网络形成机制的理解和解释，通过生成算法构建符合真实网络统计特性的网络演化模型，模仿真实网络行为，再现真实网络几何特性。

(3) 复杂网络动力学研究

每个复杂网络都是一个复杂的动力系统，由节点所代表的动力学单元相互作用构成。复杂网络动力学研究主要包括：网络结构如何影响动态属性，如鲁棒性和同步能力等；混沌动力系统在网络上的同步性；网络拥塞及信息在复杂网络上的传播；小世界网络的自组织临界现象；复杂网络控制问题等。理解了网络上各种复杂行为的内部机制，有利于更加有效地实施控制策略和资源配置。

(4) 复杂网络的应用

尽管复杂网络理论还在完善中，但复杂网络已经开始应用到各个学科领域内，主要包括：根据复杂网络模型挖掘与功能相关的深层内容；应用复杂网络鲁棒性研究成果进行网络设计；应用传播动力学理论研究流行病传播；将小世界网络思想应用于人工神经网络，可以减少神经网络的学习时间和学习误差；将复杂网络理论应用于 Hopfield 网络，可以改变 Hopfield 网络的联想记忆功能。随着复杂网络研究的不断发展，会有越来越多的问题使用复杂网络理论解决。

2.2.2 复杂网络的拓扑特征

复杂系统的拓扑特征往往决定了该系统所具有的功能特性。因此，人们对复杂网络的研究，更多的是立足于对其拓扑特征的研究。虽然真实的复杂网络在规模、节点属性、承载功能等方面差异较大，但大量研究表明，这些复杂网络普遍存在一些共同的拓扑特征。研究人员提出了许多刻画复杂网络拓扑特征的概念，这些概念在研究中起到了至关重要的作用，下面对主要概念进行介绍。

(1) 平均路径长度与全局效率

平均路径长度$<d>$定义为网络中任意两个节点之间距离的平均值，即：

$$< d > = \frac{1}{\frac{1}{2}N_V(N_V - 1)} \sum_{i,\ j=1,\ i \neq j}^{N_V} d_{ij} \tag{2-3}$$

式中 N_V——网络节点数。

在实际应用中，N_V 的数量级一般很大。如果是非连通网络，部分节点对之间没有连通路径，其距离为无穷大，$<d>$的计算结果会变为无穷大。为了解决这个问题，一方面，定义$<d>$为所有存在连通路径节点对的平均最短路径长度，将没有连通路径的节点对排除在外；另一方面，使用全局效率 E_G来代替$<d>$描述网络的功能特性。全局效率 E_G的定义为：

$$E_G = < d >^{-1} = \frac{1}{\frac{1}{2}N_V(N_V - 1)} \sum_{i,\ j=1,\ i \neq j}^{N_V} \frac{1}{d_{ij}} \tag{2-4}$$

式中　$1/d_{ij}$——节点对之间的传输效率，用来描述网络传递信息的能力。

$1/d_{ij}$避免了定义 d_{ij}时出现无穷大的情形，对于不连通节点对，$d_{ij}=\infty$，$1/d_{ij}=0$。全局效率 E_G也称为最短路径长度的调和平均数。

尽管现实世界的许多复杂网络节点数巨大，但是网络的$<d>$都相对较小，即使是稀疏网络也是如此。Watts 和 Strogatz 指出，$<d>$与网络规模存在一定关系，当网络规模增加时，$<d>$通常也将随之增大。若$<d>$的增加是 $\ln N_V$ 的阶数，则认为这种网络的平均路径比较小，称为“小世界”现象。如电影演员合作网络的$<d>$为 3.65，WWW 网络的$<d>$为 3.11。

(2) 度分布

复杂网络中所有节点 v_i 的度 $\deg(v_i)$的平均值称为网络平均度$<k>$。即：

$$< k > = \frac{1}{N_V}\sum_{i=1}^{N_V}\deg(v_i) \tag{2-5}$$

复杂网络的度分布使用节点度的概率分布函数 $P(k)$来描述，表示随机选定一个节点，其度值恰好为 k 的概率，也就是节点有 k 条边连接的概率。即：

$$P(k)=\frac{N_k}{N_V} \tag{2-6}$$

式中　N_k——网络中度数为 k 的节点数，有 $1\leqslant k\leqslant N_V-1$。

另一种描述度统计特性的方法是累积度分布 P_k，表示节点度数大于或等于 k 的概率。即：

$$P_k = \sum_{k'=k}^{N_V-1}P(k') \tag{2-7}$$

采用 P_k 表示分布有两个好处：保持了单点突变现象；减弱噪音干扰的影响。

$P(k)$的 n 阶距是另外一种刻画复杂网络节点度分布的物理量，定义为：

$$< k^n > = \sum_{k=1}^{N_V-1}k^nP(k) \tag{2-8}$$

式中　一阶矩对应网络平均度$<k>$；

二阶矩$<k^2>$刻画了度分布波动大小。

(3) 度相关性

度分布反映了无关联网络的统计特性，但许多真实复杂网络的节点度值之间存在一定关联性。度相关性主要考察节点度之间的关联，如果度大的节点倾向于和度大的节点连接，则复杂网络是正相关的；反之，复杂网络是负相关的。

有 2 种方法表示度关联性，一种方法是直接使用联合度分布函数 $P(k,\ k')$，表示任意一条边的两个端点的度分别为 k 和 k'的概率，对于无向网络来说，$P(k,\ k')=P(k',\ k)$；另一种方法是使用条件概率 $P(k'\mid k)$描述节点度之间的关联，$P(k'\mid k)$表示任意一条边的起点度为 k，终点度为 k'的概率，满足归一化条件和节点度的平衡条件。即：

$$\begin{cases} P(k'\mid k) = \dfrac{< k > P(k,\ k')}{kP(k)} \\ \displaystyle\sum_{k'=1}^{N_V-1}P(k'\mid k) = 1 \\ k'P(k\mid k')P(k') = kP(k'\mid k)P(k) \end{cases} \tag{2-9}$$

形式上，$P(k, k')$ 和 $P(k' \mid k)$ 刻画了节点的度关联性，但是因为网络大小是有限的，若直接计算它们比较困难，而且会得到很大噪声。为了更加方便地判断网络度相关性，Newman 给出了一种更加简便的计算方法，只需计算节点度的 Pearson 相关系数 r 即可。

$$r = \frac{\frac{1}{N_E}\sum_{i=1}^{N_E} k_{i1}k_{i2} - \left[\frac{1}{N_E}\sum_{i=1}^{N_E} \frac{1}{2}(k_{i1} + k_{i2})\right]^2}{\frac{1}{N_E}\sum_{i=1}^{N_E} \frac{1}{2}(k_{i1}^2 + k_{i2}^2) - \left[\frac{1}{N_E}\sum_{i=1}^{N_E} \frac{1}{2}(k_{i1} + k_{i2})\right]^2} \tag{2-10}$$

式中　N_E——复杂网络的总边数，$1 \leqslant i \leqslant N_E$；

k_{i1}——第 i 条边的顶点 v_{i1} 的度；

k_{i2}——第 i 条边的顶点 v_{i2} 的度。

r 的取值范围为 $-1 \leqslant r \leqslant 1$，当 $r>0$ 时，网络是正相关的；当 $r<0$ 时，网络是负相关的；当 $r=0$ 时，网络是不相关的。Newman 计算了一些复杂网络的 r：社会网络是正相关的；技术网络和生物网络是负相关的。

（4）聚类系数

社会网络的一个普遍特点是小聚类现象，例如在朋友网络中，很容易发现你朋友的朋友也是你的朋友，这种特征称为“聚类特征”。为了刻画这种网络集团化程度，定义了聚类系数，它是衡量复杂网络中节点之间连接紧密程度的一个度量，反映了网络中三角形结构密度，当网络中的三角形分布越密集，说明网络聚类性越强。聚类系数可以针对单个节点度量，也可以针对网络整体度量。

在复杂网络中，节点 v_i 的度为 $\deg(v_i)$，也可以使用 k_i 表示。表示有 k_i 条边将它和其他节点直接相连，相应地，这 k_i 个节点称为节点 v_i 的最近邻居，在这 k_i 个邻居节点之间最多可能存在 $k_i(k_i-1)/2$ 条边。因此，定义节点 v_i 的聚类系数 c_i 为在 k_i 个邻居节点之间实际存在的边与可能存在的边之比。即：

$$c_i = \frac{E[\Gamma(v_i)]}{\frac{1}{2}k_i(k_i-1)} \tag{2-11}$$

式中　k_i——节点 v_i 的度；

$\Gamma(v_i)$——节点 v_i 的邻居节点所形成的子图；

$E[\Gamma(v_i)]$——$\Gamma(v_i)$ 中的边数，也就是节点 v_i 的 k_i 个邻居节点之间实际存在的边数。

复杂网络的聚类系数 C_G 定义为网络中所有节点的聚类系数平均值。即：

$$C_G = \frac{1}{N_V}\sum_{i=1}^{N_V} c_i \tag{2-12}$$

从上面的定义可以看出，$0 \leqslant c_i \leqslant 1$，$0 \leqslant C_G \leqslant 1$。只有当网络是全局耦合网络，任意两个节点都直接相连时，$C_G=1$。对于一个含有 N_V 个节点的完全随机网络，当 N_V 很大时，$C_G=O(N_V^{-1})$。而许多实际大规模复杂网络都有明显的聚类效应，它们的聚类系数尽管远小于 1，但却比 $C_G=O(N_V^{-1})$ 要大得多。这意味着这类网络并不是完全随机的，而是在某种程度上具有类似于社会关系网络中“物以类聚、人以群分”的特征。复杂网络研究中，微观上的强聚类现象、小世界效应与连接度的幂律分布三个特征成为复杂网络的三大标志性特征。

2.3 经典网络模型

2.3.1 规则网络模型

如果节点之间按照确定规则连线，得到的网络称为规则网络。最常见规则网络包括：全局耦合网络、最近邻耦合网络、星型网络，如图 2.1 所示。

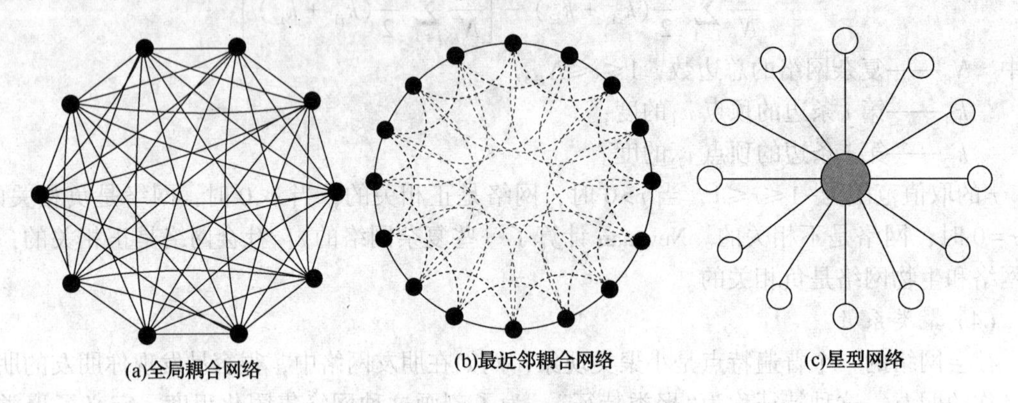

图 2.1 常见规则网络

全局耦合网络中任意两点都有边直接相连，在具有相同节点数的网络中，全局耦合网络具有最小的平均路径长度 $\langle d\rangle=1$ 和最大的聚类系数 $C_G=1$。N_V 个节点的全局耦合网络具有 $N_V(N_V-1)/2$ 条边，然而大多数实际网络都是稀疏的，它们的边数一般是 $O(N_V)$。最近邻耦合网络中 N_V 个节点围成一个环，每个节点都与它左右各 $K_{nc}/2$ 个邻居节点相连，K_{nc}为偶数。

最近邻耦合网络的聚类系数为：

$$C_G=\frac{3(K_{nc}-2)}{4(K_{nc}-1)} \tag{2-13}$$

当 K_{nc}较大时，$C_G\approx3/4$。最近邻耦合网络的平均路径长度为：

$$<d>\approx\frac{N_V}{2K_{nc}}\Bigg|_{N_V\to\infty}\to\infty \tag{2-14}$$

星型网络有一个中心点，与其他 N_V-1 个节点相连，而这 N_V-1 个节点之间没有任何边相连。因此，星型网络的聚类系数为 0，平均路径长度为：

$$<d>\approx2-\frac{2(N_V-1)}{N_V(N_V-1)}\Bigg|_{N_V\to\infty}\to2 \tag{2-15}$$

规则网络具有很重要的几个特性：

① 具有均匀的度分布；

② 聚类系数几乎与网络大小无关，而且比随机网络大得多；

③ 规则网络的平均路径长度与随机网络相比要大得多，而且随网络规模的增长不断增长，当网络规模趋于无穷时，其平均路径长度也趋于无穷。

2.3.2 随机网络模型

随机网络模型是由 Erdös 和 Rényi 提出的一种网络模型，该模型以相同概率 p 连接随机选定节点对，若节点总数为 N_V，则网络边数为 $pN_V(N_V-1)/2$。使用这种方法生成的所有网络群体可以使用 $G_{N_V,p}$ 表示。演化过程如图 2.2 所示。

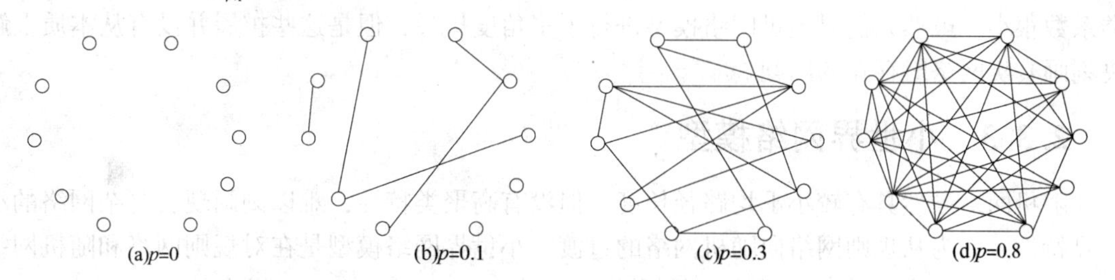

图 2.2　随机网络演化示意图

随机网络的基本性质归纳如下。

(1) 涌现性质

当随机网络节点总数 $N_V\to\infty$ 时，随机网络的结构和性质都随概率 p 而变化，它的很多重要性质都是在某个临界概率 p_c 处突然涌现出来的。

(2) 平均度

在随机网络中，任一节点都以概率 p 与其他 N_V-1 个节点相连，所以其平均度为 $\langle k\rangle=p(N_V-1)\approx pN_V$。

(3) 度分布

在连接概率为 p 的随机网络模型中，节点 v_i 的度为 k 的概率符合参数为 N_V-1 和 p 的二项式分布，即 $P(k)=C_{N_V-1}^k p^k(1-p)^{N_V-1-k}$。节点 v_i 引出 k 条边与 k 个节点相连的概率为 p^k，与 N_V-1-k 个节点不相连的概率为 $(1-p)^{N_V-1-k}$，共有 $C_{N_V-1}^k$ 种方式选择 k 个节点。当网络规模 $N_V\to\infty$ 时，度分布为：

$$P(k)=C_{N_V-1}^k p^k(1-p)^{N_V-1-k}\approx e^{-\langle k\rangle}\frac{(\langle k\rangle)^k}{k!} \tag{2-16}$$

这种度分布符合 Poisson 分布，表明随机网络是一种均匀网络，节点之间的连接是等概率的，大多数节点度值都在 $\langle k\rangle$ 附近，没有度值特别大的节点。

(4) 平均路径长度

在随机网络中，与节点 v_i 距离为 d 的节点数为 $\langle k\rangle^d$，包含所有节点的 d 应满足 $\langle k\rangle^d=N_V$，因此随机网络的平均路径长度 $\langle d\rangle$ 为：

$$\langle d\rangle=\frac{\ln N_V}{\ln\langle k\rangle} \tag{2-17}$$

上式表明，随机网络的平均路径长度对节点总数的增加呈对数增长，规模很大的随机网络具有较短的平均路径长度。

(5) 聚类系数

随机网络中任何两个节点之间的连接都是等概率的，因此，聚类系数为：

$$C_G\approx p=\frac{\langle k\rangle}{N_V}\bigg|_{N_V\to\infty}\to 0 \tag{2-18}$$

上式表明，当 $N_V\to\infty$ 时，随机网络的聚类系数趋近于 0，没有聚类特性。

随机网络具有度分布服从泊松分布、较小平均路径长度和较小聚类系数等性质。该模型被大多数人所接受，很多网络拓扑结构采用该模型描述。但是，随着计算机处理能力的增强，研究人员发现大量现实网络不是完全随机网络，它们具有较大聚类系数，而随机网络聚类系数很小。虽然人们对随机网络模型进行了多角度扩展，但是这些扩展并没有从本质上解决刻画真实网络时存在的问题。

2.3.3 小世界网络模型

随机网络虽然具有较小平均路径长度，但没有高聚类特性，难以刻画现实复杂网络的小世界特性。作为从规则网络向随机网络的过渡，小世界网络模型是在对规则网络和随机网络的研究基础上被提出的，主要模型包括：Watts 和 Strogatz 于 1998 年提出的 WS(Watts-Strogatz)模型以及 Newman 和 Watts 于 1999 年提出的 NW(Newman-Watts)模型。WS 模型的构造算法为：

(1)构造一个由 N_V 个节点组成的最近邻耦合网络，网络中的每个节点都与其左右相邻的 $K_{nc}/2$ 个节点相连，K_{nc} 为偶数；

(2)以固定概率 p 随机重连网络中的每条边，即将边的一端保持不变，而另一端为随机选择的一个节点。并且网络中任意两个不同节点之间至多只能有一条边，并且每一个节点都不能有边与自身相连。

WS 模型通过以概率 p 重新连接网络中已经存在的边，构造出一种介于规则网络和随机网络之间的网络。规则网络模型和随机网络模型分别是 WS 模型在 $p=0$ 和 $p=1$ 时的特例。使用不同概率构造的网络如图 2.3 所示。

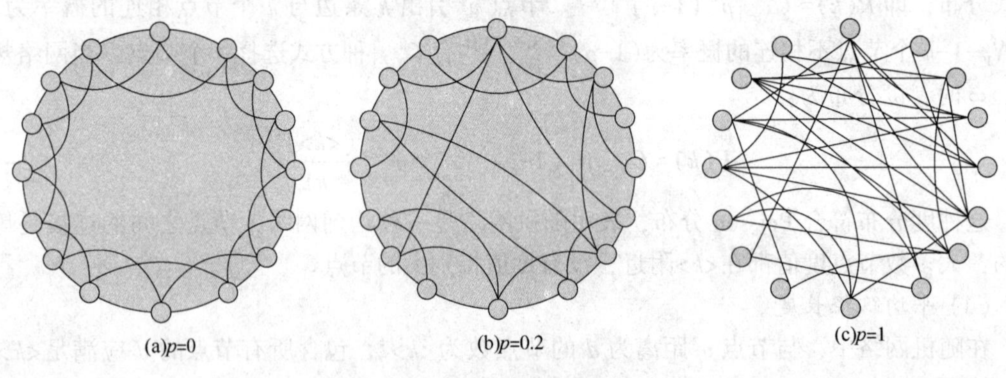

图 2.3 WS 网络模型

NW 模型通过“随机化加边”取代 WS 模型中的“随机化重连”，该模型的构造算法为：

(1) 构造一个由 N_V 个节点组成的最近邻耦合网络，网络中的每个节点都与其左右相邻的 $K_{nc}/2$ 个节点相连，K_{nc} 为偶数。

(2) 以固定概率 p 随机地选择一对节点进行连接。并且网络中任意两个不同节点之间至多只能有一条边，并且每一个节点都不能有边与自身相连。

NW 模型构造出一种介于规则网络和全耦合网络之间的复杂网络，当 $p=0$ 时，构造网络为规则网络，当 $p=1$ 时，构造网络为全耦合网络。使用不同概率构造的网络如图 2.4 所示。

NW 模型相对于 WS 模型来说，算法简单，容易实现，同时避免了 WS 模型中由于重连而可能产生孤立点情况的发生。当 p 足够小和 N_V 足够大时，NW 模型本质上等同于 WS 模型。它们的拓扑特性主要表现为以下几点。

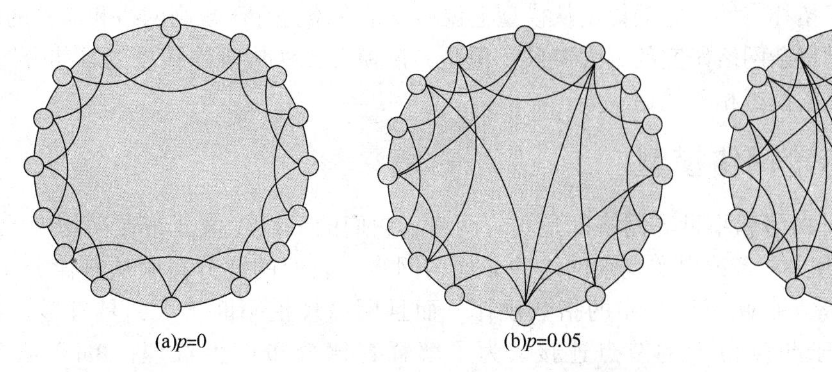
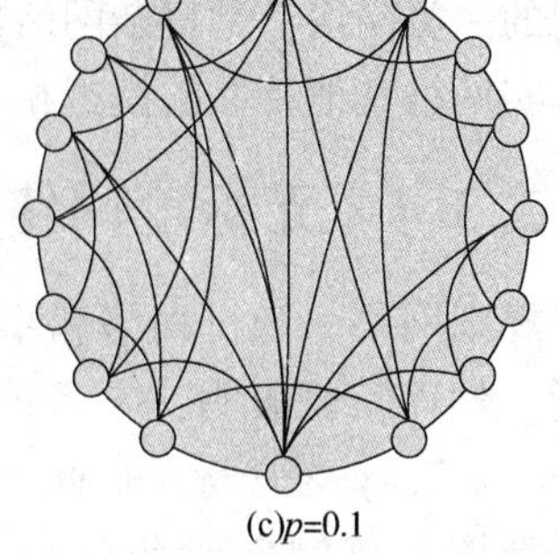

(a)p=0　(b)p=0.05　(c)p=0.1

图 2.4　NW 网络模型

(1) 度分布

当 $0<p<1$ 时，WS 模型的节点度分布为：

$$\begin{cases} P(k)=\sum_{i=0}^{\min\left(k-\frac{K_{nc}}{2},\ \frac{K_{nc}}{2}\right)}\binom{\frac{K_{nc}}{2}}{i}(1-p)^{i}p^{\frac{K_{nc}}{2}-i}\dfrac{\left(p\dfrac{K_{nc}}{2}\right)^{k-\frac{K_{nc}}{2}-i}}{\left(k-\dfrac{K_{nc}}{2}-i\right)!}e^{-p\frac{K_{nc}}{2}}, & k\geqslant\dfrac{K_{nc}}{2} \\ P(k)=0, & k<\dfrac{K_{nc}}{2} \end{cases} \tag{2-19}$$

当 $0<p<1$ 时，NW 模型的节点度分布为：

$$\begin{cases} P(k)=\binom{N_V}{k-K_{nc}}\left(\dfrac{K_{nc}p}{N_V}\right)^{k-K_{nc}}\left(1-\dfrac{K_{nc}p}{N_V}\right)^{N_V-k+K_{nc}}, & k\geqslant K_{nc} \\ P(k)=0, & k<K_{nc} \end{cases} \tag{2-20}$$

(2) 平均路径长度

NW 模型的平均路径长度为：

$$<d>=\frac{2N_V}{K_{nc}}f\left(\frac{pK_{nc}N_V}{2}\right) \tag{2-21}$$

式中，$f(x)$ 为普适标度函数，Newman 等人给出的近似表达式为：

$$f(x)\approx\frac{1}{2\sqrt{x^2+2x}}\operatorname{arctan}h\left(\sqrt{\frac{x}{x+2}}\right) \tag{2-22}$$

(3) 聚类系数

WS 模型的聚类系数为：

$$C_G=\frac{3(K_{nc}-2)}{4(K_{nc}-1)}(1-p)^3 \tag{2-23}$$

NW 模型的聚类系数为：

$$C_G=\frac{3(K_{nc}-2)}{4(K_{nc}-1)+4K_{ne}p(p+2)} \tag{2-24}$$

这两个小世界网络模型的聚类系数都保持在一个较高的数值上。

从以上分析可以看出，小世界网络模型具有较小的平均路径长度和较高的聚类系数，可以真实反映现实网络拓扑特性。它的提出从模型上说明复杂网络是介于规则网络和随机网络之间的一类网络，是复杂网络研究的重大突破。但是，该模型无法展现连接度的幂律分布，对真实网络其他特性的模拟相差较远。

2.3.4 无标度网络模型

规则网络、随机网络和小世界网络都是均匀网络，它们的节点度值分布在平均度$\langle k\rangle$附近。然而实验表明，大多数现实复杂网络并非均匀网络，它们的度分布服从幂律分布，$P(k)\sim k^{-\gamma}$，γ为常量，反映了度分布的指数规律。而且网络规模不断扩大，具有增长特性，新增节点倾向于与度值大的节点连接。为了解释幂律分布产生机理，Barabási 和 Albert 于 1999 年提出了一种无标度网络模型，称为 BA(Barabási-Albert)模型。该模型的构造算法为：

① 假设网络最初有 m_0 个节点。每次加入一个新节点，新节点通过 $m(m\leqslant m_0)$ 条新加入的边与网络中已有的 m 个节点相连；

② 新加入节点与已存在节点 v_i 相连接的概率 p_i 正比于节点 v_i 的度 k_i。

将上述步骤重复 t 步后，该算法将会产生由 $N_V=m_0+t$ 个节点和 $N_E=mt$ 条边组成的网络。当 $m_0=5$，$m=3$ 时，BA 模型的演化过程如图 2.5 所示。

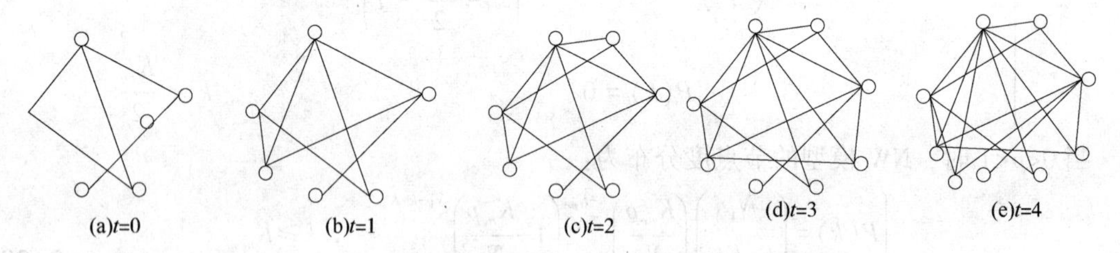

图 2.5 BA 网络模型

构造 BA 模型的基本原则包括：①增长原则。网络不是一开始就具有大规模特性的，而是通过逐步添加节点和连边形成的；②连边倾向原则。新节点倾向与连接度高的节点相连。BA 模型的拓扑特性主要表现为以下几点。

(1) 度分布

通过 Barabási 和 Albert 提出的连续场理论方法对 BA 无标度网络的度分布进行计算：假设在 t 时刻，从网络中随机选择一个节点，其连接度为 k 的概率为 $P(k, t)$，称为 t 时刻网络的瞬态度分布。当 $t\to\infty$ 时，如果 $\lim P(k, t)=P(k)$ 存在，则 $P(k)$ 称为网络的稳态度分布。用 $k_i(t)$ 表示在 t 时刻节点 v_i 的度，并假定 $k_i(t)$ 是连续变化的，该方法主要计算 $k_i(t)$ 对 t 的依赖性。每个时间步在增加 m 条边时，节点 v_i 被选中的概率为：

$$m\prod(k_i(t))\left[1-\prod k_i(t)\right]^{m-1}\approx m\prod k_i(t) \tag{2-25}$$

根据连续性理论，$k_i(t)$ 近似满足的动力学方程为：

$$\frac{\partial k_i(t)}{\partial t}=m\prod k_i(t)=m\frac{k_i(t)}{\sum_{j=1}^{N_V}k_j(t)}\approx\frac{k_i(t)}{2t} \tag{2-26}$$

假定 t_i 为节点 v_i 加入网络的时刻，当节点 v_i 在 t_i 时刻加入网络时，其度数为 m，即 $k_i(t_i)=m$，因此，动力学方程的解为：

$$k_i(t)=m\left(\frac{t}{t_i}\right)^{\beta} \tag{2-27}$$

其中，$\beta=1/2$ 为动力学指数。由于向网络中增加节点是等时间步长的，因此，t_i 的概率为 $p(t_i)=1/(m_0+t)$，t 时刻网络中任意节点的度值小于 k 的概率为：

$$P(k_i(t)<k)=P\left(t_i>\frac{m^{\frac{1}{\beta}}t}{k^{\frac{1}{\beta}}}\right)=1-P\left(t_i\leqslant\frac{m^{\frac{1}{\beta}}t}{k^{\frac{1}{\beta}}}\right)=1-\frac{m^{\frac{1}{\beta}}t}{k^{\frac{1}{\beta}}(m_0+t)} \tag{2-28}$$

t 时刻网络的瞬态度分布为：

$$P(k,\ t)=\frac{\partial\ P(k_i(t)<k)}{\partial\ k}=\frac{1}{\beta}\frac{m^{\frac{1}{\beta}}t}{m_0+t}\frac{1}{k^{\frac{1}{\beta}+1}} \tag{2-29}$$

当 $t\to\infty$ 时，得到网络稳态度分布为：

$$P(k)=\lim_{t\to\infty}P(k,\ t)\sim 2m^{\frac{1}{\beta}}k^{-\gamma} \tag{2-30}$$

其中，$\gamma=1/\beta+1=3$ 称为度分布指数，是独立于 m 的。由上述推导可知，BA 无标度网络的节点度最终服从指数为 3 的幂律分布。

(2) 平均路径长度

BA 无标度网络的平均路径长度为：

$$\langle d\rangle=\frac{\ln N_V}{\ln(\ln N_V)} \tag{2-31}$$

(3) 聚类系数

BA 无标度网络的聚类系数为：

$$C_G=\frac{m^2\ (m+1)^2}{4(m-1)}\left[\ln\left(\frac{m+1}{m}\right)-\frac{1}{m+1}\right]\frac{(\ln t)^2}{t} \tag{2-32}$$

经过以上分析可以看出，BA 模型的平均路径长度较小，聚类系数也较小，但比同规模随机网络的聚类系数大。经过对各种不同网络模型的研究，BA 模型虽然较好地解释了无标度网络的形成机制，但是它对现实情况的描述过于简化，其演化机制决定了幂律指数近似为一个常数。为了对现实复杂网络进行更深入的研究，还需对 BA 模型进行扩充，考虑更多因素，使它更加符合实际情况。

2.4 本章小结

由于 P2P 网络本身是一个典型的复杂网络，对 P2P 特定信息传播网络进行拓扑特性分析及传播规律研究时需要用到大量的复杂网络理论。因此，本章对复杂网络基础理论进行了深入研究。首先对网络的图表示方法进行研究，研究内容包括：网络的图论定义、图的分类以及图的度量指标；其次对复杂网络的基本概念、研究现状进行了介绍；最后对复杂网络的拓扑特征进行了深入研究，并详细介绍了几种典型复杂网络模型的概念、构造方法及其拓扑特性。

3 P2P特定信息传播监测

P2P网络监测遵照一定的方法和技术，利用软件包或硬件工具对网络指标进行监测，评估网络运行状况，构建网络行为分析模型，是进行P2P特定信息传播网络分析和控制的基础，对于传播网络的研究有着非常重要的意义。一般的网络监测关注于网络的QoS属性，如网络带宽、延迟、丢包率等。然而，P2P文件共享系统是建立在互联网上的大规模分布式协作系统，还需要关注用户行为与P2P系统性能之间的相互影响。本章3.1小节主要对P2P网络监测的方法、分类和研究现状进行了详细描述。

P2P网络主动监测方法使用仿真客户端主动加入P2P网络，通过发送探测数据包和分析响应数据包来获取网络信息以及节点属性，能够间接获取P2P网络拓扑结构信息。现有主动监测方法大都以P2P网络整体作为监测对象，监测网络运行情况及节点分布，并对网络拓扑特性进行分析，缺乏对传输内容的区分，难以得到特定信息在P2P网络中的传播规律。本章3.2小节主要研究针对P2P特定信息的主动监测模型，通过引入PEX技术，获取节点之间的连接关系，弥补了现有主动监测模型的不足。

P2P网络被动监测方法通常是在网络中部署监测点，使用特定的软、硬件被动监测P2P流量。现有被动监测方法主要用于监测P2P网络的流量大小、节点数量、连接持续时间等宏观特性，并主要针对P2P网络整体进行监测，缺乏针对P2P特定信息的被动实时监测。本章3.3小节提出了一种基于载荷校验技术的被动监测模型，在该模型中，通过对P2P数据包中的载荷信息进行组装、运算和校验，判断P2P数据包中的传输信息是否属于被监测P2P特定信息，并获取受众信息，最后对载荷校验算法的各项性能进行了详细分析。

主动监测模型和被动监测模型是从不同角度对P2P特定信息传播网络进行监测，具有各自的优点，但是也都存在相应的缺点和不足。本章3.4小节主要研究基于主被动监测模型相结合的节点覆盖率估算方法，将主动监测模型与被动监测模型相结合，对已获取受众信息的真实覆盖率进行估算，更加深刻地对P2P特定信息传播网络进行分析。

3.1 P2P网络监测方法

3.1.1 主动监测方法

根据监测方式的不同，P2P网络监测可以分为主动监测方法和被动监测方法两种。P2P网络主动监测方法使用仿真客户端主动加入P2P网络，通过发送探测数据包和分析响应数据包获取网络信息和节点属性。仿真客户端一般是通过修改普通P2P客户端或者直接依照相关P2P协议编写简单版本的P2P客户端来实现的，并在其中插入监测模块。仿真客户端运行时，像普通节点一样加入P2P网络，然后尽可能多地收集相关网络信息，包括节点收发消息的类型和内容；其他P2P节点的IP地址、端口号以及所有可以通过P2P协议获取的元数据(metadata)信息。从协议内部对P2P网络进行观察，了解真实环境中P2P节点的状态变化，进而间接了解整个P2P系统的运行情况。主动监测方法主要用于监测P2P网络的拓扑、延迟、内容可用性、上传/下载比等特性。

3.1.2 被动监测方法

P2P 网络被动监测方法通常是在网络不同位置部署一定数量的监测点，使用特定的软、硬件设备被动监测 P2P 流量。为了保证监测数据的代表性，监测点通常位于骨干网络的核心路由器或某个 ISP 网络的边缘出口。被动监测方法主要用于监测 P2P 网络的流量大小、节点数量、连接持续时间等宏观特性。由于被动监测前提是对 P2P 流量的准确识别，因此被动监测方法与 P2P 流量识别有着紧密关联。最早的被动监测方法是基于应用端口的监测，随着 P2P 流量识别技术的发展，被动监测方法也进行了相应调整，产生了许多衍生方法。例如：通过搜集流行 P2P 协议的载荷关键字，对因特网的主干链路进行被动监测；通过覆盖网匹配表达式进行网络流量检测；采用深度行为检测，以 P2P 流量在传输层的表现特征为依据对 P2P 流量进行识别，被动监测 P2P 流量；通过分析 IP 数据报中携带的 P2P 包头特征字段，实现了对 P2P 流媒体(PPLive 和 PPStream)的监测；根据流量的统计学特征和协议的行为特征，为不同类型的 P2P 协议建立监测模型等。

3.1.3 监测方法比较

主动监测方法通过发送探测数据包和分析响应数据包来获取网络性能数据，可以获知用户感兴趣的端到端网络状况和网络行为。该方法不需要多个节点之间的协作，具有灵活方便、操作性强、可信度高、准确性好的特点，而且不会捕获网络中现有流量，不会对 P2P 网络用户的隐私和安全造成威胁。但是，主动监测方法需要相当的先验知识，而且是针对特定应用的监测，通用性较差。此外，主动监测方法引入了额外探测流量，增加了网络负担。现有主动监测模型在获取 P2P 网络信息时，要想获得网络拓扑结构，需要对现有 P2P 客户端软件进行修改后大量分发并被其他用户使用后才可以实现。由于普通研究人员缺乏软件分发渠道和用户使用基础，因而是难以实现的，最终只能在小范围内进行测试，较难得到网络的整体运行情况。在现有研究中，如果不对仿真客户端进行大量分发和使用，可以收集到节点是否在线的信息，但是较难获取节点之间的连接信息。

被动监测方法属于非侵扰性的监测方法，被动收集的流量信息既不会增加网络负载，也不会对节点本身造成影响，可以用于监测多种 P2P 应用，通用性较好，而且通过控制监测点位置，可以得到 P2P 流量对特定网络区域的影响。被动监测方法的主要缺点是无法深入了解 P2P 网络行为，对监测设备的要求较高。此外，被动监测方法的基础是对数据包进行识别，但是随着网络流量的高速增长以及 P2P 数据包隐藏技术的发展，实现准确、高效的实时监测变得更加困难。部分基于流量内容的被动监测模型根据 P2P 软件所传输的流量内容进行识别和过滤，将 P2P 数据流按传输内容的类型分为文本、图像和视频数据，并对传输的流量内容进行恢复、分析和判断。该方法的缺点在于系统架构过于复杂，缺乏统一的检测机制；数据报文内容恢复技术复杂度高；需要使用复杂的图像处理技术，计算量大，实时性差，只能采取事后分析，检测准确率较低。

近年来，数据挖掘/机器学习等数据科学的方法被引入 P2P 监测，为 P2P 流量的被动监测提供了新的思路。例如，在传统基于特征的 P2P 流量监测方法的基础上，通过决策树算法实现对未知 P2P 流量的识别；使用 Ensemblelearning 方法，集成了多个机器学习模型，以提高对 P2P 流量识别的准确度，该方法相对于单个机器学习分类器或半监督学习分类器，可以提供更好的监测性能；使用聚类算法(如 K-Means)实现快速简便的 P2P 流量识别方案等。

传统的主动监测模型和被动监测模型的研究目标大多是 P2P 网络的整体特征，缺乏针对 P2P 特定信息传播网络进行监测的研究，难以对 P2P 特定信息传播网络进行拓扑特性和用户行为分析，不适合 P2P 特定信息的传播监控和取证。本章针对传统主动监测和被动监测模型存在的不足，介绍了一种面向特定信息的 P2P 主动监测模型和被动监测模型。在主动监测模型中引入 PEX 技术，不但获取节点之间的连接关系，而且提高了受众信息获取效率；在被动监测模型中，提出了使用二维 Bloom Filter 的高效载荷校验算法，通过对算法性能进行分析，表明该算法能够满足被动监测模型的实时性要求。

3.2 主动监测模型

3.2.1 模型框架描述

针对现有主动监测模型的不足，本节介绍了一个以 P2P 特定信息为中心，以 BitTorrent 形成的集中目录式 P2P 网络和 DHT 网络为研究对象，以获取受众信息为目标的主动监测模型。该模型可以划分为：“特定信息”主题管理、“元信息”搜索、节点列表获取、节点状态及连接关系获取等几大部分。模型框架如图 3.1 所示。

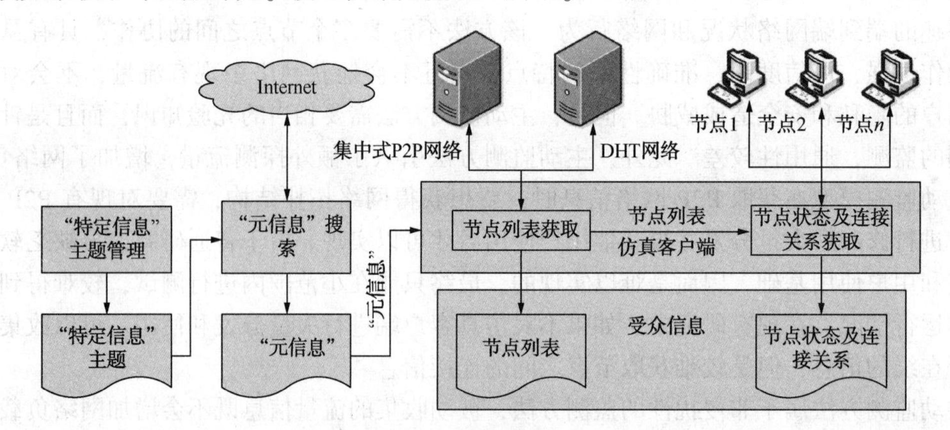

图 3.1　主动监测模型框架

主动监测模型中的主要模块功能描述如下：

①“特定信息”主题管理：主要对需要关注的“特定信息”主题进行管理，包括敏感主题、非法主题、侵权主题等，为“元信息”搜集做准备。

②“元信息”搜索：“元信息”是指启动一个 P2P 特定文件传播任务所需的基本信息，其中包括文件列表或文件名、文件大小、文件 Hash 值、服务器地址列表、端口号等等。BitTorrent 中的 Torrent 种子文件就是典型的“元信息”。“元信息”搜索主要通过主题爬虫技术从互联网上获取与“特定信息”主题相关的所有“元信息”。获取的“元信息”是仿真客户端进行受众信息收集的基础。

③ 节点列表获取：该模块是仿真客户端中的部分功能，本文的仿真客户端是通过重新编写 BitTorrent 客户端形成的，并在仿真客户端中插入监测模块。仿真客户端像普通节点一样加入 P2P 系统，然后尽可能多地收集受众信息。受众信息包括文件在 P2P 网络中传播时所涉及的节点信息、节点状态信息以及节点之间的连接信息。节点列表获取模块就是在仿真客户端中通过模拟 BitTorrent 所使用的 P2P 协议，向 P2P 网络中的相关节点(中心服务器和

DHT 入口节点)发送仿真节点列表获取数据包，并对返回数据包进行分析，获取节点列表信息。

④ 节点状态及连接关系获取：节点状态及连接关系获取模块也是仿真客户端的组成部分。当仿真客户端得到节点列表后，为了能够进一步了解节点状态信息，该模块通过模拟节点之间的交互过程，得到相应节点的状态信息和对特定信息的资源拥有情况。在与节点交互的同时，可以对仿真客户端与节点之间的距离进行测量；同时通过使用 PEX 技术获取对方节点正在连接的邻居节点列表信息，建立起节点之间的连接关系和网络拓扑结构。

现有 P2P 网络主动监测模型主要以 P2P 网络整体为监测对象，缺乏对传输信息的区分，并且普通研究人员难以得到节点之间的连接关系。本节介绍的主动监测模型具有如下特点：

① 其各个模块都以 P2P 特定信息为中心，对特定信息传播网络进行监测；

② 将 PEX 技术引入主动监测模型，不但可以得到节点之间的连接关系，而且提高了受众信息获取效率；

③ 构造基于 P2P 特定信息的传播网络拓扑结构，分析传播网络的拓扑特性及变化过程，为研究 P2P 特定信息的传播规律和控制技术提供数据支持。

3.2.2 PEX 技术研究

现有 P2P 主动监测模型难以得到其他节点之间的连接信息和网络拓扑信息，除非对现有 P2P 客户端进行修改后大量分发并被其他用户使用才可实现，但是由于缺乏软件分发渠道和用户使用基础，这种研究思路对于普通研究人员来说，是难以实现的，最终只能在小范围内进行测试。本节通过对 P2P 协议的深入研究后发现，可以通过 P2P 协议中的 PEX 技术来获取节点之间的连接关系，并构建基于特定信息的 P2P 传播网络拓扑结构。

在最初 P2P 协议中，用于文件传输的节点列表是通过 Tracker 服务器或 DHT 网络获得的，由于 Tracker 服务器的集中性，容易被网络管理部门监控及封堵。后来的 P2P 协议通过采用 PEX 技术，使节点直接同其他节点交换各自拥有的邻居节点信息，减少对 Tracker 服务器和 DHT 网络的依赖，使 P2P 协议更加高效、迅速和鲁棒。PEX 消息不能独立工作，请求消息作为握手协议的扩展部分进行发送，响应消息只有当节点间采用 Peer Wire 协议建立连接时，才会定期在连接中传输。因此，初始连接节点必须使用传统方式获取。PEX 包括两种扩展协议：一种是基于 AZMP 的 AZ_PEX；另一种是基于 LTEP 的 UT_PEX。这 2 种扩展协议的返回消息都采用 Bencode 编码，包含一组增加的节点列表和一组删除的节点列表。关键字“added”后紧跟的是在连续 2 次 PEX 消息之间新增连接的节点列表，关键字“dropped”后紧跟的是在连续 2 次 PEX 消息之间断开连接的节点列表。节点列表组成格式为每 6 个字节表示一个节点信息，前 4 个字节表示 IP 地址，后 2 个字节表示端口号。如图 3.2 所示。

在客户端中，建议强制 PEX 消息符合以下 2 点要求：

① 为了减少消息长度，每个消息中增加的节点数量和删除的节点数量不超过 50 个，如果超过 50 个，分为多个消息进行发送；

② 为了防止节点之间的 PEX 消息形成泛洪，节点之间发送 PEX 消息的间隔时间需要超过 1 分钟。

虽然 PEX 技术还不能完全取代传统节点列表获取方法，必须使用传统 P2P 技术获取开始连接节点，但是随着 PEX 技术的应用，能够大幅度减少对 Tracker 服务器和 DHT 网络的依赖，提高节点获取效率和 P2P 网络的鲁棒性，是 P2P 技术的发展方向之一。

```
00b0  66 30 3a 36 3a 61 64 64  65 64 36 35 34 3a 20 02   f0:6:add ed654: .
00c0  7b ca f4 06 00 00 00 00  00 00 7b ca f4 06 87 98   {........ {........
00d0  20 01 0f 18 01 13 23 00  60 06 37 b2 1e f2 a2 a9   ......#. . 7......
00e0  ad 4a 20 02 78 71 7c 72  00 00 00 00 00 00 78 71   . J .xq | r ......xq
00f0  7c 72 56 ce 38 3a 61 64  64 65 64 36 2e 66 33 3a   | rV.8:ad ded6. f3:
0100  1c 0f 0c 37 3a 64 72 6f  70 70 65 64 30 3a 38 3a   . . .7:dro pped0:8:
0110  64 72 6f 70 70 65 64 36  30 3a 65 00 00 00 0d 06   dropped6 0:e. . . . .
0120  00 00 02 5d 00 00 00 00  00 00 40 00 00 00 00 0d   . . . ] . . . . . . @. . . . .
0130  06 00 00 02 5d 00 00 40  00 00 00 40 00 00 00 40   . . . . ] . . @ . . . @. . . @
0140  09 07 00 00 01 d6 00 05  00 00 cf 3a 54 33 89 5d   . . . . . . . . . . . . :T3. ]
0150  74 8e af 78 3b 0e e9 70  90 76 db ae 86 aa 1c 91   t. . x; . . p . v. . . . . .
0160  5e 6e 0b a8 0f 5d cc 86  2c 9f bd 31 98 91 32 ab   ^n. . . ] . . . . . 1. . 2 .
0170  11 55 54 a0 5d 58 c0 d6  5c f9 99 2e a2 43 de b4   . UT. ]X. . \. . . .C . .
0180  71 45 72 10 a4 ff 6a 03  c3 c6 db b3 48 8a bb 55   qEr . . . j . . . . . H. . U
0190  84 78 0c 4a c7 d4 62 9b  63 06 83 ea 73 73 5b d8   . x . J. . b . c . . . ss [.
01a0  9b 36 2c 92 38 a5 92 33  dd f8 9a 75 1f 81 9f 56   . 6 . . 8 . . 3 . . .u . . . V
01b0  a7 15 bc c7 c2 4e 52 77  57 25 86 f4 62 1b a3 aa   . . . . . NRw w%. . b. . .
01c0  5a ae ee c3 45 8b 78 b3  00 1C 0f 8f 22 33 2d 04   Z. . . E . x . . . . . "3–.
01d0  ad 37 f9 3e ee 2b Od 3e  6f 5e 1b 8a 04 2e 36 96   . 7 . >.+.> o^. . . . 6 .
01e0  0f 3b 4a d5 38 7b b5 f2  bf 55 2d 5a 9f 34 b1 ba   . ; J . 8{ . . . U–Z . 4 . .
01f0  81 b9 df 32 d9 91 a2 d7  3e 8e 0b d5 4f 7a 56 62   . . . 2 . . . . >. . . OzVb
```

图 3.2　PEX 返回消息内容

3.2.3　受众信息获取技术

主动监测模型主要通过对 P2P 文件共享系统中的特定信息进行监测，得到 P2P 特定信息在传播过程中涉及的节点信息、节点状态信息以及节点之间的连接关系，构造 P2P 特定信息在某一时刻的静态网络拓扑和在一段时间内的网络拓扑动态变化信息，分析 P2P 特定信息的传播规律。仿真客户端是 P2P 特定信息主动监测模型中的重要组成部分，主要通过重新编写 BitTorrent 客户端实现，并在仿真客户端中插入监测模块，通过模拟和仿真 P2P 协议，像普通节点一样加入 P2P 网络，尽可能多地获取受众信息。仿真客户端的主要功能包括：节点列表获取、节点状态获取以及节点连接关系获取。

(1) 节点列表获取

节点列表获取是仿真客户端的主要模块，根据被监测 P2P 特定信息的“元信息”内容，模拟 P2P 协议中的节点列表请求消息，发送给 Tracker 服务器和 DHT 网络入口节点，并解析响应消息，得到节点列表。下面以 BitTorrent 协议和 DHT 协议为主，介绍仿真客户端与 Tracker 服务器和 DHT 网络的交互过程。

BitTorrent 协议主要用于节点与 Tracker 服务器进行信息交互，当节点需要下载特定文件时，向 Tracker 服务器发送节点列表请求消息，Tracker 服务器接收到请求消息后，根据文件 Hash 查询符合要求的节点列表，并随机选择部分节点生成响应消息发送给请求节点，请求节点得到响应消息后，对消息内容进行解析，得到节点列表。节点与 Tracker 服务器之间的消息交互通过 HTTP 协议实现，发送采用 Get 请求格式，响应为 Response 格式。

请求节点列表消息的格式为：

“TrackerAddress? info_hash = &peer_id = &ip = &port = &uploaded = &downloaded = &left = &numwant = &compact = 1&event = started”。

具体参数含义如表 3.1 所示。

表 3.1　BitTorrent 协议中请求节点列表消息的参数

参数名	含义
TrackerAddress	Tracker 服务器地址，一般以“Http：//”开始
info_hash	表示文件 Hash，长度为 20 字节，生成消息时需要被转义
peer_id	表示当前节点 ID，长度为 20 字节，生成消息时需要被转义

续表

参数名	含义
ip	表示当前节点的 IP 地址
port	表示当前节点的端口号
uploaded	已上传的数据大小
downloaded	已下载的数据大小
left	未下载的数据大小
numwant	表示期望返回节点数量
compact	返回消息是否压缩
event	选项有 started，completed 和 stopped，表示节点请求状态

Tracker 服务器响应的 Response 消息格式为：peers：*** 。

其中，peers：为关键字，*** 表示节点列表信息，节点列表的组成格式为每 6 个字节表示一个节点信息，前 4 个字节表示节点 IP 地址，后 2 个字节表示节点端口号。

DHT 协议主要用于在 DHT 网络中获取节点列表，请求消息和响应消息采用 UDP 协议。请求节点列表时，首先向每个 DHT 入口节点发送请求消息，请求消息格式为：

d1：ad2：id20：9：info_hash20：info_hashe1：q9：get_peers1：t8：******** 1：y1：qe。

其中，info_hash 为"元信息"中的文件 Hash；******** 表示 8 位随机字符串；其他内容为固定格式。

接收到请求消息的节点根据 DHT 协议查询节点列表，并返回查询结果，响应消息格式为：

d1：rd2：id20%%%nodes：*** values：*** 。

其中，d1：rd2：id20 为固定格式，用于判断响应消息是否可用;%%% 为辅助信息；nodes 和 values 是关键字，nodes 表示后续节点不是目标节点，还需进一步请求，仿真客户端需要将 nodes 后面的节点信息放入待请求节点列表中，values 表示后续节点为目标节点，可以直接与其连接进行文件传输；*** 表示节点列表信息。

响应消息解析完成后，仿真客户端需要从待请求节点列表中取出部分节点，向其发送请求消息并解析响应消息，直到待请求节点列表为空为止。

（2）节点状态信息获取

在获取节点列表后，需要进一步了解节点状态以及节点与仿真客户端的距离。节点状态信息包括：节点是否在线、节点 ID 信息、节点对特定信息的资源拥有情况等等。下面以 Peer Wire 协议为主，介绍仿真客户端与节点的交互过程。

节点状态获取主要通过 Peer Wire 协议来实现，Peer Wire 协议是基于 TCP 的应用层协议。节点之间的连接通过 Peer Wire 协议中的握手消息开始，握手消息格式为：

0X13BitTorrent protocol 00000000 info_hashpeer_id。

其中，0X13 为消息的第一个字节内容，表示关键字 BitTorrent protocol 的长度；BitTorrent protocol 为 Peer Wire 协议关键字；00000000 为保留字节；info_hash 表示"元信息"中的文件 Hash；peer_id 表示当前节点 ID。

当对方节点收到握手请求消息后，如果该节点拥有相关文件信息，会及时发送响应消息，否则将丢弃握手请求消息，不进行响应。响应消息的格式为：

0X13BitTorrent protocol 00000000 info_hashpeer_id####。

其中，peer_id 表示对方节点 ID；####表示对方节点对特定信息的资源拥有情况，大小为 4 个字节，将该 4 个字节的内容转换为二进制，二进制中的每一位表示对相应文件块(Piece)的拥有情况，1 表示拥有，0 表示不拥有。

P2P 网络是叠加在现有 IP 网络上的一种逻辑覆盖网络，是一个分布式的、具有互操作性的自组织系统。在 P2P 网络中，节点距离很近的节点在实际物理网络中有可能相距很远，而距离很远的节点在实际物理网络中反而有可能相距很近。由于 P2P 覆盖网拓扑结构不一致问题的存在，对 P2P 特定信息进行监测时，需要测量节点之间的实际物理距离。本模型通过使用 Ping 操作返回的生存时间(Time To Live，TTL)和环路时延(Round-Trip Time，RTT)来表示距离。TTL 是 IP 协议包中的一个值，它告诉网络数据包在网络中的时间是否太长而应被丢弃，TTL 通常表示包在被丢弃前最多能经过的路由器个数。当计数到 0 时，路由器决定丢弃该包，并发送一个 ICMP 报文给最初发送者。数据包中 TTL 的处置通常是系统缺省值。RTT 是从节点发送请求到收到确认的等待时间，表示发送者和接收者进行单次通信的往返时间。俞嘉地的研究成果表明，RTT 和 TTL 可以用来描述真实 P2P 网络中两节点之间的距离。由于网络中大量使用网络地址转换技术(Network Address Translator，NAT)和动态主机配置协议(Dynamic Host Configuration Protocol，DHCP)，破坏了 IP 地址与 P2P 节点之间的一一对应关系，因此在进行距离测量时，测量结果不但要与 IP 地址对应，还需要与节点 peer_id 对应，三者结合起来进行分析，才能够深入了解 P2P 节点的 IP 地址变化情况。

(3) 节点连接关系获取

本模型采用 PEX 技术，进一步获取 P2P 特定信息传播网络中节点之间的连接关系。根据 PEX 技术特点，当仿真客户端与节点进行握手操作时，由仿真客户端将 PEX 消息内容作为扩展消息附加到握手消息后面，并向对方节点发送，如果对方节点也支持 PEX 技术，则会随机选取正在连接的邻居节点并对仿真客户端进行响应，否则，不响应 PEX 消息。如果仿真客户端在一段时间内没有得到对方节点的 PEX 响应消息，则认为该节点不支持 PEX 消息，将该节点列入“PEX 黑名单”中，以后不再对该节点发送 PEX 扩展消息。对 PEX 响应消息进行解析，得到需要增加的节点列表和需要删除的节点列表，从而获取对方节点与其他节点之间的连接关系。由于仿真客户端得到的节点数量庞大，如果与每个节点都建立 P2P 连接而不断开的话，系统资源会很快被消耗殆尽。因此，需要及时断开已经获得响应消息的 P2P 连接以及长时间不能得到响应消息的 P2P 连接。由此带来的缺陷是每次得到的节点列表都是对方节点正在连接的部分节点，需要根据算法对一段时间内的新增节点和删除节点进行统计。

PEX 通常包括两种扩展协议：AZ_PEX 和 UT_PEX。本节主要介绍应用较为广泛的 UT_PEX。在 UT_PEX 扩展协议中,PEX 请求消息格式为：

d1:md11:LT_metadatai1e6:µt_pex i2ee1:pi6881e1:v13:\\xc2\\xb5Torrent 1.2e。

其中,d11:LT_metadatai1 表示握手消息支持扩展协议;µt_pex 为 PEX 扩展消息关键字;pi6881 表示当前节点的端口号为 6881;v13:\\xc2\\xb5Torrent 1.2e 表示当前客户端的版本为“µTorrent 1.2”。当握手消息中包含 PEX 请求消息时,保留字段中的第 6 位内容为 10,第 8 位内容为 05。

3.2.4 模型性能分析

主动监测模型性能分析主要通过实验分析在模型中引入 PEX 技术后，对受众信息获取效率和节点覆盖率的影响。一个设计良好的 P2P 主动监测模型应该努力提高监测效率和节点覆盖率，并努力减少对 P2P 网络的注入流量。在主动监测模型中，如果不考虑 PEX 技术的使用，对特定文件的监测步骤主要包括：节点列表获取、节点状态获取。引入 PEX 技术后，对监测过程有以下几点影响：

① 向已获取节点发送 Peer Wire 握手消息时，需要生成 PEX 扩展消息并附加到握手消息中进行发送；

② 等待对方节点的 PEX 响应消息，并对响应消息进行解析，得到对方节点的邻居节点列表，建立对方节点与其他节点之间的连接关系；

③ 将通过 PEX 技术得到的邻居节点列表作为受众信息加入已获取节点列表中。

PEX 技术的使用，不但得到了节点之间的连接关系，而且提高了节点列表的获取能力。假设 t_i 表示仿真客户端第 i 次获取受众信息的时间点，N_{Bi} 为该时间点通过 Tracker 服务器获取的节点数量，N_{Di} 为该时间点通过 DHT 网络获取的节点数量，N_D 为 DHT 网络的节点数量，N_{Ni} 表示在时间点 t_i 所有参与特定信息传输的节点数量，在时间充裕的情况下 $N_{Di} \approx N_{Ni}$。则在不使用 PEX 技术时，第 i 次节点列表获取过程所涉及的消息数量 N_{Mi} 为：

$$N_{Mi}=2+2F(N_{Bi}, N_{Di})+2N_{Di}O(\ln N_D) \tag{3-1}$$

式中 $O(\ln N_D)$——在 DHT 网络中返回一个节点所需要的查询次数；

$F(N_{Bi}, N_{Di})$ 表示对 N_{Bi} 个节点和 N_{Di} 个节点过滤重复节点后的节点数量。

当使用 PEX 技术时，第 i 次节点列表获取过程所涉及的消息数量 N_{MEi} 为：

$$N_{MEi}=2+2F(N_{Bi}, N_{Di})+2N_{Di}O(\ln N_D)+p_{pex}F(N_{Bi}, N_{Di}) \tag{3-2}$$

式中 p_{pex}——节点支持 PEX 技术的概率。

可以看出，使用 PEX 技术后，增加的消息数量最多为 $p_{pex}F(N_{Bi}, N_{Di})$。

在通过 Tracker 服务器获取节点列表时，节点被选中并返回的概率为：

$$p_{Si}=\begin{cases}\dfrac{N_{Bi}}{N_{Ni}}, & N_{Ni}>N_{Bi}\\ 1, & N_{Ni}\leqslant N_{Bi}\end{cases} \tag{3-3}$$

式中 p_{Si}——节点被返回的概率。

当 $N_{Ni}>N_{Bi}$ 时，有部分节点没有被返回，假设共进行了 N_T 次获取，节点始终没有被选中并返回的概率 p_{NS} 为：

$$p_{NS}=\prod_{i=1}^{N_T}\left(1-\frac{N_{Bi}}{N_{Ni}}\right) \tag{3-4}$$

因此，通过 Tracker 服务器方式获取节点列表的整体覆盖率为：

$$g_{fS}=1-p_{NS}=1-\prod_{i=1}^{N_T}\left(1-\frac{N_{Bi}}{N_{Ni}}\right) \tag{3-5}$$

为了提高覆盖率，可以通过增加获取次数和每次返回节点数量的方法，但是在 BitTorrent 协议中，每次返回的节点数量是存在上限的。为了将覆盖率提高到一定程度，必须增加获取次数，但是这样会增加主动监测模型的消息发送量。

当通过 DHT 网络获取节点列表时，从理论上来说，可以获取到与特定信息相关的所有节点列表，但是每获取一个节点都需要与平均 $O(\ln N_D)$ 个节点进行交互，所需时间和消息数量较多。

当使用 PEX 技术时，节点未被搜索到的情况为：与 Tracker 服务器交互时，该节点未被返回；该节点只与不支持 PEX 技术的节点相连。因此，通过 PEX 技术得到的节点覆盖率为：

$$g_{fXi} = 1-\left(1-\frac{N_{Bi}}{N_{Ni}}\right)(1-p_{pex})^{N_{Ni}(1-g_{fXi})} \tag{3-6}$$

对该式求解，即可得 g_{fXi}。可以看出，p_{pex} 是提高节点覆盖率的关键，在现有 BitTorrent 软件中，PEX 技术是默认启用的，因此使用 PEX 技术可以得到较高的节点覆盖率。使用 PEX 技术完成一次搜索所需要的时间为：

$$T_{Xi} = T_{Server} + N_{Ni} g_{fXi} T_{Peer} \tag{3-7}$$

式中　T_{Server}——与 Tracker 服务器交互一次所花的平均时间；

　　　T_{Peer}——与节点交互一次所花的平均时间。

使用主动监测模型对视频文件“Just Do With It”进行监测，通过实验对 PEX 技术的使用进行验证。向 Tracker 服务器和 DHT 网络循环获取节点列表的间隔时间设置为 60 秒，图 3.3 显示了通过中心服务器、DHT 网络和 PEX 技术获取节点数量的变化情况。图中横坐标为时间，单位为“分”。纵坐标为节点的数量，单位为“个”。

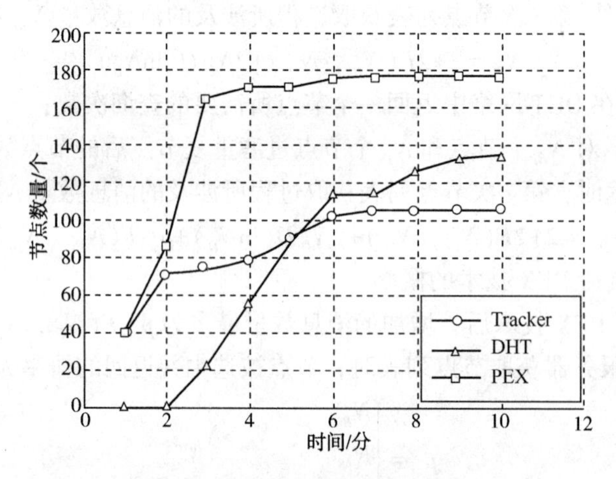

图 3.3　节点列表获取速度对比

从图 3.3 中可以看出，Tracker 服务器的节点返回速度较快，但是由于返回的节点列表是 Tracker 服务器从缓存中随机选择的，存在很多重复节点，所以节点数量增长较慢；而 DHT 网络的节点返回速度开始时较慢，后期返回速度明显加快；通过 PEX 技术获取节点列表时，获取速度较快、数量较多。由此可见，通过 PEX 技术的使用，能够大幅度提高节点列表获取的效率和速度。

在一段时间内，Φ_{PB1}，Φ_{PB2}，…，Φ_{PBi}，…为通过 Tracker 服务器获取的节点列表集合，Φ_{PD1}，Φ_{PD2}，…，Φ_{PDj}，…为通过 DHT 网络获取的节点列表集合，Φ_{PX1}，Φ_{PX2}，…，Φ_{PXk}，…为通过使用 PEX 技术获取的节点列表集合，将获取的所有节点进行合并，形成集合 $\Phi_P = \Phi_{PB1} \cup \cdots \cup \Phi_{PBi} \cup \cdots \cup \Phi_{PD1} \cup \cdots \cup \Phi_{PDj} \cup \cdots \cup \Phi_{PX1} \cup \cdots \cup \Phi_{PXk} \cup \cdots$。由于难以得到实际网络中的所有节点列表信息，可使用集合 Φ_P 近似代替实际网络中的所有节点列表，进行节点覆盖率分析。图 3.4 显示了通过 Tracker 服务器、DHT 网络和 PEX 技术获取节点列表时的节点覆盖率变化情况。图中横坐标为时间，单位为“分”。纵坐标为节点覆盖率。

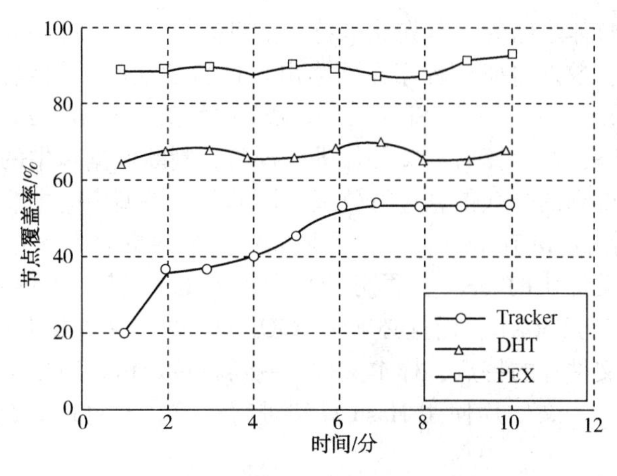

图 3.4　节点覆盖率对比

从图 3.4 中可知，通过 Tracker 服务器获取节点的覆盖率随着获取次数的增加而缓慢增长，最终趋近于中间水平，主要原因是通过 Tracker 服务器无法得到 DHT 网络中的节点信息；通过 DHT 网络获取节点的覆盖率随着获取次数的增加始终保持在稳定水平。但是由于 DHT 网络无法返回只通过 Tracker 服务器进行文件交换的节点，节点覆盖率并不是很高；通过 PEX 技术获取节点的覆盖率随着获取次数的增加始终保持在较高水平。可以看出，通过 PEX 技术的使用，能够将节点覆盖率大幅度提高，并且始终保持在稳定水平。

通过对主动监测模型的性能分析可以看出，在主动监测模型中加入对 PEX 技术的支持，不但可以得到节点之间的连接关系，而且可以大幅度提高受众信息的获取速度和覆盖率，提高主动监测模型的监测效率。

3.3　被动监测模型

3.3.1　模型框架描述

现有被动监测方法主要用于监测 P2P 网络的流量大小、节点数量、连接持续时间等宏观特性，缺乏对流量中 P2P 特定信息的区分。本节针对现有被动监测模型的不足，结合 P2P 特定信息传播特点，介绍了一种基于载荷校验的被动监测模型，该模型通过对 P2P 数据包中的载荷信息进行组装、运算和校验，判断 P2P 数据包中的传输信息是否属于被监测 P2P 特定信息。该模型可以划分为：样本文件生成器、监测与封堵策略编辑器、数据包捕获、信令匹配、数据包组装以及载荷校验等几大部分。模型框架如图 3.5 所示。

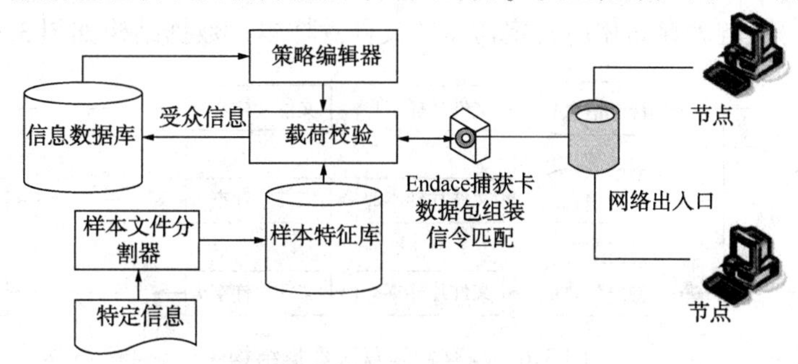

图 3.5　被动监测模型框架

被动监测模型的整体思路为：首先获取特定信息原始文件，使用样本文件分割器将原始文件处理为样本文件；数据包捕获程序在网络出入口将截获的数据包按照 P2P 文件传输特点组装成可用于载荷校验的文件片(Slice)，并对文件片进行运算；载荷校验模块根据策略编辑器生成的监测策略，对运算后的文件片进行校验，判断数据包中的传输信息是否为被监测特定信息；最后对得到的受众信息进行处理。被动监测模型中的主要模块功能描述如下：

① 样本文件分割器：BitTorrent 协议为了最大化网络共享能力，并跟踪节点的资源拥有情况，将文件先分成文件块(Piece)，再分成文件片(Slice)进行传输。文件块大小范围是 32KB 至 2MB，缺省值为 256KB，而且必须为 16KB 的倍数，文件片大小为 16KB。根据 P2P 文件最小传输单位为文件片的特点，样本文件分割器将特定信息原始文件按照文件片大小进行分割，对分割后的每一文件片使用 Hash 算法进行运算，并将运算结果拼接成样本文件，保存到样本特征库中。

② 监测与封堵策略编辑器：根据实际情况，设置监测与封堵规则，包括信令匹配策略和载荷校验策略，载荷校验策略通过设置特定信息列表来实现，生成 XML 格式的监测策略与封堵策略，并传输给载荷校验模块。

③ 数据包捕获：数据包捕获的速度和效率是被动监测模型是否能够及时监测的关键。本文采用 Endace 高速捕获卡对网络出入口的流量进行捕获。

④ 信令匹配：根据设置的信令匹配规则，对捕获数据包中的信令进行匹配，符合规则的数据包直接进行过滤。信令匹配主要根据 BitTorrent 协议关键字进行。

⑤ 数据包组装：根据 P2P 协议中最小传输单位为文件片的特点，将捕获的多个数据包组装成文件片，并对文件片进行运算，传输给载荷校验模块。

⑥ 载荷校验：载荷校验模块根据监测与封堵策略，将样本文件读取到内存中，并对运算后的文件片进行校验。当同一 TCP 连接中校验成功的文件片数量超过指定阈值时，可判断该 TCP 连接中的传输内容为被监测或被封堵特定信息。载荷校验的关键是校验算法，算法效率的高低决定了被动监测模型是否可应用于实时监测与封堵。

现有 P2P 网络被动监测模型主要针对 P2P 网络整体进行监测，缺乏针对 P2P 特定信息的被动实时监测；而基于内容恢复的被动监测模型检测算法复杂、效率较低，难以进行实时监测。本节介绍的被动监测模型具有如下特点：

① 其各个模块都以 P2P 特定信息为中心，对特定信息的传输进行监测；

② 不需要恢复传输内容，载荷校验算法效率较高，可以支持实时监测。

3.3.2 载荷校验改进算法

被动监测模型在使用过程中，不但要判断当前数据包中的载荷是否为被监测特定信息，而且要准确知道是哪一个特定信息。现有校验算法一般是将所有 n 个特定信息的样本文件放入 n 个链表中，每个链表存储相应特定信息的文件片样本，数据结构如图 3.6 所示。

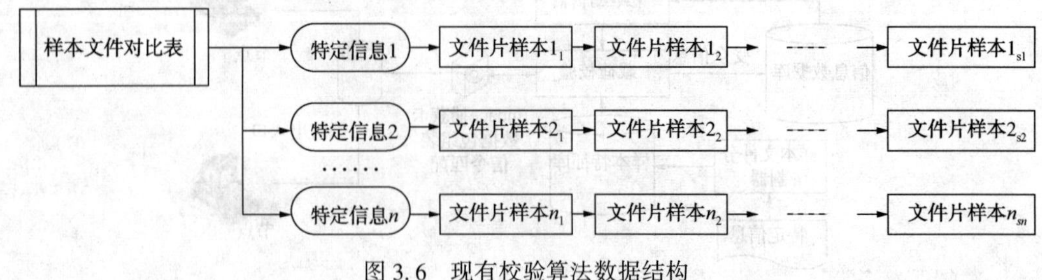

图 3.6 现有校验算法数据结构

使用现有算法和上述数据结构进行载荷校验时，需要对每个链表中文件片样本进行比较，这种比较算法存在两点不足：

① 难以保证所有数据可装入内存。特定信息一般为视频文件，假定每个特定信息大小为800MB，需要监测1000个特定信息，每个文件片通过Hash函数计算后的长度为160位，所需内存空间为1000×800MB×160B/16KB=1GB，这样的内存要求较高，如果再增加文件大小和数量，在内存中就难以装入所有样本数据。

② 由于要与所有链表中的文件片样本进行比较，大量比较操作导致校验效率较低，即使所有链表数据都装入内存，在如此大的内存空间内频繁进行文件片样本校验，算法效率难以满足高速网络的实时监测要求。

针对上述不足，现有解决算法包括：数据库比较算法、硬盘缓存算法、一维Hash函数映射算法。数据库比较算法和硬盘缓存算法的运行效率较慢，难以满足实时监测要求。一维Hash函数映射算法运算效率较高，但是发生冲突的概率较高。为了降低冲突概率，只有增加目标位数组长度，对内存占用要求较高。为了既减少算法对内存的占用，又能提高算法的运行效率，引入Bloom Filter对载荷校验算法进行改进。Bloom Filter是一种空间效率较高的随机数据结构，利用位数组简洁地表示一个集合，并能判断一个元素是否属于这个集合。Bloom Filter的主要思想是利用一个长度为m的位数组以及k个相互独立的值域为$\{0, \cdots, m-1\}$的Hash函数H_{a1}，H_{a2}，…，H_{ak}，表示包含N个元素的集合$A=\{a_1, a_2, \cdots, a_N\}$，初始位数组中的每一位都为0。为了表达$N$个元素的集合，Bloom Filter使用$k$个相互独立的Hash函数将集合中的每个元素映射到$\{0, \cdots, m-1\}$范围内。对任意一个元素$a_i$，第$j$个Hash函数映射的位置$H_{aj}(a_i)$会被置为1，$1 \leqslant j \leqslant k$，一个位置可以被多次置为1。当$k=3$、$m=16$、$N=2$时，位数组中的信息设置如图3.7所示。

判断待校验元素b_i是否属于集合A时，使用k个相互独立的Hash函数分别对元素b_i进行运算，当所有的$m[H_{aj}(b_i)]=1$时，$1 \leqslant j \leqslant k$，$b_i \in A$，否则，$b_i \notin A$。如果将标准Bloom Filter应用于载荷校验，集合A中的元素为所有特定信息的文件片样本，数量为$|A| = s_1+s_2+\cdots+s_n$，其中$|A|$表示集合A中元素数量。应用上述标准Bloom Filter进行载荷校验时，只能判断出载荷是否属于被监测特定信息，无法判断出属于哪一个特定信息。本文对标准Bloom Filter进行改进，形成二维Bloom Filter，不但可以对载荷进行快速校验，而且可以判断出载荷属于哪一个特定信息。改进算法的实现步骤描述如下：

① 创建数据结构：根据特定信息的数量n创建二维Bloom Filter，二维Bloom Filter包含n个一维Bloom Filter，每个一维Bloom Filter的大小根据样本文件大小进行设置。数据结构如图3.8所示。

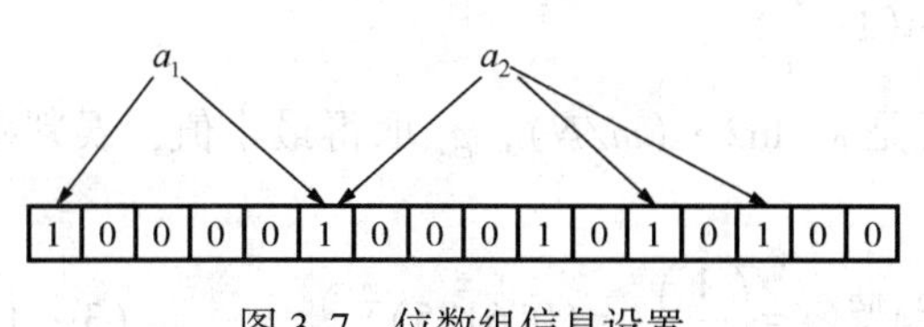

图3.7 位数组信息设置

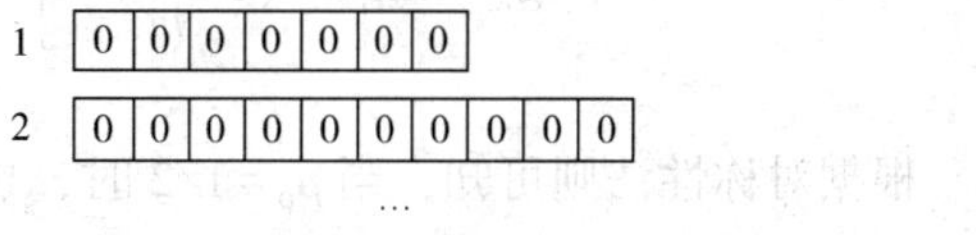

1 | 0 | 0 | 0 | 0 | 0 | 0 | 0
2 | 0 | 0 | 0 | 0 | 0 | 0 | 0 | 0 | 0 | 0
…
n | 0 | 0 | 0 | 0 | 0 | 0 | 0 | 0 | 0 | 0 | 0 | 0 | 0 | 0 | 0 | 0

图3.8 二维Bloom Filter数据结构

② 数据映射：将每个样本文件中的数据使用k个相互独立的Hash函数映射到相应Bloom Filter，映射算法与标准Bloom Filter相同。

③ 载荷数据校验：使用k个相互独立的Hash函数分别对待检载荷进行运算，得到k个

位置信息，使用这 k 个位置信息依次与 n 个 Bloom Filter 中位数组长度大于位置索引的 Bloom Filter 数据进行比较。与每个 Bloom Filter 中的数据比较相当于 k 次数组数据判断，效率较高。

通过采用二维 Bloom Filter 的载荷校验算法将 $s_1+s_2+\cdots+s_n$ 个元素集合的表示压缩到了 n 个长度分别为 m_1，m_2，$\cdots$，m_n 的位数组中，大大减少了算法对内存空间的占用；将字符串依次比较算法改进为 k 次数组位数据比较算法，提高了算法运行效率；改进了标准 Bloom Filter 不能判断载荷属于哪一个特定信息的问题。这几个优点决定了改进载荷校验算法可以用于实时载荷数据校验。

3.3.3 算法性能分析

被动监测模型主要特点是通过载荷校验对特定信息的传播进行监测，得到与特定信息相关的受众信息。载荷校验算法是被动监测模型的关键，算法的效率决定了模型是否可以用于实时监测，下面对算法性能进行分析。

（1）误判率及相关参数分析

使用 Bloom Filter 算法时可能会出现误判，将不是该集合中的元素误判为在该集合中，这是以较小空间表示大于该空间数量的元素而必然产生的冲突，应当分析位向量长度 m 以及 Hash 函数个数 k 和误判率 R_{ec} 之间的数学关系，使得误判率 R_{ec} 尽可能小。假设 $kN<m$，且 k 个 Hash 函数是完全独立随机的。当集合 $A=\{a_1, a_2, \cdots, a_N\}$ 中的所有元素被 k 个 Hash 函数映射到长度为 m 的位数组时，这个数组中某一位还是 0 的概率为：

$$p_0=\left(1-\frac{1}{m}\right)^{kN}\approx e^{-\frac{kN}{m}} \tag{3-8}$$

式中 $1/m$——任意一个哈希函数选中这一位的概率。

如果使用 p'_0 表示位数组中 0 的比例，则 p'_0 的数学期望为 p_0，即 $E(p'_0)=p_0$。Broder 在其著作中已经证明：位数组中 0 的比例非常集中地分布在它的数学期望值附近。如果不属于 A 中的元素通过 k 次 Hash 计算后对应位置的值都为 1，此校验就是误判，可得：

$$R_{ec}=(1-p_0)^k=\left[1-\left(1-\frac{1}{m}\right)^{kN}\right]^k=e^{k\ln\left[1-\left(1-\frac{1}{m}\right)^{kN}\right]}\approx\left(1-e^{-\frac{kN}{m}}\right)^k \tag{3-9}$$

令 $g_{ec}=k\ln\left[1-\left(1-\frac{1}{m}\right)^{kN}\right]$，当 g_{ec} 取得最小值时，误判率 R_{ec} 也就取得了最小值。对 g_{ec} 进行形式变换，可得：

$$g_{ec}=k\ln\left[1-\left(1-\frac{1}{m}\right)^{kN}\right]=\frac{1}{N\ln\left(1-\frac{1}{m}\right)}\ln(p_0)\ln(1-p_0) \tag{3-10}$$

根据对称性法则可知，当 $p_0=1/2$ 时，也就是 $k=\ln 2\cdot(m/N)$，g_{ec} 取得最小值，误判率 R_{ec} 最小，即：

$$R_{ec}\big|_{\min}=(1-p_0)^{\ln 2\cdot\frac{m}{N}}\approx(1-e^{-\ln 2})^{\ln 2\cdot\frac{m}{N}}=\left(\frac{1}{2}\right)^k\approx(0.6185)^{\frac{m}{N}} \tag{3-11}$$

在确定了集合元素数 N、位数组长度 m 和 Hash 函数个数 k 后，可以得到算法误判率 R_{ec}。二维 Bloom Filter 由 n 个独立一维 Bloom Filter 组成，它的误判率 R_{ecA} 为所有一维 Bloom Filter 误判率 R_{eci} 的最大值，即：

$$R_{ecA}=\max_{i=1}^{n}(R_{eci})=\max_{i=1}^{n}(1-p_0)^k=\max_{i=1}^{n}\left[1-(1-\frac{1}{m_i})^{ks_i}\right]^k$$
$$=\max_{i=1}^{n}\left[e^{k\ln\left[1-\left(1-\frac{1}{m_i}\right)^{ks_i}\right]}\right]\approx\max_{i=1}^{n}(1-e^{-\frac{ks_i}{m_i}})^k \tag{3-12}$$

式中　R_{eci}——第 i 个 Bloom Filter 的误判率；

s_i——第 i 个特定信息的文件片样本个数；

m_i——第 i 个位数组长度。

对于标准 Bloom Filter，在已知误判率 R_{ec} 和集合元素数 N 的情况下，需要计算位数组长度 m 应当满足的条件。假定待校验集合的元素总数量为 N_{nc}，对于集合 $A=\{a_1, a_2, \cdots, a_N\}$ 中的任意一个元素，在位数组中查询时都能得到肯定结果，同时，Bloom Filter 存在一定误判率，位数组不仅能够接受集合 A 中的元素，而且还能够接受 $R_{ec}(N_{nc}-N)$ 个误判数据。因此，对于一个确定的位数组来说，能够接受总共 $N+R_{ec}(N_{nc}-N)$ 个元素，正确数据为 N 个，所以一个确定的位数组可以表示的集合个数为：

$$\binom{N+R_{ec}(N_{nc}-N)}{N}$$

m 位的位数组可以有 2^m 个不同组合。因此，可表示的集合数量为：

$$2^m\binom{N+R_{ec}(N_{nc}-N)}{N}$$

全部待检集合中 N 个元素的集合数量为：

$$\binom{N_{nc}}{N}$$

因此，要让 m 位的位数组能够表示所有 N 个元素的集合，必须满足

$$2^m\binom{N+R_{ec}(N_{nc}-N)}{N}\geqslant\binom{N_{nc}}{N}$$

对上式进行计算，可得：

$$m\geqslant\ln\left\{\frac{\binom{N_{nc}}{N}}{\left[\binom{N+R_{ec}(N_{nc}-N)}{N}\right]}\right\}\approx\ln\left(\frac{\binom{N_{nc}}{N}}{\binom{R_{ec}N_{nc}}{N}}\right)\geqslant N\frac{-k}{\ln(1-e^{\frac{\ln R_{ec}}{k}})} \tag{3-13}$$

上式可以作为位数组长度 m 的估算依据。在二维 Bloom Filter 中，每个一维 Bloom Filter 的位数组长度由相应的样本文件大小决定，与其他样本文件大小和其他位数组长度无关，即：

$$m_i=s_i\frac{-k}{\ln(1-e^{\frac{\ln R_{ec}}{k}})} \tag{3-14}$$

本节所介绍的载荷校验算法对特定信息判断依据是：当 TCP 连接中校验成功的文件片数量超过指定阈值 φ^d 时，才可判断该 TCP 连接中的传输内容为被监测或被封堵特定信息，因此，单一载荷的校验误判对整体特定信息的监测影响较小，本算法可以容忍一定的误判率。而误判率上限的提高，可以减少位数组的长度以及 Hash 函数的个数，降低对内存空间的占用，提高算法运行效率。阈值 φ^d 的取值范围一般为 5~10 之间。

图 3.9 和图 3.10 显示了当监测 1000 个特定信息时，Hash 函数数量从 3 变化到 10 时，误判率与占用内存的变化情况。其中横轴为 Hash 函数的数量，纵轴为误判率(图 3.9)和内存占用数量(图 3.10)。由两图可知，随着 Hash 函数个数的增加，误判率成指数降低，占用内存线性增长。因此，Hash 函数个数设置需要在占用内存空间与误判率之间进行平衡。本算法对误判率有一定容忍度，设置 Hash 函数个数为 5，可以看到单个载荷校验的误判率为 3.12%，当阈值 φ^d 设置为 5 时，对特定信息的误判率将降低为 $2.43*10^{-7}$，该误判率非常小。

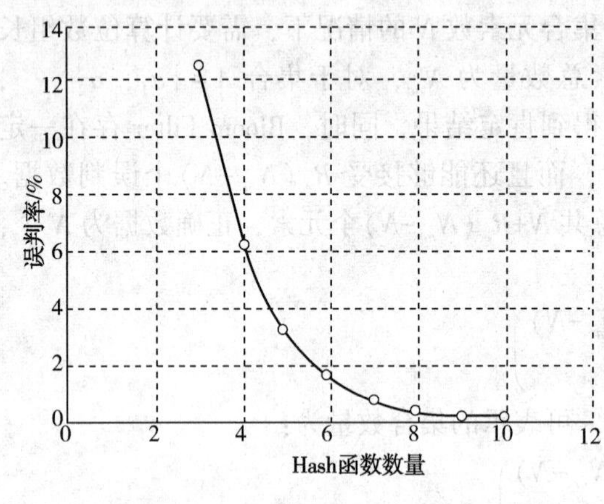

图 3.9　Hash 函数个数与误判率的关系

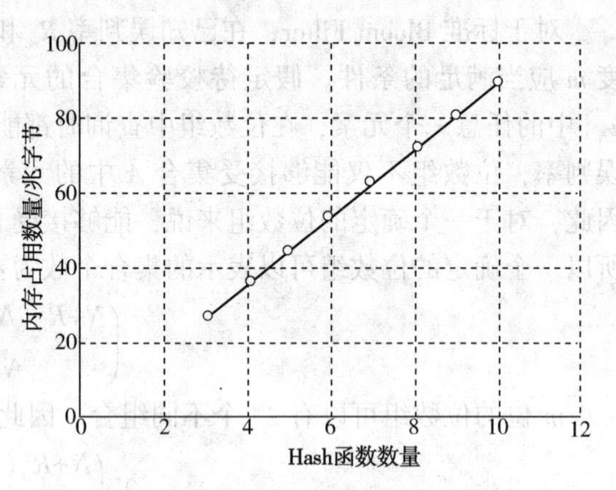

图 3.10　Hash 函数个数与占用内存的关系

(2) 时间性能分析

载荷校验算法的时间性能包含元素映射时间和载荷校验时间。在对元素进行映射时，所需时间主要为使用 k 个 Hash 函数进行运算的时间，时间复杂度为 $O(k)$，与标准 Bloom Filter 算法所需时间是相同的。

在进行载荷校验时，算法需要进行 k 次 Hash 函数运算和最多 nk 次数组位比较运算。使用标准 Bloom Filter 的校验算法所需时间为 k 次 Hash 函数运算时间和 k 次数组位比较时间，使用二维 Bloom Filter 需要多花最多 $(n-1)k$ 次数组位比较时间，但是可以准确知道载荷属于哪一个特定信息。假定网络出入口带宽为 1Gbit，峰值时可以达到每秒 128MB 的数据传输量，相当于要进行 128MB/16KB=8096 次比较，当 $m=1000000$，$n=1000$，$k=5$，载荷校验次数为 10000 时，进行载荷校验最多需要多进行 10000×(1000-1)×5 次数组位比较，所需时间平均为 0.45 秒，这样的运算效率是能够满足实时监测需求的。而且随着校验算法的进行，如果 TCP 中的传输内容被判定为被监测特定信息，该 TCP 中后续载荷是不需要被校验的。图 3.11 显示了多种校验算法的花费时间与实时校验的要求时间对比。其中横轴为数据载荷的数量，单位为“个”，纵轴为时间，单位为“秒”。

从图 3.11 中可以看出，使用二维 Bloom Filter 的载荷校验算法可以满足实时监测要求，而现有校验算法由于要进行多次字符串比较操作是难以达到实时监测要求的。由于数据库校验算法和硬盘校验算法只是可以节约占用内存空间，难以提高校验效率，所以没有与这 2 种算法进行对比实验。

(3) 空间性能分析

现有校验算法需要占用内存空间为 $(s_1+s_2+\cdots+s_n)\cdot 160\text{bit}$，而使用二维 Bloom Filter 的载荷校验算法将内存占用空间压缩为 $m_1+m_2+\cdots+m_n\,\text{bit}$，$m_i$ 与 s_i 之间的关系如式(3-14)所

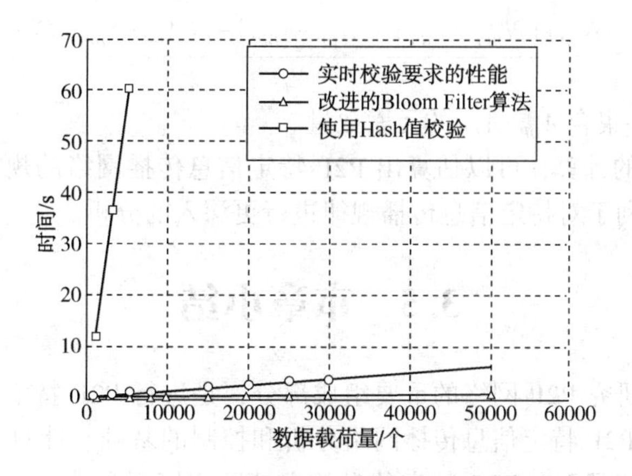

图 3.11　校验算法时间性能对比

示。设置 $k=5$，相应的 $R_{ec}=0.0312$，可得 $m_i=7.213s_i$。从而可知，使用二维 Bloom Filter 的载荷校验算法将内存占用空间减少了 95.49%。同样以监测 1000 个平均大小为 800MB 的特定信息为例，该算法所需的内存空间为 45.09MB，是非常容易满足的，而且有很大的扩展空间。

根据以上对载荷校验算法的各项性能分析可知，该算法运行效率较高，占用内存较少，使用特定信息判断阈值 φ^d 后误判率较低。

3.4　受众信息覆盖率估算方法

主动监测模型和被动监测模型从不同角度对 P2P 特定信息传播网络进行监测，各自具有一定的优点，但是也都存在相应的缺点和不足。主动监测模型可以快速获取网络中的受众信息，但是却难以获取受众信息的真实覆盖率；被动监测模型可以对某一局部网络进行监测，获取该局部网络中一段时间内较为完整的受众信息，但是难以获取与该局部网络没有关联的受众信息。为了能够估算已获取受众信息的真实覆盖率，更加深刻地对 P2P 特定信息传播网络进行分析，本节将主动监测模型与被动监测模型的监测结果结合起来考虑，通过对其所获取的受众信息进行分析，得到已获取受众信息的真实覆盖率。

假定与特定信息相关的所有受众信息集合为 A_{EP}，数量为 N_{EP}，其中，属于被动模型所监测局部网络的受众信息集合为 A_{EPI}，数量为 N_{EPI}；主动模型获取的与特定信息相关的受众信息集合为 A_{AP}，数量为 N_{AP}，其中属于被动模型所监测局部网络的受众信息集合为 A_{API}，数量为 N_{API}；被动监测模型获取的与特定信息相关的受众信息集合为 A_{DP}，数量为 N_{DP}，其中属于所监测局部网络的受众信息集合为 A_{DPI}，数量为 N_{DPI}。如图 3.12 所示。

根据概率原理，所有受众信息的数量 N_{EP} 应当为：

$$\frac{N_{AP}}{N_{EP}}=\frac{N_{API}}{N_{EPI}}\Rightarrow N_{EP}=N_{AP}\frac{N_{EPI}}{N_{API}}\approx N_{AP}\frac{N_{DPI}}{N_{API}} \quad (3-15)$$

由于被动监测模型获取的受众信息覆盖率较高，因此，$N_{EPI}\approx N_{DPI}$。已获取受众信息的真实覆盖率为：

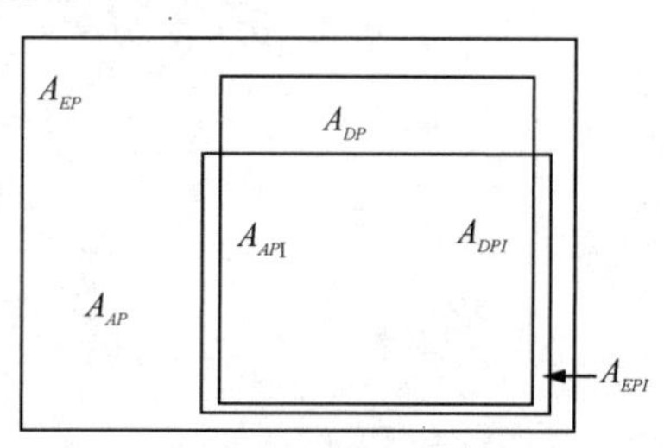

图 3.12　受众信息集合示意图

$$g_{fE} \approx \frac{N_{AP}+(N_{DPI}-N_{API})+|A_{DP}-A_{DPI}|-|(A_{DP}-A_{DPI})\cap A_{AP}|}{N_{EP}} \tag{3-16}$$

式中　$|A_{DP}-A_{DPI}|$——集合 $A_{DP}-A_{DPI}$的元素数量。

通过对 N_{EP}和 g_{fE}的计算，可以估算出 P2P 特定信息传播网络的规模以及已获取受众信息的真实覆盖率，有利于对特定信息传播规律进行更深入的分析。

3.5　本章小结

P2P 网络监测是研究 P2P 网络的重要组成部分，是进行 P2P 特定信息传播规律研究的重要方法，也是进行 P2P 特定信息传播网络分析和控制的基础。针对 P2P 特定信息监测的特点和要求，本章介绍了面向 P2P 特定信息的主动监测模型和被动监测模型。在主动监测模型中，针对现有主动监测模型难以获取节点之间连接关系的不足，引入了 PEX 技术，不仅得到了节点之间的连接关系，而且提高了受众信息获取效率。在被动监测模型中，介绍了基于载荷校验的受众信息获取技术。针对现有校验算法需要占用大量内存空间并且效率较低的不足，介绍了使用二维 Bloom Filter 的载荷校验算法，使该算法大幅降低了所需内存空间，而且可以满足实时监测需求。最后针对主动监测模型和被动监测模型的特点，介绍了基于主被动监测结果相结合的受众信息覆盖率估算方法，使用该估算方法，可以估算出 P2P 特定信息传播网络规模及已获取受众信息的真实覆盖率。

4　P2P 特定信息传播动力学模型研究

P2P 特定信息传播规律研究是对 P2P 网络上不良信息进行监控的基础，现有监控技术主要通过被动监控技术对 P2P 网络流量进行整体识别和整体封堵，缺乏对特定信息的区分，也缺乏对 P2P 特定信息传播规律的研究。传播动力学是对信息传播规律进行理论性定量研究的一种重要方法，已经在多个研究领域取得了研究成果。本章通过运用传播动力学理论对 P2P 特定信息传播规律进行研究，首先对现有传播动力学理论及现状进行深入研究，其次结合 P2P 特定信息传播特点提出面向 P2P 特定信息的传播动力学模型，最后对模型的传播行为及其性质进行研究和分析。

随着复杂网络研究的快速发展，人们逐步认识到不同事物在真实系统中的传播现象，例如，EMail 病毒的蔓延、传染病的流行、谣言的扩散等，都可以看作是在复杂网络上服从某种规律的传播行为。如何描述这些事物的传播过程，揭示它们的传播特性，是传播动力学的研究内容。流行病传播数学模型能够很好地描述复杂网络的传播特性，是复杂网络传播动力学研究的基础。本章 4.1 小节对传播动力学的发展、数学模型分类以及研究现状进行了详细介绍。

现有传播动力学模型难以完全模拟出 P2P 节点在特定信息传播过程中的状态转换。虽然 SEIR 模型更接近 P2P 特定信息的传播过程，但是由于 P2P 特定信息传播的自身特点，还需要对现有 SEIR 模型进行改造，使之能够更准确地反映 P2P 特定信息传播过程中的节点状态转换。本章 4.2 小节结合 P2P 特定信息的传播特点，对现有 SEIR 模型进行改造，提出了 SEInR 模型，并给出该模型的传播动力学方程组。

对于复杂网络的传播动力学模型，主要从传播的最终稳态与动态过程两个方面进行研究。传播稳态使用传统的传播临界值理论进行研究，是研究复杂网络稳定性的重要内容；复杂网络演化的动态过程研究是传播动力学研究的另一重要内容。本章 4.3 小节针对提出的 SEInR 模型，研究其传播行为和传播性质。研究内容包括：基本再生数的计算公式推导、模型平衡点的存在性研究、模型稳定性研究、模型传播特性分析。最后在 4.4 小结对 SEInR 模型中的各个参数进行了详细的仿真实验及结果分析。

4.1　传播动力学模型分类及相关研究

4.1.1　传播动力学模型分类

随着复杂网络研究的快速发展，人们逐步认识到不同事物在真实系统中的传播现象，例如，传染病的流行、计算机病毒的蔓延以及谣言的扩散等都可以看作是服从某种规律的传播行为。如何去描述这些事物的传播过程，揭示它们的传播特性，是传播动力学理论的研究内容。流行病传播数学模型能够很好地描述复杂网络的传播特性，是复杂网络传播动力学研究的基础。在传播模型的研究中，种群内的个体被抽象为：易感者(Susceptible，S)、感染者(Infected，I)、治愈者(Removed，R)和潜伏者(Exposed，E)，个体之间的不同转换构成了不同的传染模型。Kermack 和 McKendrick 构造了著名的 SIR(Susceptible-Infected-Removed)仓室模型和 SIS(Susceptible-Infected-Susceptible)仓室模型，在分析所建立模型的基础上，提出了区分流行病的“阈值理论”，为传染病动力学的研究奠定了基础。经典传播模型包括 SI(Susceptible-Infected)模型、SIS 模型、SIR 模型以及 SEIR(Susceptible-Exposed-Infected-Removed)模型。

(1) SI 模型

在 SI 模型中，传播过程只存在易感者和感染者，感染者为传染源，它通过一定概率 v 把传染病传给易感者，易感者一旦被感染，就成了新的传染源，且被感染个体长期处于感染状态。SI 模型是最简单的传染病传播模型，对于染病后不能治愈的疾病，或对于突然暴发、尚缺乏有效控制的流行病，在疾病暴发早期常使用 SI 模型进行分析。传播过程如图 4.1 所示。

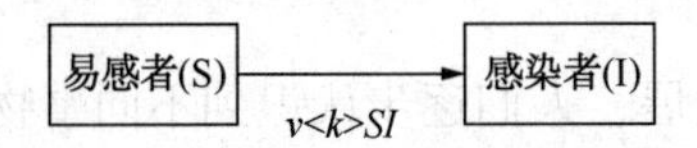

图 4.1 SI 模型传播过程

其中，$\langle k\rangle$表示人群中的平均连接度，令 $S(t)$ 和 $I(t)$ 分别表示在 t 时刻系统中易感者和感染者数量，N_B 表示 t 时刻人员总数。对 $S(t)$ 和 $I(t)$ 进行归一化处理，令 $S_R(t)$ 和 $I_R(t)$ 分别表示在 t 时刻易感者和感染者所占人员总数的比例，即 $S_R(t)=S(t)/N_B$，$I_R(t)=I(t)/N_B$，且有 $S_R(t)+I_R(t)=1$。

当时间由 t 变化为 $t+\Delta t$ 时，增加的感染者人数表示为 $I(t+\Delta t)-I(t)$。由于新增加感染者是因为易感者与感染者接触而被传染的，令 λ 为有效传染率，表示单位时间内，一个感染者可以传染的易感者数量，则有：

$$N_B[I_R(t+\Delta t)-I_R(t)]=v<k>N_BS_R(t)I_R(t)\Delta t \tag{4-1}$$

上式两端同时除以 $N_B\Delta t$，并对 t 求导，可得 SI 模型的动力学方程组为：

$$\begin{cases}\dfrac{dS_R}{dt}=-v<k>S_RI_R=-v<k>I_R(1-I_R)\\ \dfrac{dI_R}{dt}=v<k>S_RI_R=v<k>I_R(1-I_R)\\ I_R(0)=I_0\end{cases} \tag{4-2}$$

其中，I_0 表示在开始时刻感染者所占人员总数的比例。v 为传播概率，反映了疾病本身的传播能力，v 越小，传播速度的最大值越晚到来，v 越大，传播速度的最大值越早到来。由于 SI 模型没有考虑感染者被治愈的情况，传播有效率 $\lambda=v$，当 $t\to\infty$ 时，$I_R(t)\to1$，表示所有易感者最终都会被感染，成为感染者。

(2) SIS 模型

在 SIS 模型中，传播过程只存在易感者和感染者，感染者通过概率 v 把传染病传给易感者。与 SI 模型不同的是，感染者本身有一定概率 δ 可以被治愈，$1/\delta$ 表示平均感染期，因此，模型的有效传染率为 $\lambda=v/\delta$。SIS 模型很好地描述了感染个体能够反复被治愈的流行病传播行为。传播过程如图 4.2所示。

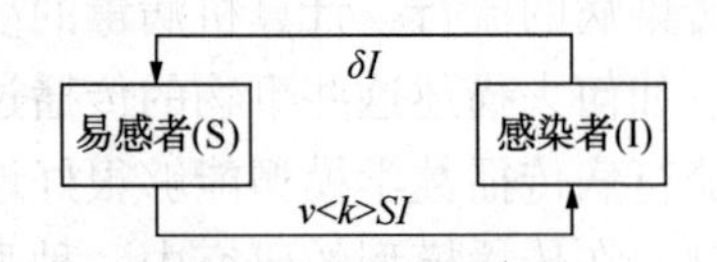

图 4.2 SIS 模型传播过程

假设治愈概率 δ 为固定值，则 SIS 模型的动力学方程组为：

$$\begin{cases}\dfrac{\mathrm{d}S_R}{\mathrm{d}t}=-v<k>S_RI_R+\delta I_R=v<k>(1-S_R)\left(\dfrac{1}{\lambda}-S_R\right)\\ \dfrac{\mathrm{d}I_R}{\mathrm{d}t}=v<k>S_RI_R-\delta I_R=v<k>I_R(1-I_R)-\delta I_R\end{cases} \tag{4-3}$$

当 $\lambda\leqslant 1/<k>$时，方程 $\mathrm{d}S_R/\mathrm{d}t$ 有唯一的平衡点 $S_R(t)=1$，且是渐进稳定的，表示从任意初值开始，$S_R(t)$都将单调增加且趋向于 1，$I_R(t)$都将单调减少且趋向于 0，此时疾病不会扩散。而当 $\lambda>1/<k>$时，方程 $\mathrm{d}S_R/\mathrm{d}t$ 有两个平衡点：$S_R(t)=1$ 和 $S_R(t)=1/(\lambda<k>)$。$S_R(t)=1$ 时系统不稳定，$S_R(t)=1/(\lambda<k>)$时系统渐进稳定。当 $S_R(t)\to 1/(\lambda<k>)$，$I_R(t)\to 1-1/(\lambda<k>)$时，感染者始终保持在 $N_B[1-1/(\lambda<k>)]$，成为一种地方病。因此，在 SIS 模型中，$\lambda=1/<k>$是区分疾病是否流行的临界值。

（3）SIR 模型

在 SIR 模型中，令 $R(t)$表示在 t 时刻系统中治愈者数量，$R_R(t)$表示在 t 时刻治愈者所占人员总数的比例，则有 $S_R(t)+I_R(t)+R_R(t)=1$。在该模型中，感染者以概率 v 把传染病传给易感者，易感者被感染后成为新的传染源；感染者以概率 δ 被治愈，治愈者对疾病具有免疫能力。传播过程如图 4.3 所示。

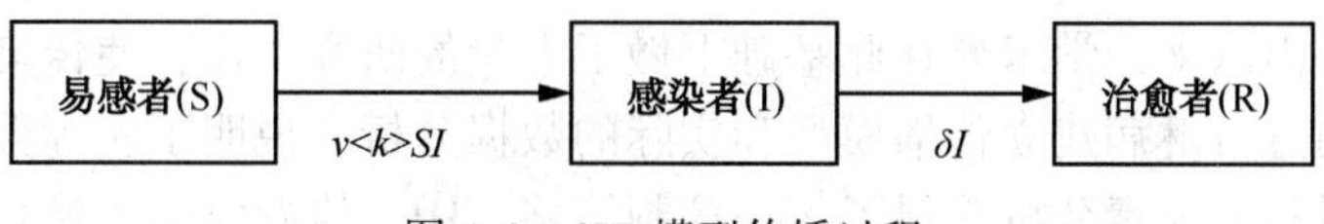

图 4.3　SIR 模型传播过程

SIR 模型的动力学方程组为：

$$\begin{cases}\dfrac{\mathrm{d}S_R}{\mathrm{d}t}=-v<k>S_RI_R\\ \dfrac{\mathrm{d}I_R}{\mathrm{d}t}=v<k>S_RI_R-\delta I_R\\ \dfrac{\mathrm{d}R_R}{\mathrm{d}t}=\delta I_R\end{cases} \tag{4-4}$$

由于 $\mathrm{d}S_R/\mathrm{d}t<0$，$S_R(t)$单调递减且有下界。当 $S_R(t)=\delta/(v<k>)$时，$I_R(t)$达到最大值。当初始时刻的易感者数量 $S_R(0)>\delta/(v<k>)$时，感染者数量 $I_R(t)$将先单调增加达到最大值，然后再逐渐减少。

（4）SEIR 模型

在 SEIR 模型中，令 $E(t)$表示在 t 时刻系统中潜伏者数量，$E_R(t)$表示在 t 时刻潜伏者所占人员总数的比例，则有 $S_R(t)+E_R(t)+I_R(t)+R_R(t)=1$。当易感者被感染后变为潜伏者；潜伏者以概率 p_I 变为感染者；潜伏者不可对易感者进行感染；感染者经过治愈后变为治愈者。传播过程如图 4.4 所示。

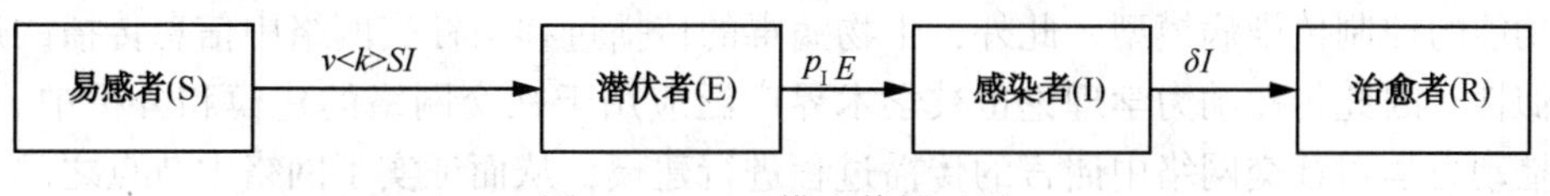

图 4.4　SEIR 模型传播过程

SEIR 模型的动力学方程组为：

$$\begin{cases}\dfrac{\mathrm{d}S_R}{\mathrm{d}t}=-v<k>S_R I_R \\ \dfrac{\mathrm{d}E_R}{\mathrm{d}t}=v<k>S_R I_R-p_I E_R \\ \dfrac{\mathrm{d}I_R}{\mathrm{d}t}=p_I E_R-\delta I_R \\ \dfrac{\mathrm{d}R_R}{\mathrm{d}t}=\delta I_R\end{cases} \tag{4-5}$$

在传播动力学模型中，存在着一个重要阈值——基本再生数(R_0)，该阈值是流行病学中的重要概念，用于评估传染病在人群的最终感染规模。在流行病学中，基本再生数表示一个感染者在平均患病期内所感染的易感者数量，当 $R_0>1$ 时，即一个感染者在平均患病期能感染的易感者数量大于 1，那么疾病将始终存在而形成地方病；当 $R_0<1$ 时，即一个感染者在平均患病期能感染的易感者数量小于 1，疾病在人群中扩展到一定程度就会自行消亡；$R_0=1$ 是判断疾病是否可以流行的阈值。要防止疾病流行，必须减少 R_0 使其小于 1。

4.1.2 相关研究工作

自仓室模型提出以来，学术界在此基础上做了大量的研究工作，使传染病问题的建模取得了极大发展。通过对淋病建立传播模型和实际的数据分析，说明了实际数据在平衡点附近振荡，同时通过对相关因素分析获得了疾病控制策略。HIV 传播模型的建立，澄清了决定病毒传播的必要因素，并指出了后续研究应当收集的数据。非单调发病率的流行病模型，描述了当感染数量越来越大时某些严重疾病对社区的心理影响。对接种疫苗的长期行为建立的随机 SIS 流行病模型，帮助研究者获得了消灭病毒和疫苗持久性的充分条件。通过引入时间序列，帮助研究者利用 SEIR 模型在理论上模拟麻疹传播。不同类型的人群是传染病建模的一个重要因素。有学者将人群区分为易感者、活跃感染者和不活跃感染者，发现核心人群在疾病传播中的决定性作用。此外还可以将人群分成男性和女性，并将两个群体进一步分为普通人群和活跃人群，从而确定疾病传播阈值，给出平衡点稳定性结论。各种传播动力学模型在传染病建模中的特性分析，也是研究的一个热门方向，例如从数学上分析 SIR 模型和 SEIR 模型的局部平衡性和全局稳定性；不同模型，不同传染病条件下的基本再生数的分析和估计；通过研究 SIS 模型的随机动态，确定环境波动(包括媒体报道)对疾病传播的影响等。

鉴于计算机病毒和生物病毒的相似性，研究人员将传播动力学引入到计算机病毒的传播建模中，取得了良好效果。例如，利用动力学模型对蓝牙网络的病毒传播进行了定性讨论，为防止病毒传播提供理论依据；对小世界网络上的病毒传播行为进行研究和分析，得到 NW 网络上 SIR 模型的传播阈值；从临界值角度研究计算机病毒在不同拓扑结构中的传播性质，得到相应的免疫机制，并对电子邮件病毒传播行为进行分析；利用动力学理论建立针对蠕虫病毒的传播模型，并以此得到蠕虫病毒的爆发阈值；针对恶意软件入侵问题，建立了具有早期预警功能的控制传染病模型。此外，生物病毒的传播过程与社交网络中信息传播的过程也具有相似性，因此传播动力学理论也被学术界广泛应用于社交网络的建模和分析中。例如，通过传播动力学对社交网络中谣言的传播过程进行建模，从而证实了网络中节点之间关系的强度在谣言传播过程中起到的关键性作用；将动力学模型应用于对社交网络社区的结构和扩散的预测，其研究结果表明网络社区未来的流行程度可以通过对社区早期扩散模式进行量化；在建立社交网络的信息传播动力学模型时，采用预免疫和免疫来表示移动节点在改变其兴趣时的特性等。

4.2 SEInR模型描述

在P2P文件共享系统中，用户节点既可作为文件需求者下载文件，又可作为文件供应者上传文件，流行文件的大范围传播行为与传染病传播过程相类似，可以借助传播动力学对其进行建模与分析。但是，通过对P2P文件共享系统工作原理进行分析后可知，虽然现有SEIR模型传播过程与P2P特定信息传播过程比较类似，但是由于P2P特定信息传播的自身特点，还需要对SEIR模型进行改造，使之能够更准确地反映P2P特定信息传播过程中的状态转换。

将SEIR模型应用于P2P特定信息传播时，对模型参数做如下规定和描述：

① $S_R(t)$表示P2P网络中还没有开始特定信息下载的节点，但有可能对特定信息发生兴趣，并进行下载；

② $E_R(t)$表示P2P网络中正在进行特定信息下载的节点，这些节点只有特定信息的部分内容，既下载文件内容也上传已有的文件内容；

③ $I_R(t)$表示P2P网络中拥有完整的特定信息，并进行特定信息上传的节点；

④ $R_R(t)$表示P2P网络中针对特定信息停止共享和放弃下载的节点；

⑤ $I_R(0)$表示P2P网络中初始拥有特定信息并提供下载的节点；

⑥ 由于离线与上线的节点数量在一段时间内基本一致，为了简化模型，本模型不考虑节点离线与上线过程；

⑦ 由于用户重复下载同一文件的概率极低，本模型不考虑节点的重复下载。

由于P2P特定信息传播的自身特点，直接使用现有SEIR模型对P2P特定信息传播过程进行分析时，会存在以下问题：

① SEIR模型中的潜伏者无法感染易感者，但是在P2P特定信息传播过程中，潜伏节点也可以进行文件上传，相当于对易感节点进行感染；

② SEIR模型中的潜伏节点无法转换为治愈节点，但是在P2P特定信息传播过程中，部分潜伏节点，由于其他原因(下载速度过慢或者已下载部分与预期不符等等)不想继续下载，该节点将转换为治愈节点；

③ SEIR模型没有考虑P2P网络中新节点的加入和旧节点的永久退出；

④ SEIR模型中所有感染者被治愈的概率是相同的，即对感染者不进行区分。但是由于P2P节点对特定信息共享意愿以及节点类型的不同，特定信息被共享的时间是不同的，即感染者被治愈的概率是不同的；

⑤ 现有SEIR模型中，易感者转化为潜伏者与节点的度值有关，但是在P2P特定信息传播时，易感者转化为潜伏者与节点的度值无关，只与P2P网络的节点列表返回数量以及返回节点可用性有关。

针对SEIR模型在描述P2P特定信息传播过程时的不足，根据P2P特定信息传播特点对SEIR模型进行改造，主要改造内容包括：

① 建立潜伏者对易感者的感染机制，使得易感者被感染时不但要考虑感染者因素，还

需要考虑潜伏者因素；

② 考虑潜伏者以概率 p_{ER} 直接转换为治愈者的情况；

③ 考虑 P2P 网络中新节点加入和旧节点退出，新加入节点都为易感节点。为了简化模型，将永久退出概率和新节点加入概率设为 p_F；

④ 根据节点对特定信息共享时间的不同，将感染者划分为 n_I 个子类：I_1，I_2，…，I_{n_I}，并给每个子类设置不同的被治愈概率：δ_1，δ_2，…，δ_{n_I}；

⑤ 考虑 P2P 网络的节点列表返回率及节点可用率对传播模型的影响，c_u 为节点列表返回数量、节点可用性以及实际连接率的综合表示。

改进后的模型称为 SEInR(Susceptible-Exposed-n Infected-Removed)模型，SEInR 模型的转换过程如图 4.5 所示。

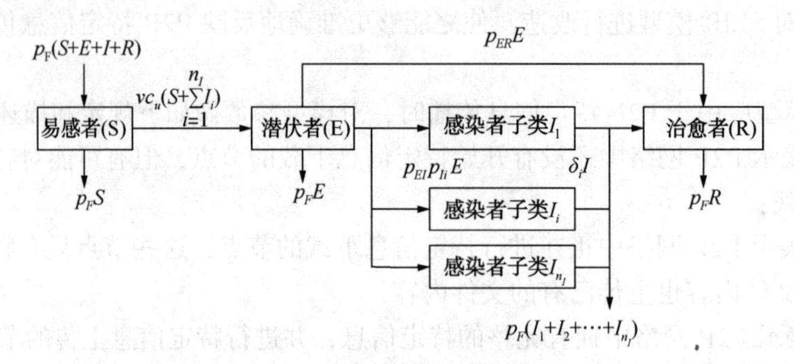

图 4.5 SEInR 模型传播过程

使用 SEInR 模型对 P2P 特定信息传播过程的描述内容为：易感节点发送文件请求，获取可用节点列表，可用节点列表既包含潜伏节点也包含感染节点；易感节点与可用节点列表建立连接并获取文件信息，易感节点变为潜伏节点，潜伏节点既下载文件信息也上传文件信息；潜伏节点在下载过程中以概率 p_{ER} 对特定信息失去下载需求，变为治愈节点；潜伏节点以概率 p_{EI} 在下载完成后变为感染节点；感染节点对特定信息进行共享，共享完成后，感染节点变为治愈节点。每个感染者子类根据该类平均共享时间计算该类的被治愈概率 δ_i，$(1\leqslant i\leqslant n_I)$，$n_I$ 表示感染者子类数量。单位时间内新加入节点率为常数 p_F，数量为 $p_FN_B(t)$。每个状态中的节点都会以概率 p_F 永久退出 P2P 网络。根据以上对 P2P 特定信息传播过程的描述，SEInR 模型的动力学方程组为：

$$\begin{cases}\dfrac{\mathrm{d}S_R}{\mathrm{d}t}=p_F-vc_uS_R(E_R+\sum\limits_{i=1}^{n_I}I_{Ri})-p_FS_R\\ \dfrac{\mathrm{d}E_R}{\mathrm{d}t}=vc_uS_R(E_R+\sum\limits_{i=1}^{n_I}I_{Ri})-(p_{EI}+p_{ER}+p_F)E_R\\ \dfrac{\mathrm{d}I_{Ri}}{\mathrm{d}t}=p_{EI}p_{Ii}E_R-(\delta_i+p_F)I_{Ri}\\ \dfrac{\mathrm{d}R_R}{\mathrm{d}t}=p_{ER}E_R+\sum\limits_{i=1}^{n_I}\delta_iI_{Ri}-p_FR_R\end{cases}\tag{4-6}$$

式中 I_{Ri}——感染者子类 I_i 中的节点数量占所有节点的比例；

p_{Ii}——新感染节点属于感染者子类 I_i 的概率；

δ_i——感染者子类 I_i 中的节点被治愈概率，$1\leqslant i\leqslant n_I$。

4.3 SEInR 模型的传播行为及其特性

对于复杂网络的传播动力学模型，主要从传播的最终稳态与动态过程两个方面进行研究。传播稳态使用传统的传播临界值理论进行研究，是研究复杂网络稳定性的重要内容；复杂网络演化的动态过程研究是传播动力学研究的另一重要内容。本小节针对提出的 SEInR 模型，进行传播行为与特性研究。

对 SEInR 模型的动力学方程组进行分析，可以得出总节点 $N_B(t)$ 满足：

$$\frac{\mathrm{d}N_B(t)}{\mathrm{d}t}=p_F N_B(t)-p_F(S(t)+E(t)+I(t)+R(t))=0 \tag{4-7}$$

由于在易感节点、潜伏节点、感染节点的变化过程中没有治愈节点的变化因素，略去 SEInR 模型动力学方程组中有关治愈节点的变化方程，并不影响对整个系统的研究。简化后的动力学方程组为：

$$\begin{cases}\dfrac{\mathrm{d}S_R}{\mathrm{d}t}=p_F-vc_u S_R(E_R+\sum\limits_{i=1}^{n_I}I_{Ri})-p_F S_R\\ \dfrac{\mathrm{d}E_R}{\mathrm{d}t}=vc_u S_R(E_R+\sum\limits_{i=1}^{n_I}I_{Ri})-(p_{EI}+p_{ER}+p_F)E_R\\ \dfrac{\mathrm{d}I_{Ri}}{\mathrm{d}t}=p_{EI}p_{Ii}E_R-(\delta_i+p_F)I_{Ri}\end{cases} \tag{4-8}$$

记集合 $D_C=\{(S_R,E_R,I_{Ri})\mid S_R\in[0,1],E_R\in[0,1],I_{Ri}\in[0,1],1\leqslant i\leqslant n_I\}$，显然 D_C 是简化动力学方程组的一个正向不变集，以下仅在集合 D_C 内对方程组进行求解。

4.3.1 基本再生数计算公式推导

基本再生数 R_0 是分析传播动力学模型的重要参数，其计算方法为：在传染病模型中，所有个体被分类到 N_r 个仓室。令 $z=(z_1,z_2,\cdots,z_i,\cdots,z_{N_r})$，$z_i$ 表示第 i 个仓室的个体数量并且 $z_i\geqslant 0$，为了分析方便，有感染者的仓室排在前面，没有感染者的仓室排在后面。令 $\widetilde{F_i}(z)$ 表示仓室 i 中出现新感染者的速率（只包括新增加感染个体，不包括仓室之间个体的移动），$\widetilde{V}_i^+(z)$ 表示其他方式进入仓室 i 的速率，$\widetilde{V}_i^-(z)$ 表示移出仓室 i 的速率，且 $\widetilde{V}_i(z)=\widetilde{V}_i^-(z)-\widetilde{V}_i^+(z)$。假设每个变量都是连续可微的，那么疾病传播模型可以由下面的方程系统组成：

$$\frac{\mathrm{d}z_i}{\mathrm{d}t}=f_{ri}(z)=\widetilde{V}_i^-(z)-\widetilde{V}_i^+(z) \tag{4-9}$$

其中，$f_{ri}(z)$ 表示第 i 个仓室中的个体数量变化方程。令 $Df_r(z_0)$ 表示 $f_{ri}(z)$ 在点 z_0 处的 Jacobian 矩阵。如果 $\widetilde{F_i}(z)=0$，$1\leqslant i\leqslant N_r$ 时，$Df_r(z_0)$ 有负的实部。若 E_0 是模型的无病平衡点，那么 $D\widetilde{F}(E_0)$ 和 $D\widetilde{V}(E_0)$ 可被分别划分为：

$$D\widetilde{F}(E_0)=\begin{pmatrix}\mathbf{F} & \mathbf{0}\\ \mathbf{0} & \mathbf{0}\end{pmatrix} \text{和} D\widetilde{V}(E_0)=\begin{pmatrix}\mathbf{V} & \mathbf{0}\\ \mathbf{J3} & \mathbf{J4}\end{pmatrix}$$

$\mathbf{FV}^{-1}$为再生矩阵，基本再生数 R_0 是 $\mathbf{FV}^{-1}$的谱半径长度，即 $R_0=p(\mathbf{FV}^{-1})$。

按照上述计算基本再生数 R_0 的方法，首先将仓室按照节点感染顺序进行排列，排列后的仓室顺序为：E，I_i，S。按照动力学方程组求出$\widetilde{\mathbf{F}}$和$\widetilde{\mathbf{V}}$为：

$$\widetilde{\mathbf{F}}=[\widetilde{F_1}(z),\ \widetilde{F_2}(z),\ \cdots,\ \widetilde{F_{n_I+2}}(z)]^T=\begin{pmatrix} vc_uS_R(E_R+\sum_{i=1}^{n_I}I_{Ri}) \\ 0 \\ 0 \\ \cdots \\ 0 \end{pmatrix} \tag{4-10}$$

$$\widetilde{\mathbf{V}}=[\widetilde{V_1}(z),\ \widetilde{V_2}(z),\ \cdots,\ \widetilde{V_{n_I+2}}(z)]^T=\begin{pmatrix} (p_{EI}+p_{ER}+p_F)E_R \\ (\delta_1+p_F)I_{R1}-p_{EI}p_{I1}E_R \\ \cdots \\ (\delta_{n_I}+p_F)I_{R1}-p_{EI}p_{In_I}E_R \\ vc_uS_R(E_R+\sum_{i=1}^{n_I}I_{Ri})+p_FS_R-p_F \end{pmatrix} \tag{4-11}$$

由于系统处于平衡点时，所有仓室中的节点数量变化率为 0，即：$\mathrm{d}S_R/\mathrm{d}t=0$；$\mathrm{d}E_R/\mathrm{d}t=0$；$\mathrm{d}I_{Ri}/\mathrm{d}t=0$。容易发现存在无病平衡点 $E_0=(S_R=1,\ E_R=0,\ I_R=0)$。根据 Jacobian 矩阵计算公式，求出 $D\tilde{F}(E_0)$和 $D\tilde{V}(E_0)$的值为：

$$D\widetilde{F}(E_0)=\begin{pmatrix} vc_u & vc_u & \cdots & vc_u & 0 \\ 0 & 0 & \cdots & 0 & 0 \\ \cdots & \cdots & \cdots & \cdots & \cdots \\ 0 & 0 & \cdots & 0 & 0 \\ 0 & 0 & \cdots & 0 & 0 \end{pmatrix} \tag{4-12}$$

$$D\widetilde{V}(E_0)=\begin{pmatrix} p_{EI}+p_{ER}+p_F & 0 & \cdots & 0 & 0 \\ -p_{EI}p_{I1} & \delta_1+p_F & \cdots & 0 & 0 \\ \cdots & \cdots & \cdots & \cdots & \cdots \\ -p_{EI}p_{In_I} & 0 & \cdots & \delta_{n_I}+p_F & 0 \\ vc_u & vc_u & \cdots & vc_u & p_F \end{pmatrix} \tag{4-13}$$

从 $D\tilde{F}(E_0)$和 $D\tilde{V}(E_0)$中提取出 $\mathbf{F}$ 和 $\mathbf{V}$。令 $\omega_E=p_{EI}+p_{ER}+p_F$ 表示潜伏节点的减少概率，$p_{EIi}=p_{EI}p_{Ii}$表示潜伏节点进入感染者子类 I_i 的概率，$\omega_{Ii}=\delta_i+p_F$ 表示感染者子类 I_i 中的节点减少概率，计算 $\mathbf{FV}^{-1}$为：

$$\mathbf{F}=\begin{pmatrix} vc_u & vc_u & \cdots & vc_u \\ 0 & 0 & \cdots & 0 \\ \cdots & \cdots & \cdots & \cdots \\ 0 & 0 & \cdots & 0 \end{pmatrix},\ \mathbf{V}=\begin{pmatrix} p_{EI}+p_{ER}+p_F & 0 & \cdots & 0 \\ -p_{EI}p_{I1} & \delta_1+p_F & \cdots & 0 \\ \cdots & \cdots & \cdots & \cdots \\ -p_{EI}p_{In_I} & 0 & \cdots & \delta_{n_I}+p_F \end{pmatrix}$$

$$\mathbf{FV}^{-1}=\begin{pmatrix} vc_u & vc_u & \cdots & vc_u \\ 0 & 0 & \cdots & 0 \\ \cdots & \cdots & \cdots & \cdots \\ 0 & 0 & \cdots & 0 \end{pmatrix}\begin{pmatrix} \omega_E & 0 & \cdots & 0 \\ -p_{EI1} & \omega_{I1} & \cdots & 0 \\ \cdots & \cdots & \cdots & \cdots \\ -p_{EIn_I} & 0 & \cdots & \omega_{In_I} \end{pmatrix}^{-1} \tag{4-14}$$

$$=\begin{pmatrix} vc_u & vc_u & \cdots & vc_u \\ 0 & 0 & \cdots & 0 \\ \cdots & \cdots & \cdots & \cdots \\ 0 & 0 & \cdots & 0 \end{pmatrix}\begin{pmatrix} \frac{1}{\omega_E} & 0 & \cdots & 0 \\ \frac{p_{EI1}}{\omega_E\omega_{I1}} & \frac{1}{\omega_{I1}} & \cdots & 0 \\ \cdots & \cdots & \cdots & \cdots \\ \frac{p_{EIn_I}}{\omega_E\omega_{In_I}} & 0 & \cdots & \frac{1}{\omega_{In_I}} \end{pmatrix}=\begin{pmatrix} \frac{vc_u}{\omega_E}(1+\sum_{i=1}^{n_I}\frac{p_{EIi}}{\omega_{Ii}}) & \frac{vc_u}{\omega_{I1}} & \cdots & \frac{vc_u}{\omega_{In_I}} \\ 0 & 0 & \cdots & 0 \\ \cdots & \cdots & \cdots & \cdots \\ 0 & 0 & \cdots & 0 \end{pmatrix}$$

计算 $\mathbf{FV}^{-1}$的谱半径长度即可求得基本再生数 R_0 为：

$$R_0=\frac{vc_u}{\omega_E}\left(1+\sum_{i=1}^{n_I}\frac{p_{EIi}}{\omega_{Ii}}\right)=\frac{vc_u}{(p_{EI}+p_{ER}+p_F)}\left(1+\sum_{i=1}^{n_I}\frac{p_{EI}p_{Ii}}{(\delta_i+p_F)}\right) \tag{4-15}$$

4.3.2 平衡点存在性

系统处于平衡点时，所有仓室中的节点数量变化率为 0，容易发现模型存在无病平衡点 $E_0=(S_R=1,\ E_R=0,\ I_R=0)$。将式(4-8)中的 S_R 和 I_{Ri}用 E_R 表示，可得：

$$\begin{cases} S_R=1-\frac{(p_{EI}+p_{ER}+p_F)}{p_F}E_R=1-\frac{\omega_E}{p_F}E_R \\ I_{Ri}=\frac{p_{EI}p_{Ii}E_R}{(\delta_i+p_F)}=\frac{p_{EIi}}{\omega_{Ii}}E_R \end{cases} \tag{4-16}$$

将式(4-11)代入 $dS_R/dt=0$；$dE_R/dt=0$；$dI_{Ri}/dt=0$，计算后可得：

$$\begin{cases} E_R^*=\left(1-\frac{\omega_E}{vc_u\left(1+\sum_{i=1}^{n_I}\frac{p_{EIi}}{\omega_{Ii}}\right)}\right)\frac{p_F}{\omega_E}=\left(1-\frac{1}{R_0}\right)\frac{p_F}{\omega_E} \\ S_R^*=1-\frac{\omega_E}{p_F}E_R=1-\frac{\omega_E}{p_F}\left(1-\frac{1}{R_0}\right)\frac{p_F}{\omega_E}=\frac{1}{R_0} \\ I_{Ri}^*=\frac{p_{EIi}}{\omega_{Ii}}E_R=\frac{p_{EIi}p_F}{\omega_{Ii}\omega_E}\left(1-\frac{1}{R_0}\right) \end{cases} \tag{4-17}$$

当 $R_0>1$ 时，$I_{Ri}>0$，相应的 $S_R>0$，$E_R>0$，$R_R>0$，表示模型存在有病平衡点 $E^*=(S_R^*,\ E_R^*,\ I_R^*)$。即

定理 4-1：SEInR 模型总有无病平衡点 $E_0=(S_R=1,\ E_R=0,\ I_R=0)$，当 $R_0>1$ 时，除存在无病平衡点外，还存在有病平衡点 $E^*=(S_R^*,\ E_R^*,\ I_R^*)$。

4.3.3 模型稳定性

本小节主要对平衡点稳定性以及传播网络的全局稳定性进行分析。

定理 4-2：当 $R_0 \leqslant 1$ 时，SEInR 模型的无病平衡点 $E_0=(S_R=1, E_R=0, I_R=0)$ 是局部渐进稳定的；当 $R_0>1$ 时，E_0 是不稳定的。

证明：对模型动力学方程组求 Jacobian 矩阵 J_{SEInR} 及其在 E_0 处的值为：

$$J_{\text{SEInR}}=\begin{pmatrix} -vc_u(E_R+\sum_{i=1}^{n_I} I_{Ri})-p_F & -vc_uS_R & -vc_uS_R & \cdots & -vc_uS_R \\ vc_u(E_R+\sum_{i=1}^{n_I} I_{Ri}) & vc_uS_R-(p_{EI}+p_{ER}+p_F) & vc_uS_R & \cdots & vc_uS_R \\ 0 & p_{EI}p_{I1} & -(\delta_1+p_F) & \cdots & 0 \\ \cdots & \cdots & \cdots & \cdots & \cdots \\ 0 & p_{EI}p_{In_I} & 0 & \cdots & -(\delta_{n_I}+p_F) \end{pmatrix} \tag{4-18}$$

$$J_{\text{SEInR}}(E_0)=\begin{pmatrix} -p_F & -vc_u & -vc_u & & -vc_u \\ 0 & vc_u-(p_{EI}+p_{ER}+p_F) & vc_u & \cdots & vc_u \\ 0 & p_{EI}p_{I1} & -(\delta_1+p_F) & \cdots & 0 \\ \cdots & \cdots & \cdots & \cdots & \cdots \\ 0 & p_{EI}p_{In_I} & 0 & \cdots & -(\delta_{n_I}+p_F) \end{pmatrix} \tag{4-19}$$

其中一个特征根为$-p_F$，另外 2 个特征根为以下矩阵的特征根。

$$\begin{pmatrix} vc_u-(p_{EI}+p_{ER}+p_F) & vc_u & \cdots & vc_u \\ p_{EI}p_{I1} & -(\delta_1+p_F) & \cdots & 0 \\ \cdots & \cdots & \cdots & \cdots \\ p_{EI}p_{In_I} & 0 & \cdots & -(\delta_{n_I}+p_F) \end{pmatrix}$$

$$=\begin{pmatrix} vc_u-\omega_E & vc_u & \cdots & vc_u \\ p_{EI1} & -\omega_{I1} & \cdots & 0 \\ \cdots & \cdots & \cdots & \cdots \\ p_{EIn_I} & 0 & \cdots & -\omega_{In_I} \end{pmatrix}=\begin{pmatrix} \omega_E(R_0-1) & vc_u & \cdots & vc_u \\ 0 & -\omega_{I1} & \cdots & 0 \\ \cdots & \cdots & \cdots & \cdots \\ 0 & 0 & \cdots & -\omega_{In_I} \end{pmatrix}$$

当 $R_0 \leqslant 1$ 时，该矩阵的所有特征根均不存在正实部，因此，E_0 是局部稳定的；当 $R_0>1$ 时，该矩阵至少有一个具有正实部的特征根，因此，E_0 是不稳定的。

定理 4-3：当 $R_0 \leqslant 1$ 时，SEInR 模型的无病平衡点 E_0 是全局渐进稳定的。

证明：构造 Liapunov 函数 $V_R(t)$，并计算其导数，可得：

$$V_R(t)=p_{EI}E_R+(p_{EI}+p_{ER}+p_F)\sum_{i=1}^{n_I} I_{Ri} \tag{4-20}$$

$$\frac{\mathrm{d}V_R(t)}{\mathrm{d}t}=p_{EI}\frac{\mathrm{d}E_R}{\mathrm{d}t}+(p_{EI}+p_{ER}+p_F)\sum_{i=1}^{n_I}\frac{I_{Ri}}{dt}=\omega_E p_{EI}E_R(R_0S_R-1) \tag{4-21}$$

由于 $0 \leqslant S_R \leqslant 1$，所以当 $R_0 \leqslant 1$ 时，$\mathrm{d}V_R(t)/\mathrm{d}t \leqslant 0$，且只有在无病平衡点 $E_0=(S_R=1, E_R=0, I_R=0)$ 上，$\mathrm{d}V_R(t)/\mathrm{d}t=0$。由 Lasalle 不变性原理及极限方程理论可知，当 $R_0 \leqslant 1$ 时，SEInR 模型的无病平衡点 E_0 是全局渐进稳定的。

定理 4-4：当 $R_0>1$ 时，SEInR 模型的唯一有病平衡点 E^* 是局部渐进稳定的。

证明：将有病平衡点 E^* 代入模型的 Jacobian 矩阵并进行化简后可得：

$$J_{\text{SEInR}}(E^*)=\begin{pmatrix} -a_{11} & -S_R^*\omega_E R_0 & -vc_u S_R^* & \cdots & -vc_u S_R^* \\ 0 & \dfrac{\omega_E}{a_{11}}(p_F(R_0-1)-2R_0\omega_E E_R^*) & \dfrac{p_F}{a_{11}}vc_u S_R^* & \cdots & \dfrac{p_F}{a_{11}}vc_u S_R^* \\ 0 & 0 & -(\delta_1+p_F) & \cdots & 0 \\ \cdots & \cdots & \cdots & \cdots & \cdots \\ 0 & 0 & 0 & \cdots & -(\delta_{n_I}+p_F) \end{pmatrix} \quad (4-22)$$

式中 $a_{11}=vc_u(E_R+\sum_{i=1}^{n_I}I_{Ri})+p_F$。

当 $R_0>1$ 时，在有病平衡点 E^* 上，$E_R^*=(1-1/R_0)p_F/\omega_E>0$，为了要使 E^* 是局部渐进稳定的，需要得到 $\omega_E(p_F(R_0-1)-2R_0\omega_E E_R^*)/a_{11}<0$，通过反推法证明。

$$\frac{\omega_E}{a_{11}}(p_F(R_0-1)-2R_0\omega_E E_R^*)<0\Rightarrow p_F(R_0-1)-2R_0\omega_E E_R^*<0$$

$$\Rightarrow p_F(R_0-1)<2R_0\omega_E E_R^*\Rightarrow p_F(R_0-1)<2R_0\omega_E(1-\frac{1}{R_0})\frac{p_F}{\omega_E}$$

$$\Rightarrow p_F(R_0-1)<2p_F(R_0-1)\Rightarrow 1<2$$

由于 $1<2$ 是恒成立的，因此，E^* 是局部渐进稳定的。

定理 4-5：当 $R_0>1$ 时，SEInR 模型的唯一有病平衡点 E^* 是全局渐进稳定的。

证明：令 $E_R=E_R^*(1+x_E)$，$I_{Ri}=I_{Ri}^*(1+y_{Ii})$，$1\leqslant i\leqslant n_I$，构造 Liapunov 函数为：

$$\begin{cases} V_R(t)=-V_0+\sum\limits_{i=1}^{n_I}V_i \\ V_0=\dfrac{(x_E)^2}{2} \\ V_i=\dfrac{H_{ki}I_{Ri}^*}{(\delta_i+p_F)}(y_{Ii}-\ln(1+y_{Ii})),\ 1\leqslant i\leqslant n_I \end{cases} \quad (4-23)$$

$$\frac{\mathrm{d}V_R(t)}{\mathrm{d}t}=-(p_F+\sum_{i=1}^{n_I}I_{Ri}^*(1+y_{Ii}))(x_E)^2 - E_R^*(1+x_E)\sum_{\substack{i,\ j=1\\ i<j}}^{n_I}\frac{v^2p_{Ii}I_{Ri}^*}{(\delta_i+p_F)(1+y_{Ii})(1+y_{Ij})}(y_{Ij}-y_{Ii})^2\leqslant 0$$

只有在有病平衡点 E^* 上时，$x_E=0$，$y_{Ii}=0$，$1\leqslant i\leqslant n_I$，$\mathrm{d}V_R(t)/\mathrm{d}t=0$。由定理 4-4、Lasalle 不变性原理以及极限方程理论可知，当 $R_0>1$ 时，SEInR 模型的有病平衡点 E^* 是全局渐进稳定的。

综合以上对 SEInR 模型的分析，模型基本再生数 R_0 为：

$$R_0=\frac{vc_u}{\omega_E}\left(1+\sum_{i=1}^{n_I}\frac{p_{EIi}}{\omega_{Ii}}\right)=\frac{vc_u}{(p_{EI}+p_{ER}+p_F)}\left(1+\sum_{i=1}^{n_I}\frac{p_{EI}p_{Ii}}{(\delta_i+p_F)}\right) \quad (4-24)$$

当 $R_0\leqslant 1$ 时，模型存在无病平衡点 E_0，且 E_0 是全局渐进稳定的；当 $R_0>1$ 时，模型存在无病平衡点 E_0 和唯一的有病平衡点 E^*，其中 E_0 是不稳定的，E^* 是全局渐进稳定的。

4.3.4 模型传播特性分析

对于 P2P 特定信息的传播来说，已传播节点表示已经完成下载的节点，而只要开始下载的节点，不管其是否完成下载，这里统称为已下载节点。本小节主要从以下几个方面对模型传播特性进行分析。

(1) 传播速率及影响因素

传播速率主要是指已传播节点的数量变化速率，不包含正在下载节点和中途取消节点。结合 SEInR 模型，单位时间内从潜伏节点变化为感染节点的数量为：

$$\Delta_E(t) = p_{EI} E(t) \tag{4-25}$$

相应的传播节点数量变化速率为：

$$\begin{aligned}\frac{\mathrm{d}\Delta_E(t)}{\mathrm{d}t} &= p_{EI}\frac{\mathrm{d}E(t)}{\mathrm{d}t} \\ &= p_{EI}\left\{vc_u\frac{S(t)}{N_B(t)}\left[E(t) + \sum_{i=1}^{n_I} I_i(t)\right] - (p_{EI} + p_{ER} + p_F)E(t)\right\}\end{aligned} \tag{4-26}$$

对传播模型方程组及上式进行分析可知，传播速率主要由以下因素决定：v、c_u、p_{ER}、p_{EI}、p_F、p_{Ii}、δ_i。

v 表示潜伏节点和感染节点对易感节点的感染概率，在 P2P 系统中，该指标主要与特定信息被关注程度有关，特定信息被关注程度越高，v 值越大。

c_u 是节点返回数量、节点可用性及实际连接率的综合表示，反映了 P2P 网络返回可用节点的能力以及易感节点与可用节点连接成功的概率。

p_{ER}表示节点中途取消下载概率，该概率主要是由于下载时间过长，用户不愿等待而产生的。p_{ER}越大，取消下载节点越多，转换为已传播节点数量越少，p_{ER}越小，取消下载节点越少，转换为已传播节点数量越多。

p_{EI}表示下载节点下载完成概率，该概率是特定信息大小与下载速度的复合函数。特定信息大小越大，下载所需时间越长，p_{EI}越小；下载速度越快，下载所需时间越短，p_{EI}越大。当 p_{EI}越大时，下载节点完成下载并转换为已传播节点的数量越多，但是剩余下载节点越少，下一单位时间内转换为已传播节点数量将会变少。当 $p_{EI} \to 0$ 时，下载节点无法完成下载，不能转换为已传播节点，传播速率趋向于 0；当 $p_{EI} \to 1$ 时，传播速率为已下载节点的生成速率。

p_F 表示新节点加入或旧节点永久退出 P2P 网络的概率，该概率主要是由于用户个人行为造成的，数值一般较小，对 P2P 特定信息传播影响甚微。p_F 越大，退出节点越多，转换为已传播节点数量越少。

p_{Ii}表示潜伏节点转换为感染节点时进入感染者子类 I_i 的概率，该概率主要与各个感染者子类中的节点数量相关，子类中的节点数量越多，该概率越大。

δ_i 表示感染者子类 I_i 中的节点取消特定信息共享的概率，节点对特定信息共享时间越长，δ_i 越小，传播能力越强。该概率主要与用户使用习惯有关，相关研究表明，P2P 网络上存在着大量“搭便车”现象，这种情况会导致 δ_i 变大，传播能力减弱。为了提高 P2P 网络传播能力，部分软件采取了客户积分手段，鼓励对已下载文件进行共享，减少“搭便车”现象，增加特定信息共享时间。

(2) 传播时间及传播规模

当基本再生数 $R_0 \leqslant 1$ 时，模型只有无病平衡点 E_0，且 E_0 是全局渐进稳定的。因此，P2P 特定信息传播时间 T_S 为 E_0 出现的时间点，此时：

$$S_R(t) = \int_0^{T_S} \frac{\mathrm{d}S_R(t)}{\mathrm{d}t}\mathrm{d}t = 1 \tag{4-27}$$

对上式求解可得 P2P 特定信息的传播时间 T_S。当基本再生数 $R_0>1$ 时，由于有病平衡点是全局渐进稳定的，P2P 特定信息在网络中的传播始终存在，传播时间 $T_S \to \infty$。对 P2P 特定信息的传播规模分为 2 种情况进行研究：已下载节点规模和已传播节点规模。根据对已下载节点和已传播节点的定义，可得到已下载节点规模 $SC_E(t)$ 和已传播节点规模 $SC_I(t)$ 分别为：

$$\begin{cases} SC_E(t) = \int_0^t vc_u \dfrac{S(t)}{N_B(t)}(E(t) + I(t))\mathrm{d}t \\ SC_I(t) = \int_0^t p_{EI}E(t)\mathrm{d}t \end{cases} \tag{4-28}$$

当基本再生数 $R_0 \leqslant 1$，$t>T_S$ 时，传播模型已进入无病传播状态，不会产生新的已下载节点和已传播节点，因此，相应的传播规模为常数 $SC_E(T_S)$ 和 $SC_I(T_S)$。在其他情况下，传播模型会不断产生新的已下载节点和已传播节点，$SC_E(t)$ 和 $SC_I(t)$ 是与时间 t 相关的单调增函数。

4.4 仿真实验及结果分析

本小节通过数据仿真方式对 SEInR 模型进行分析。在传播动力学模型中，基本再生数 R_0 是分析模型性能的重要参数，SEInR 模型的基本再生数 R_0 为：

$$R_0 = \frac{vc_u}{\omega_E}\left(1 + \sum_{i=1}^{n_I} \frac{p_{EIi}}{\omega_{Ii}}\right) = \frac{vc_u}{(p_{EI} + p_{ER} + p_F)}\left[1 + \sum_{i=1}^{n_I} \frac{p_{EI}p_{Ii}}{(\delta_i + p_F)}\right] \tag{4-29}$$

将感染节点(I)划分为 3 个子类：长时间在线共享子类(I_1)；临时共享子类(I_2)和“搭便车”子类(I_3)。设定特定信息文件大小为 600M，节点平均下载速度为 100kbyte/s，单位监测时间为 10 分钟，则潜伏节点平均寿命为 10 个单位时间，单位时间内从潜伏节点转换为感染节点的概率 p_{EI} 为 0.1。其他参数的缺省值设置如下：$v=0.015$，$c_u=10$，$p_{ER}=0.001$，$p_F=0.001$，$S(0)=99999$，$I_i(0)=(1,0,0)$，$p_{Ii}=(0.01,0.39,0.6)$，$\delta_i=(0.0001,0.3,0.95)$。各个状态的节点比率变化如图 4.6 所示，感染者子类中的节点比率变化如图 4.7 所示，其中横轴为时间，每个时间单位为“10 分钟”；纵轴分别为普通节点和感染节点的比率。

由图 4.6 可知，$S_R(t)$ 开始下降较慢，随后有一个快速下降过程，并逐渐平缓，最终趋于平衡点中的 S_R^*；$R_R(t)$ 的变化过程与 $S_R(t)$ 相反，开始上升较慢，随后有一个快速上升过程，并逐渐平缓，最终趋于平衡点中的 R_R^*；$E_R(t)$ 与 $I_R(t)$ 的比率变化过程都是先上升后下降，最终趋于平衡点中的 E_R^* 和 I_R^*，潜伏节点的高峰值要比感染节点的高峰值大，几乎是同时到达的，高峰值大小与基本再生数 R_0 有关。

由图 4.7 可知，由于 I_1 中的节点长时间在线，被治愈概率和进入概率都较低，节点比率上升后下降缓慢，基本维持在高位水平 I_{R1}^*；I_2 中的节点被治愈概率和进入概率都居中，节点比率快速变化，最终稳定在平衡点中的 I_{R2}^*；虽然 I_3 中的节点进入概率很高，但是被治愈概率也很高，属于下载完成后不进行共享的“搭便车”节点，因此，I_3 中的节点比率高峰值较 I_2 中的要小，并且最终在平衡点中的值 I_{R3}^* 要小于 I_{R2}^*。

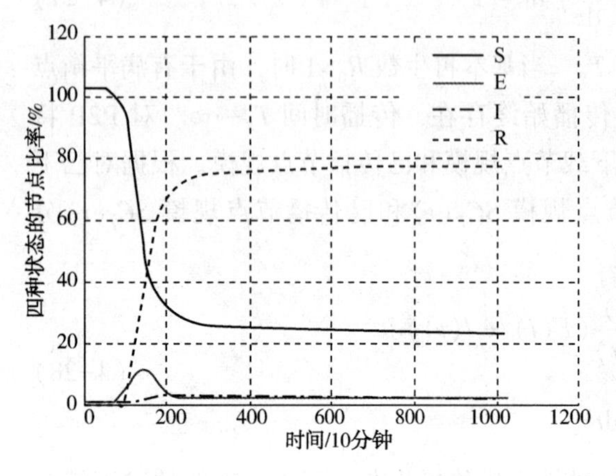

图 4.6　各个状态节点比率变化图

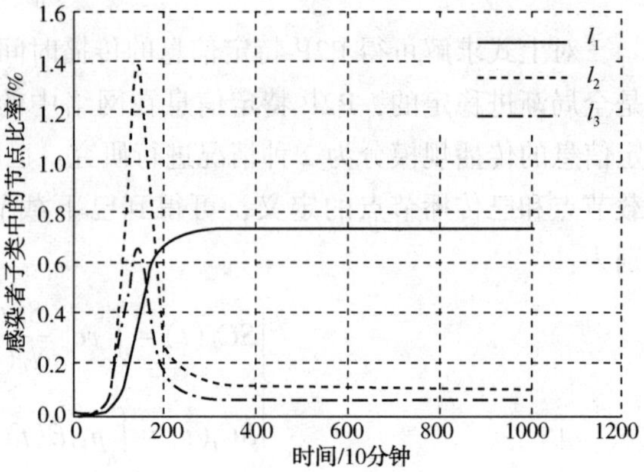

图 4.7　感染者子类节点比率变化图

$R_0=1$ 是判断特定信息传播规律的重要参数，图 4.8 展示了 R_0 取不同值时，易感节点与感染节点的比率变化。其中横轴为时间，每个时间单位为“10 分钟”；纵轴分别为易感节点和感染节点的比率。由图 4.8 可知，当 $R_0 \leqslant 1$ 时，感染节点比率趋向于 0，易感节点比率趋向于 1，也就是趋向于模型的无病平衡点，并且是全局稳定的；当 $R_0>1$ 时，感染节点比率趋向于大于 0 的数值，并且是全局稳定的；当 R_0 越大时，感染节点比率越大，传播速度越快。

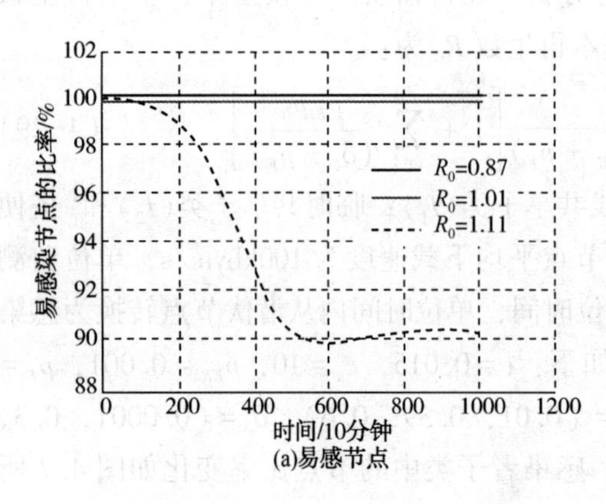

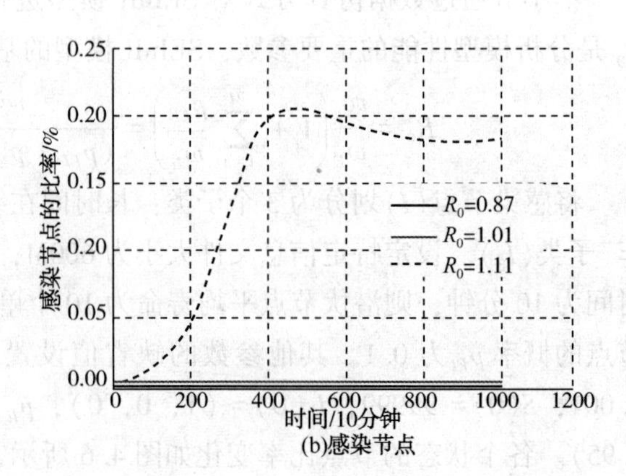

图 4.8　R_0 对模型的影响

感染概率 v 代表了特定信息的传播能力，在其他参数固定不变的情况下，将 v 分别设置为：0.01，0.015，0.03，基本再生数 R_0 经过计算后分别为：2.90，4.35，8.71。SEInR 模型中的感染节点比率变化情况如图 4.9 所示。其中横轴为时间，每个时间单位为“10 分钟”；纵轴为感染节点的比率。从图 4.9 中可以看出，感染概率越大，感染高峰到来越快，感染高峰值越大，从感染高峰下降速率越快，到达平衡点所使用时间越短，最终平衡点的 I_R^* 越大。

并且随着感染概率的增加，图形由平缓变得尖锐，高峰值与平衡点中的 I_R^* 差值越大。这些情况说明感染概率 v 较大时，特定信息传播过程变化幅度较大。

为了分析初始感染节点对模型的影响，在其他参数固定不变的情况下，将初始感染节点数量分别设置为：1，5，20，模型中的感染节点比率变化情况如图 4.10 所示。其中横轴为时间，每个时间单位为“10 分钟”；纵轴为感染节点的比率。从图 4.10 中可以看出，随着初始感染节点的增加，传播过程中高峰值出现时间会提前，但是高峰值大小相同，并且高峰值出现后的传播过程是相同的。这种情况说明，初始感染节点数量的变化，只会影响感染节点比率高峰值出现时间的早晚，特定信息的整体传播过程是相同的。

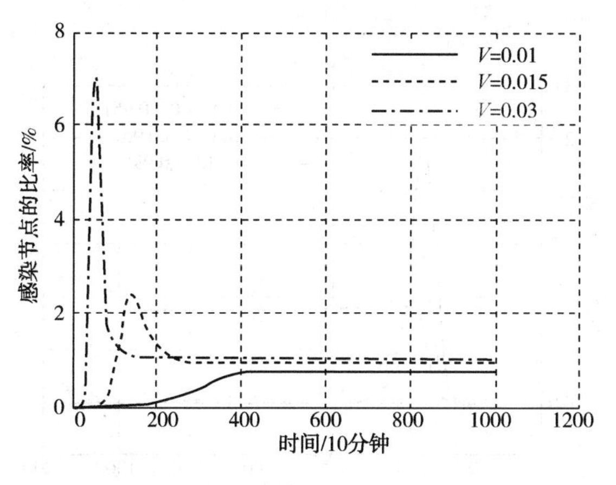

图 4.9　感染概率对模型的影响

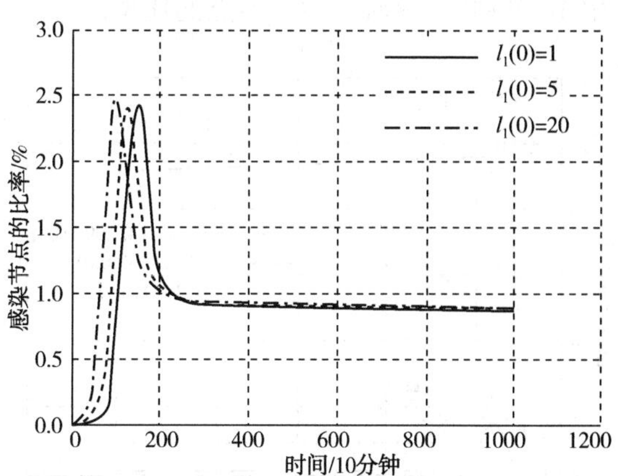

图 4.10　初始感染节点数量对模型的影响

特定信息大小与下载带宽会影响模型参数 p_{EI} 和 p_{ER}，图 4.11 显示了在固定其他参数的情况下，将 p_{EI} 分别设置为 0.2，0.1，0.01 时，p_{EI} 对模型的影响。图 4.12 显示了在固定其他参数的情况下，将 p_{ER} 分别设置为 0.0001，0.001，0.01，0.1，0.5 时，p_{ER} 对模型的影响。在图 4.11 和图 4.12 中，横轴为时间，每个时间单位为“10 分钟”；纵轴为感染节点的比率。

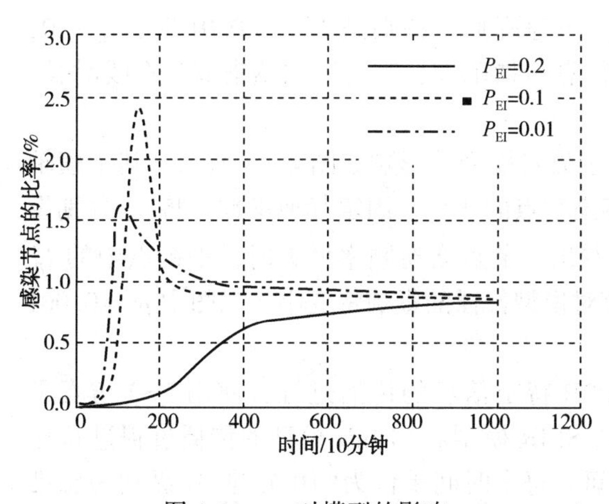

图 4.11　p_{EI} 对模型的影响

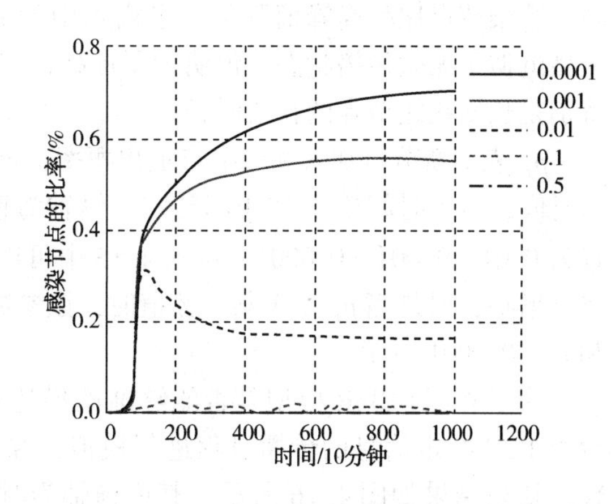

图 4.12　p_{ER} 对模型的影响

由图 4.11 可知，p_{EI} 值越大，感染节点比率高峰值出现越早，平衡点中的 I_R^* 越大。但是高峰值大小与 p_{EI} 无关，平衡点出现时间早晚也与 p_{EI} 无关。说明特定信息大小只会影响高峰值出现早晚和平衡点中的 I_R^* 大小。从图 4.12 中可以看出，随着 p_{ER} 增大，特定信息传播范围越来越小，平衡点中的 I_R^* 也越来越小。特别是当 $p_{ER}=0.5$ 时，$R_0=0.31$，特定信息传播趋向于无病传播。

不同感染者子类有不同的治愈率和不同的进入概率，图 4.13 展示了在治愈率 δ_i 不变的情况下，进入概率 p_{Ii} 变化时对模型的影响，治愈率设置为 $\delta_i=(0.0001, 0.3, 0.95)$，进入概率 p_{Ii} 设置 3 组不同的值(0.0001，0.2999，0.7)，(0.01，0.39，0.6)，(0.1，0.5，0.4)。图 4.14 展示了在进入概率 p_{Ii} 不变的情况下，治愈率 δ_i 变化时对模型的影响，进入概率设置为 $p_{Ii}=(0.01, 0.39, 0.6)$，治愈率 δ_i 设置 3 组不同的值(0.0001，0.3，0.95)，(0.01，0.5，0.96)，(0.1，0.7，0.99)。图 4.13 和图 4.14 中横轴为时间，每个时间单位为“10 分钟”；纵轴为感染节点的比率。

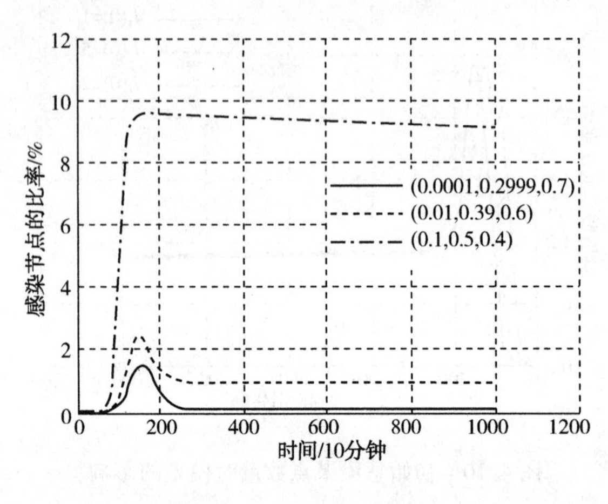

图 4.13　p_{Ii} 对模型的影响

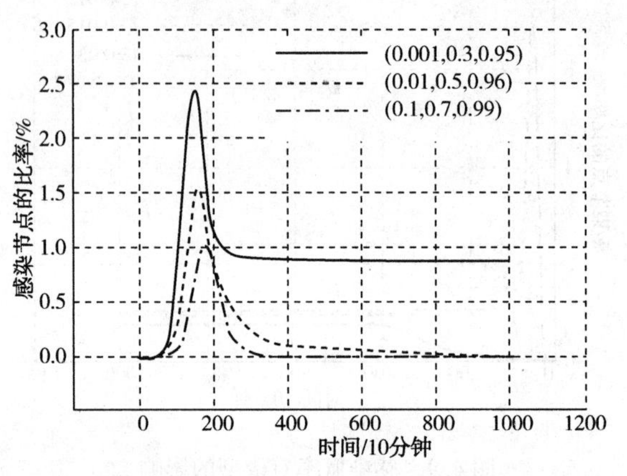

图 4.14　δ_i 对模型的影响

从图 4.13 中可以看出，当进入较低治愈率子类的概率不断提高时，传播模型平衡点中的 I_R^* 也随之迅速提高。主要是由于该概率的提高，长时间在线节点增加，这些节点以较小概率转换为治愈节点，导致感染节点比率上升。从图 4.14 中可以看出，随着治愈率 δ_i 提高，感染节点比率高峰值降低，平衡点中的 I_R^* 迅速降低，特别是当 $\delta_1 \geqslant 0.01$ 时，$I_R^* \to 0$，模型近似于无病传播状态。说明为了提高特定信息传播范围，需要增加感染节点在线时长，特别是长期在线节点的在线时长。

p_F 表示新节点加入和旧节点退出概率，该参数对模型的影响如图 4.15 所示，其中横轴为时间，每个时间单位为“10 分钟”，纵轴为感染节点的比率。固定其他参数，将 p_F 分别设置为 0.01，0.001，0.0001。从图 4.15 中可以看出，节点变换频率增大时，平衡点中的 I_R^* 将会增加，但是当 p_F 小于某一数值时，该参数对模型传播的影响将变小，如图中 $p_F=0.001$ 和 $p_F=0.0001$ 所示。

为了验证 SEInR 模型是否能够准确描述 P2P 特定信息的传播过程，使用 NS2 仿真平台对 P2P 特定信息的传播过程进行模拟，并与 SEIR 模型和 SEInR 模型的传播过程进行比较，比较结果如图 4.16 所示。其中横轴为时间，每个时间单位为“10 分钟”；纵轴为感染节点的比率。从图 4.16 中可以看出，SEIR 模型的传播过程与实际情况差距较大，而 SEInR 模型能够较为准确地模拟 P2P 特定信息的传播过程，能够应用于 P2P 特定信息的传播规律分析。

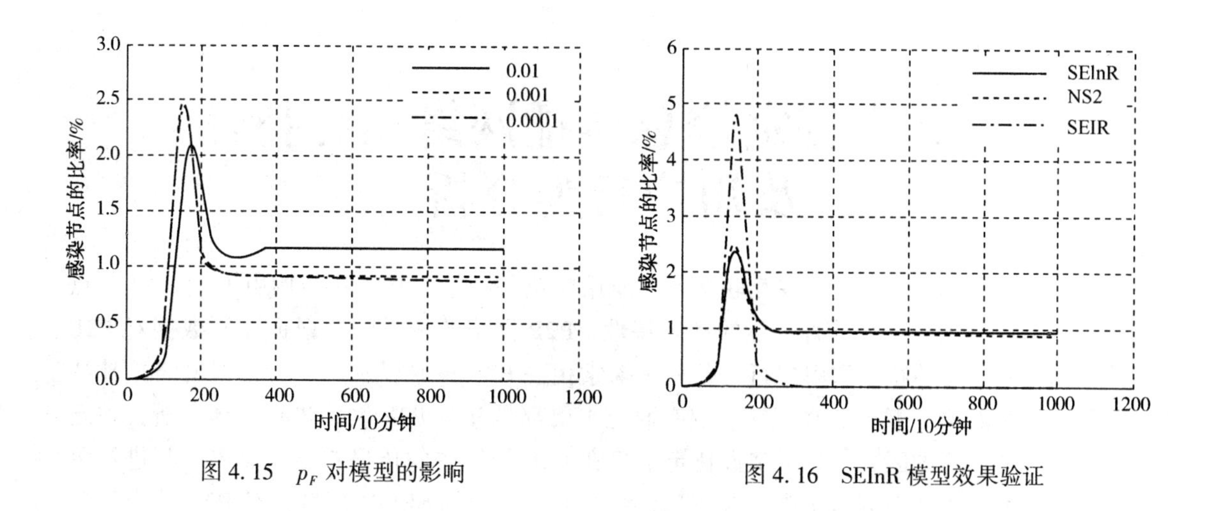

图 4.15　p_F 对模型的影响

图 4.16　SEInR 模型效果验证

4.5　本章小结

在 P2P 文件共享系统中，特定信息的大范围传播过程与传染病传播过程具有极大的相似性，传播动力学是 P2P 特定信息传播的一个新兴研究方向。现有传播动力学模型难以很好地完全模拟出 P2P 特定信息传播过程中的节点状态转换。针对 SEIR 模型在描述 P2P 特定信息传播过程时的不足，本章根据 P2P 特定信息传播特点对 SEIR 模型进行改造，介绍了 SEInR 模型，该模型的主要改造内容包括：将传统感染者分为 n_I 个子类，每个子类根据节点在线时长赋予不同的治愈概率；考虑潜伏节点的感染能力和转换为治愈节点的概率；引入节点加入与退出机制；考虑节点列表返回能力的影响。在 SEInR 模型基础上，推导基本再生数 R_0 的计算公式，并对模型传播行为及其特性进行了深入探讨，具体内容包括：无病平衡点及有病平衡点的存在性研究、模型稳定性研究、模型传播速率及影响因素分析、传播时间与传播规模分析。最后使用仿真实验对模型中各个参数进行了详细分析，并与 NS2 仿真平台模拟的 P2P 特定信息传播过程进行比较，仿真结果表明：SEInR 模型所描述的传播过程比较符合 P2P 特定信息传播规律，模型中的各个参数也能够对传播过程中的影响因素进行准确描述。

5 P2P特定信息传播网络拓扑特性及用户行为分析

P2P文件共享系统是建立在互联网上的应用层覆盖网络，其拓扑结构由大量P2P节点根据特定协议自主构成，具有天然的动态特性。P2P网络监测目的是根据监测数据对P2P网络进行深入的拓扑特性和用户行为分析，探索相关P2P策略以及用户行为对网络拓扑特性的影响，掌握P2P信息传播规律。现有研究主要都是针对P2P网络进行整体分析，缺乏对网络中传播信息的区分。为了掌握特定信息在P2P网络中的传播规律，需要对其进行单独分析和研究。本章根据已获取受众信息，结合前文介绍的SEInR模型，对P2P特定信息传播网络进行分析。

“元信息”是启动P2P特定文件传播所需的基本信息，主要通过主动监测模型中的主题爬虫技术从相关网站上获取。通过对SEInR模型的性能分析可知，文件大小会影响特定信息传播过程。本章5.2节对已获取“元信息”进行属性分析，为传播模型中的参数确定提供依据。“元信息”属性分析的主要内容包括：文件分类及大小分析、“元信息”发布规律分析、“元信息”流行度分析。

复杂网络的拓扑特性对于特定信息传播有着重要影响，相同传播模型在不同拓扑特性上会表现出不同的传播性质。P2P特定信息传播网络是典型的复杂网络，如何根据已获取的受众信息分析P2P特定信息传播网络的拓扑特性，并深入研究拓扑特性与SEInR模型的关系，是P2P特定信息传播规律研究的重要内容。本章5.3节主要分析P2P特定信息传播网络的静态及动态拓扑特性，并研究这些拓扑特性对SEInR模型的影响。

用户行为是用户在使用P2P软件过程中所表现出来的网络行为，它的主要影响因素包括：用户使用习惯、P2P协议规范以及P2P软件实现方式。表现形式主要包括：用户的上下线频率、在线节点的日周期特性、用户在线时长、对特定信息共享时长、节点间会话时长、节点下载速度、节点地址分布以及节点可用性等等。分析SEInR模型可知，这些用户行为会极大地影响模型中相应参数的设置。本章5.5节主要根据已获取受众信息分析P2P特定信息传播网络中的用户行为，并研究这些用户行为对模型参数的影响。

5.1 相关概念

在SEInR模型中，潜伏节点和感染节点都具有传染能力。但是在P2P文件共享系统中，返回的节点列表中既包含潜伏节点也包含感染节点，如何对这些节点进行区分，是使用SEInR模型进行P2P特定信息传播规律研究的基础。通过对P2P协议和传播模型的详细研究，SEInR模型中根据节点的资源拥有率作为区分依据。由于潜伏节点是正在进行下载的节点，感染节点是已经完成下载并进行上传的节点。因此，如果节点的资源拥有率没有达到100%，则该节点为潜伏节点；否则，该节点为感染节点。

主动监测模型只能得到传播网络拓扑结构，难以得到节点下载速度，而被动监测模型由于监测范围的限制，难以得到监测网络外的节点下载速度。在分析 P2P 协议后，可以根据特定信息文件大小和节点的资源拥有率变化情况，间接计算节点平均下载速度。虽然得到的平均下载速度是统计分析值，但是对分析 P2P 特定信息传播规律有着一定的作用。具体计算方法为：从“元信息”中得到特定信息的大小为 S_oM，对指定节点进行 n 次状态测量，该节点的资源拥有率变化情况为 p_{o1}，p_{o2}，…，p_{on}，并且 $0 \leqslant p_{o1} \leqslant p_{o2} \leqslant \cdots \leqslant p_{on} \leqslant 1$，测量间隔时间为 T_o 分钟，则该节点在任意两次测量时间点(p_{oi}，p_{oj})之间的平均下载速度为：

$$D_{SAij} = \frac{(p_{Oj} - p_{Oi}) S_O \cdot 1024}{(j-i) T_O \cdot 60} \text{KB/S} \tag{5-1}$$

为了统计节点在线时长，需要对受众信息中的节点上下线时间点进行分析。节点上线时间点可以定义为节点首次出现的时间点或者下线后再次出现的时间点。由于主动监测模型每次得到的节点列表不一定是全部节点信息，当节点不存在于某次返回的节点列表中时，不能确定该节点是否已经离线。需要进行如下判断：假设每次返回节点列表数量最大为 C_{Bmax}，对该特定信息进行主动监测得到的在线节点总数量为 C_{Oall}，设定阈值 φ_{Offline} 为：

$$\varphi_{\text{Offline}} = 2 \frac{C_{\text{Oall}}}{C_{\text{Bmax}}} \tag{5-2}$$

当某个节点连续 φ_{Offline} 次都没有出现在返回的节点列表中时，可以判断该节点已经离线，离线时间点为该节点最后出现在返回节点列表中的时间点。获取节点状态时，如果节点不可连接，则说明由于 Tracker 服务器没有及时更新缓存数据而将已经离线的节点返回，这时可以直接判断该节点已经离线。

5.2 “元信息”属性分析

“元信息”是启动 P2P 特定信息传播任务的基本信息，其各种属性会相应地影响特定信息在 P2P 网络中的传播过程。本小节通过与 SEInR 模型相结合，对“元信息”主要属性进行分析，并研究属性对传播模型及传播规律的影响。

5.2.1 文件分类及大小

“元信息”对应的文件大小影响着文件下载时间，而文件下载时间与 SEInR 模型中的参数 p_{EI}、p_{ER}，有着密切的关系，下载时间越短，p_{EI}越大，p_{ER}越小。如果下载时间过长，取消下载概率 p_{ER} 会大幅提高。文件分类决定着文件大小范围，例如，高清影视的文件平均大小要大于普通影视的文件平均大小。因此，对文件分类及大小进行分析，是 SEInR 模型研究的重要内容。

通过基于主题的网络爬虫技术，以飞鸟娱乐(http：//bbs. hdbird. com/)和悠悠鸟影视(http：//bbs. uuniao. com/)为目标抓取“元信息”。为了分析的方便性，将“元信息”分为以下几类：高清影视、普通影视、连续剧、音乐、游戏和其他共 6 大类。数据抓取总共历时 188 天，每天抓取 2 次。图 5. 1 和图 5. 2 为抓取到的所有分类“元信息”数量和文件总大小分布图。

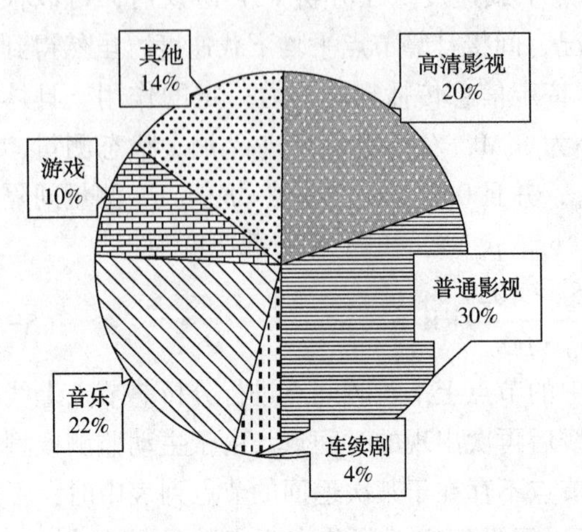

图 5.1 “元信息”数量分布图

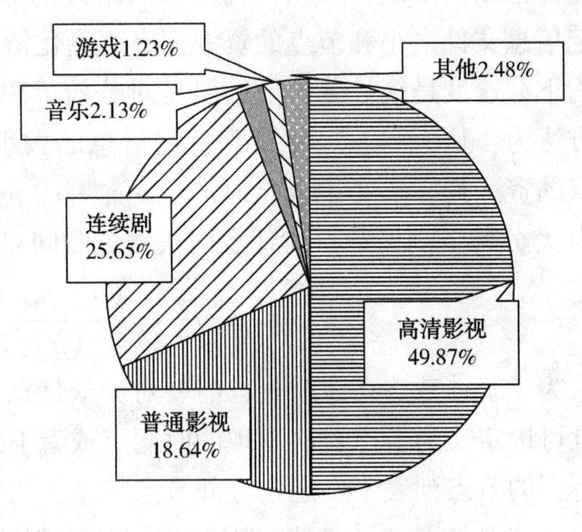

图 5.2 文件总大小分布图

从图 5.1 中可以看出，获取到的“元信息”类型主要为普通影视、高清影视和音乐文件，表明在 P2P 网络上传输的文件主要以电影文件和音乐文件为主。从图 5.2 中可以看出，由于高清影视单个文件较大，文件总大小所占比例较大，而对于音乐“元信息”来说，虽然其数量较多，但由于单个文件较小，文件总大小所占比例较小。通过对“元信息”数量和文件大小进行分类处理，可以得到每个分类中不同大小的文件所占比例。例如：高清影视的文件大小主要集中在 1G~2G(43.40%)以及 4G~6G(34.35%)之间，这主要是由于高清影视文件格式分为 rmvb 格式和 mkv 格式，而且文件主要分辨率为 720P。通过对文件大小分布进行分析，可以确定传播模型参数 p_{EI} 的大概取值范围。

5.2.2 “元信息”发布规律

“元信息”是由资源拥有者自愿发布的，网站只是提供发布平台，并不实际发布“元信息”。发布者支撑起了整个 P2P 系统，该人群既要发布“元信息”，还要作为种子节点加入 P2P 网络，对发布的文件信息进行共享，只有当 P2P 网络中拥有该文件的节点达到一定规模后，该节点才可以退出 P2P 网络，否则，将导致其他节点无法完整地下载到文件信息。因此，分析“元信息”发布规律不但对设置爬虫间隔时间有重要意义，而且对研究种子节点在线时长及传播模型的治愈率 δ_i 具有重要参考价值。

图 5.3 显示了不同类型的“元信息”数量变化情况，其中横坐标为时间，单位为“日”，纵坐标为“元信息”的数量，单位为“个”，每条曲线的起点是第一次完整爬取数据后得到的“元信息”数量。从图中可以看出，“元信息”的数量变化曲线类似于一条直线，直线的斜率为“元信息”的每日平均更新速度，更新速度越快，斜率越大。

图 5.4 显示了几种主要类型“元信息”每日更新数量的变化情况，其中横坐标为时间，单位为“日”，纵坐标为“元信息”每日更新的数量，单位为“个”。从图中可以看出，“元信息”每日更新数量比较随机，但是有一定的周期性。高清影视平均更新速度为 18 个/日，普通影视平均更新速度为 23 个/日，连续剧平均更新速度为 4 个/日，音乐平均更新速度为16 个/日。

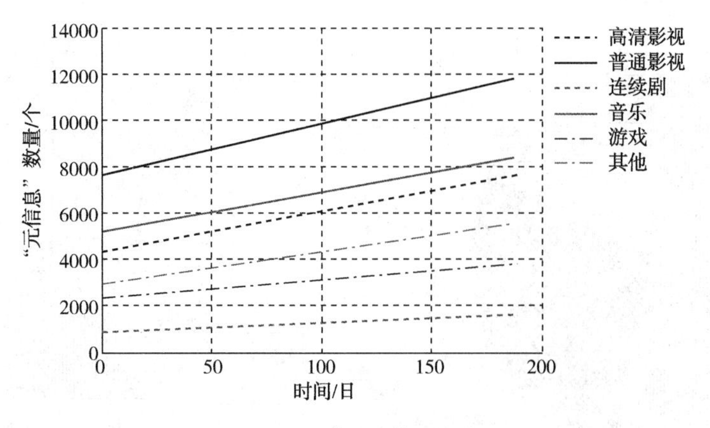

图 5.3 “元信息”数量变化图

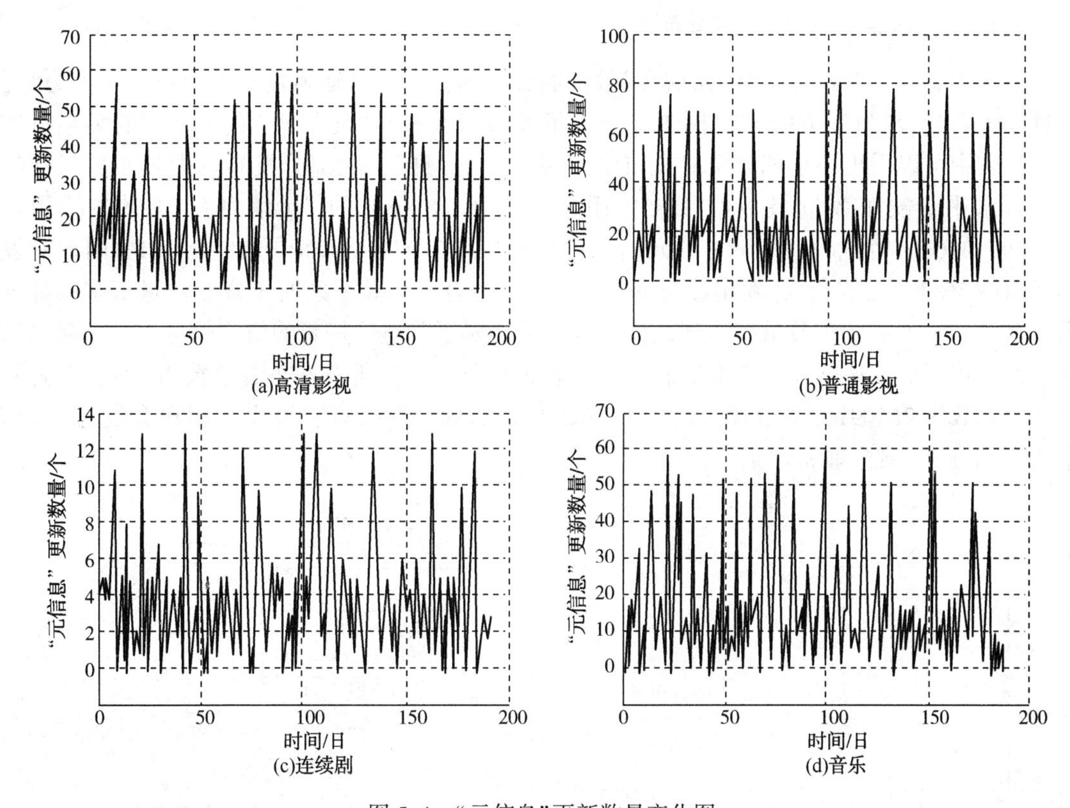

图 5.4 “元信息”更新数量变化图

本文以日和周为周期，对“元信息”更新时间进行了研究。在日周期研究中，根据生活规律将每天分为 4 个时段：0~6 点、6~12 点、12~18 点和 18~0 点，统计每个时段更新数量，如图 5.5 所示，从图中可以看出，更新比较集中的是 18~0 点时段，而 6~12 点时段是更新最少时段，虽然，0~6 点的更新数量较多，但是其中 2~6 点时段内的更新数量极少，所占比例只有 0.189%。在周周期研究中，按照每周 7 天进行分段统计，如图 5.6 所示，从图中可以看出，周六和周日的更新速度明显要高于其他天的更新速度。以上数据表明发布者主要使用业余时间来发布“元信息”，发布规律符合日常作息周期。根据日周期发布规律，设置爬虫启动时间为 2 点和 18 点，可以及时获取新发布“元信息”。

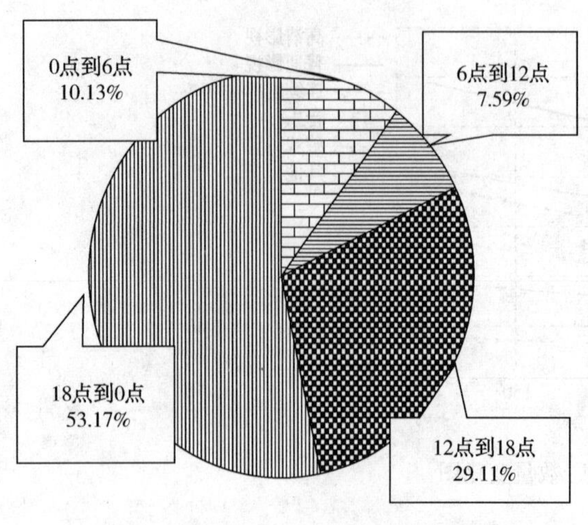

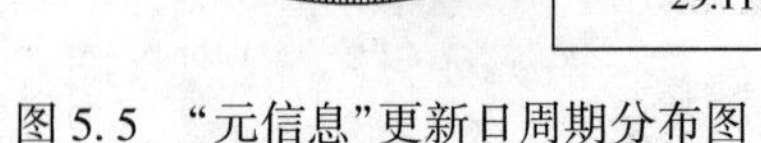

图 5.5 “元信息”更新日周期分布图

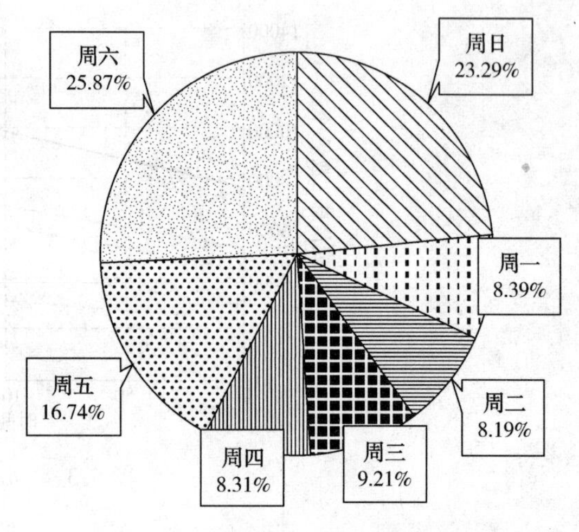

图 5.6 “元信息”更新周周期分布图

图 5.7 显示了发布者发布“元信息”数量的分布图，其中横轴为发布者数量，纵轴为“元信息”的数量，单位都为“个”。图 5.8 显示了发布者数量与“元信息”数量之间的关系分布图，从图中可以看出，小部分用户发布了大多数“元信息”，大部分发布者的发布数量保持在较低水平。发布数量最多的 1.35% 用户发布了 68.68% 的“元信息”，4.99% 的用户(1.35%+3.64%)发布了 89.65%的元信息(68.68%+20.97%)，而剩余的 95.01%用户只发布了 10.45%的“元信息”，发布者与发布数量之间符合幂律关系。对于发布数量最多的部分用户来说，每人的发布数量都达到几百甚至几千，属于普通爱好者的概率较低，应该是网站为了保证资源更新速度和服务水平而雇佣的兼职发布人员。所有发布者总数为 741，但是网站用户总数为 261091，发布者只占用户总数的 0.28%，说明只有极少数用户会发布“元信息”，“搭便车”现象非常严重。

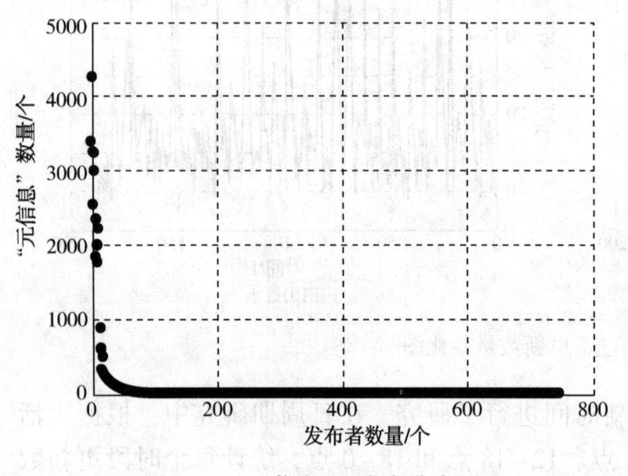

图 5.7 “元信息”发布者分布图

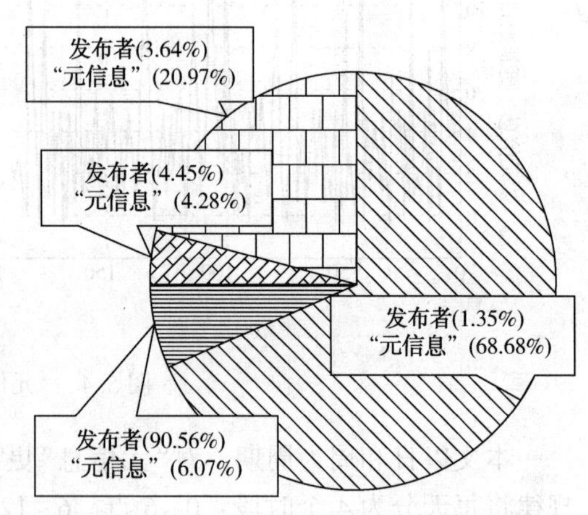

图 5.8 “元信息”发布关系分布图

5.2.3 “元信息”流行度

在 SEInR 模型中，感染概率 v 对传播模型的影响非常大，该参数主要与特定信息的被关注程度和流行度有关，特定信息的流行度越高，v 值越大，流行度越低，v 值越小。因此，进行特定信息流行度分析，对感染概率 v 的确定有着重要意义。本文以“元信息”的回复次数和浏览次数作为流行度分析的主要依据，以发布时间和最后回复时间作为持续时间分析的主要依据。

图 5.9 比较了不同类型“元信息”的平均回复次数，其中横轴为“元信息”的类型，纵轴为平均回复次数，单位为“次”。图 5.10 比较了不同类型“元信息”的平均浏览次数，其中横轴为“元信息”的类型，纵轴为平均浏览次数，单位为“次”。从图中可以看出，高清影视和普通影视的回复次数远远多于其他分类，说明用户对电影最感兴趣。对于高清影视来说，平均每 40 次浏览就会有一次回复，考虑一个用户对同一页面会浏览多次的情况，高清影视分类的用户回复率还是较高的。

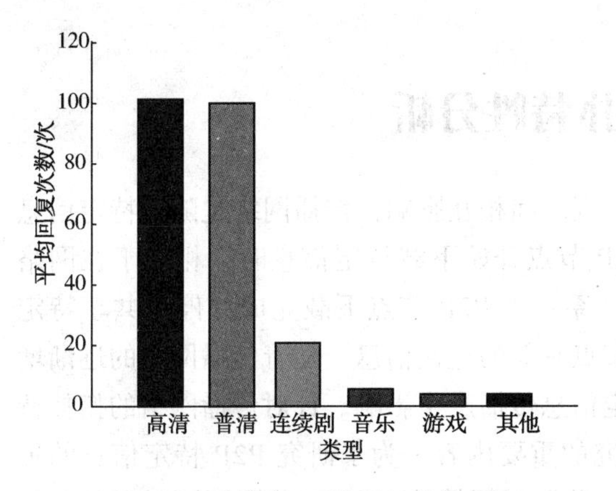

图 5.9 “元信息”平均回复次数比较

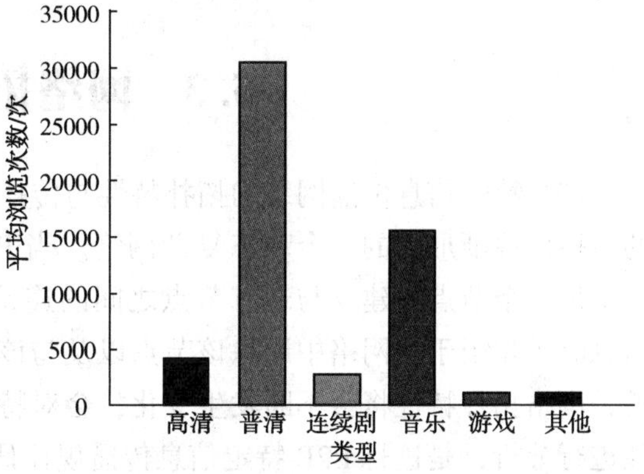

图 5.10 “元信息”平均浏览次数比较

“元信息”的持续时长，从另一方面反映了“元信息”流行度。图 5.11 显示了不同分类的平均持续时长，其中横轴为“元信息”的类型，纵轴为“元信息”的平均持续时间，单位为“日”。从图中可以看出，普通影视分类的持续时长最长，“其他”分类被关注程度最低，持续时长最短。图 5.12 显示了普通影视分类持续时长分布图，从图中可以看出，该分类的持续时长比较分散，每个不同分段所占数量比较平均。“元信息”流行度与持续时长近似于线性正比关系，如果“元信息”流行度较高，参与用户数量就会较多，浏览次数和回复次数就会不断增长，随着回复次数的增长，持续时长会相应增加。

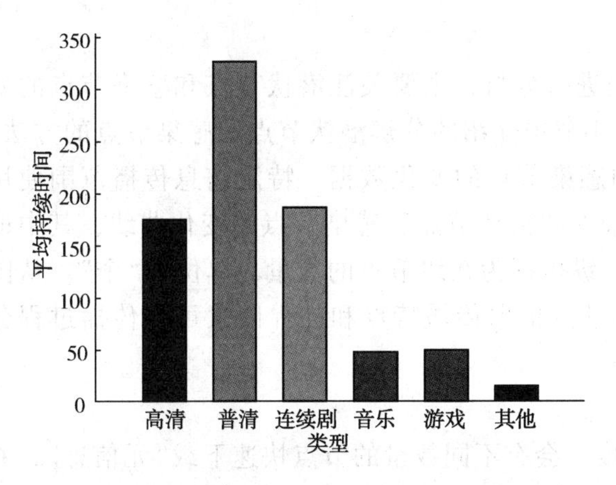

图 5.11 “元信息”平均持续时长比较

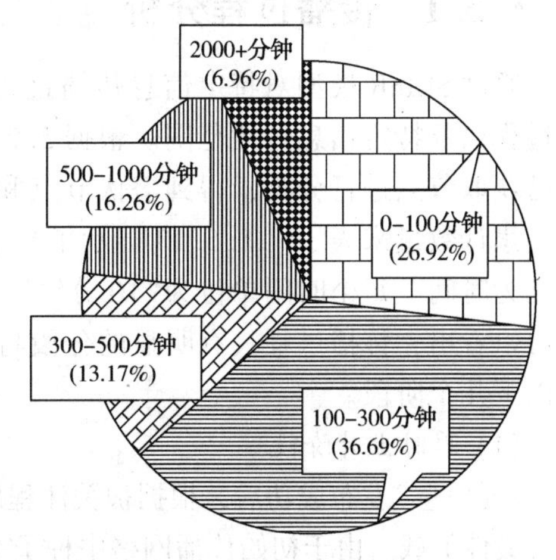

图 5.12 普通影视持续时长分布图

每个网站会根据自身情况和目的采用不同的下载策略和排序策略，这些不同的策略会对“元信息”流行度产生相应影响。如果下载策略使用“回复后下载”，得到的回复次数近似于“元信息”被下载次数，否则，由于回复属于“自愿”行为，得到的回复次数将远远小于被下载次数。网站中“元信息”的排序策略一般分为按发布日期排序和按最后回复日期排序。如果采用按发布日期排序，随着时间流逝，一些流行度较高的“元信息”也会被逐渐遗忘；虽然按照最后回复日期排序可以解决上述问题，始终将流行度较高的“元信息”排在较前位置，但是这种策略会导致网页中的信息不断变化，对于用户体验来说不是很好。如何选择适合网站自身的策略，需要在考虑方便性和易用性的基础上，由网站的自身特点和目标群体来决定。

5.3 网络拓扑特性分析

P2P 特定信息传播网络的拓扑特性与传播过程之间相互影响，传播网络是随着特定信息的传播而逐渐形成的一个动态复杂网络。当 P2P 节点开始下载特定信息时，相当于在网络中增加一个节点并建立与现有节点之间的连接关系；当 P2P 节点下载完成并停止共享特定信息时，相当于在网络中删除该节点以及与该节点有关的连接信息。随着传播网络的逐渐增长，网络拓扑特性将会不断发生变化，会对特定信息传播产生影响。针对传播网络的拓扑特性进行分析，是进行 P2P 特定信息传播规律研究的重要内容。为了研究 P2P 特定信息的传播规律，本节对视频文件“盗梦空间”进行监测，监测时间持续 70 天，监测间隔时间设置为 10 分钟。

在监测模型中，节点之间的连接关系通过 PEX 技术来获取，由于部分节点禁用了 PEX 技术，使得部分连接关系难以得到，需要对这些节点进行过滤。P2P 特定信息传播网络是实时变化的，每次监测到的数据只是网络拓扑的一部分，如果对每次监测数据都进行分析，不但计算量大，而且是从一个局部角度进行分析，难以得到完整的网络拓扑信息。本节通过对已获取受众信息进行整理、过滤与组织，建立以日为单位的 P2P 特定信息传播网络图。并对传播网络的拓扑特性和用户行为进行分析，深入研究它们对传播模型的影响。

5.3.1 传播过程分析

通过 SEInR 模型对特定信息传播过程进行分析，主要关注潜伏节点和感染节点的变化过程以及特定信息传播范围。根据 5.2 小节中介绍的分辨潜伏节点和感染节点的方法，对已获取节点进行分类，得到潜伏节点和感染节点的变化数据。特定信息传播范围使用节点累计数量来表示。图 5.13 显示了当前在线潜伏节点和感染节点的变化曲线，其中横坐标为时间，每个时间单位为“10 分钟”，纵坐标为在线节点的数量，单位为“个”。从图中可以看出，传播过程具有明显的分段特性。根据传播特点和外界因素可将传播过程分为以下几个阶段。

(1) 瞬时上升阶段

“元信息”发布成功后，根据被关注程度，会有不同数量的节点快速下载“元信息”，并进行文件下载。由于初始传播网络中种子节点数量较少，大部分节点都处于下载状态，整体下载速度较慢，表现形式为潜伏节点快速增加，感染节点增速较慢。随着传播的进行，部分

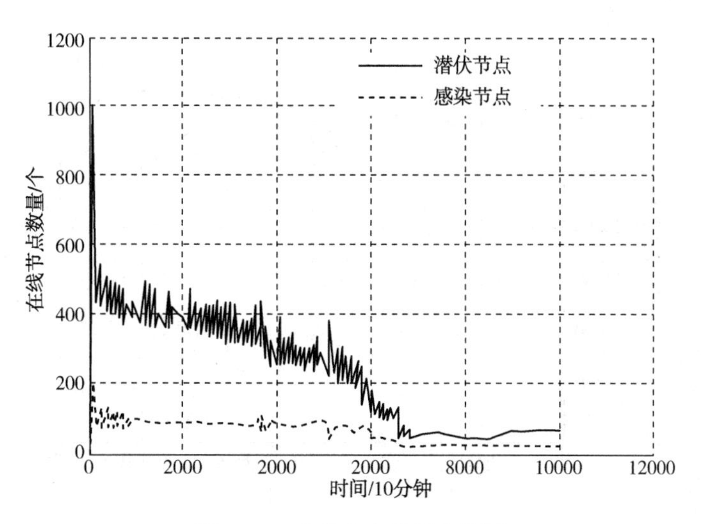

图 5. 13　在线节点数量变化图

节点在完成下载后转化为感染节点，整个网络对资源的拥有情况得到极大改善，整体下载速度加快，潜伏节点转换为感染节点的速度加快，感染节点数量快速上升。

(2) 平稳传播阶段

随着传播的进行，传播网络逐渐显现出以下特点：完成下载的节点在对特定信息共享一段时间后，退出传播网络；对该特定信息关注度逐渐降低，新加入的下载节点逐渐减少。此时传播网络中的受众数量保持在一个稳定的水平上，相当于传播模型中的有病平衡点。

(3) 逐渐隐退阶段

随着时间的进行，针对该特定信息的“元信息”会逐渐增多，用户选择范围也随之增加，使用被监测“元信息”进行下载的用户数量将逐渐减少。同时，种子节点逐步退出传播网络，网络中的下载节点和上传节点都急速减少，随后稳定在一个较低的水平上。

(4) 停止传播阶段

随着种子节点的逐步退出以及参与节点的逐步减少，网络上的资源拥有情况将急剧下降，导致部分文件片在网络上不存在，也就是整个网络的资源可用性没有达到 100%，下载节点不能得到完整的特定信息，从而退出下载，整个传播网络处于停止传播阶段。

由于特定信息从开始传播到停止传播所经历的时间很长，特别是从逐渐隐退阶段到停止传播阶段，传播持续时间可长达几年时间。特定信息被关注程度越高，持续时间越长。由于时间限制，对特定信息“盗梦空间”的监测只关注到逐渐隐退阶段，停止传播阶段的结论是通过对其他被关注度较低的特定信息进行监测和分析得到的。根据 P2P 网络的传播特点，该结论是通用的。

通过对 P2P 特定信息传播过程的分析，结合 SEInR 模型，将整体传播过程使用 2 阶段 SEInR 模型来描述：首先根据特定信息被关注程度，设置感染概率和其他参数；当开始进入逐渐隐退阶段时，重新设置模型中的感染概率和其他参数，使得分段后的传播模型能够尽可能地符合实际传播过程。图 5. 14 显示了累计节点数量的变化情况，其中横坐标为时间，每个时间单位为“10 分钟”，纵坐标为累计的节点数量，单位为“个”。从图中可以看出，累计数量的变化情况也符合传播过程的阶段性：快速增加、稳定增长和慢速增长。

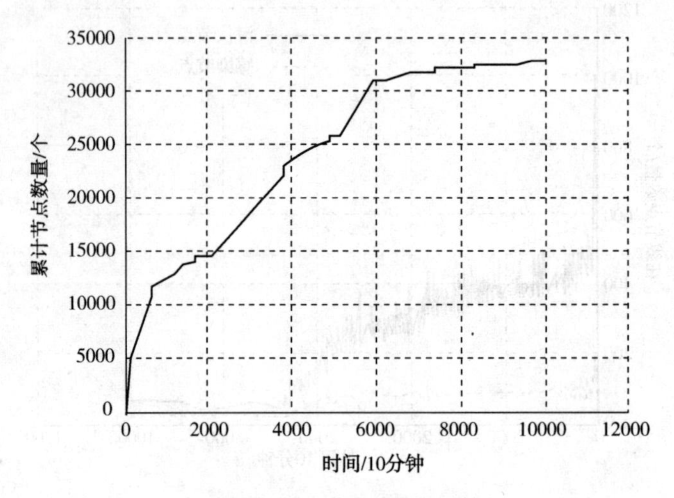

图 5.14　累计节点数量变化图

5.3.2　节点度值

节点度值是与该节点连接的其他节点数量，它描述了网络局部特性，是刻画节点特性的重要概念。通过对传播网络平均连接度的动态变化情况进行分析，可以了解传播网络的宏观统计特性。复杂网络的平均度<k>定义为：

$$< k > = \frac{1}{N_V}\sum_{i=1}^{N_V}\deg(v_i) \tag{5-3}$$

图 5.15 显示了特定信息“盗梦空间”从开始传播到逐渐隐退阶段的平均度变化情况，其中横轴为时间，单位为“日”，纵轴为网络平均度值。从图中可以看出，在平稳传播阶段，网络平均度为 60~80 之间。主要是由于在 P2P 软件中，一般将最大下载节点数和最大上传节点数都设置为 30~50，同时由于节点阻塞协议，使得网络平均度维持在 60~80 之间；在逐渐隐退阶段，由于网络中可供连接的节点数较少，网络平均度为 5~10 之间。

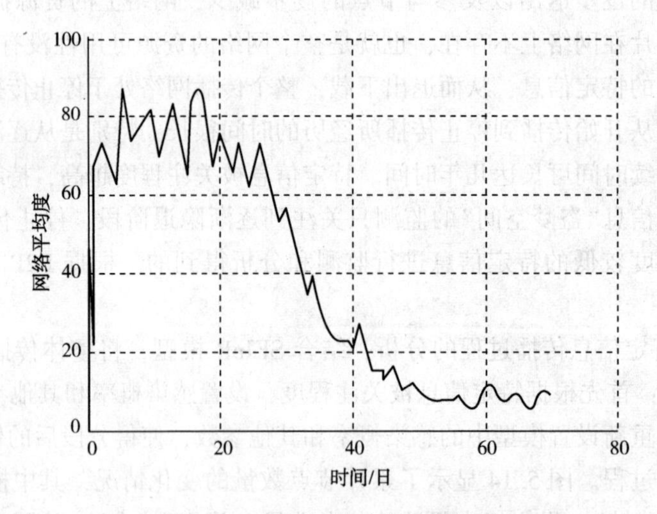

图 5.15　传播网络平均度变化图

度分布使用节点度的概率分布函数 $P(k)$ 来描述，它表示随机选定一个节点，其度值恰好为 k 的概率，也就是节点有 k 条边的概率。从统计意义上表示为：

$$P(k)=\frac{N_k}{N_V} \tag{5-4}$$

式中　$1 \leqslant k \leqslant N_V-1$；

N_k 表示网络中度值为 k 的节点数。

度分布函数反映了网络的宏观统计特性。以监测期间某日的监测数据作为单日分析数据，此时，特定信息已进入平稳传播阶段，选择的数据可代表传播网络的一般规律。图5.16显示了单日传播网络的度分布图，从图中可以看出，在线节点数量为753个，节点的度分布存在明显的长尾特性，度分布部分符合幂律形式 $P(k)\sim Ak^{-\gamma}$，其中，A 为校正系数，为一个常数。度分布的结尾部分与幂律分布偏离较大，主要是由于带宽和软件设置的限制，使得度值不可能无限增长，与理论数据有所偏差。根据Newman在其著作中介绍的幂率指数估计方法，得到度分布的幂指数 γ 为2.31，校正系数为291。根据幂律指数可以得知，传播网络的度分布是不均匀的。对节点度值进一步分析可知：度值最大的一部分节点，大部分属于上传节点，不进行下载，对资源拥有率为100%，而且长时间在线；而度值处于40~100之间的节点，大部分属于下载节点，下载节点度值处于度值平均值附近。

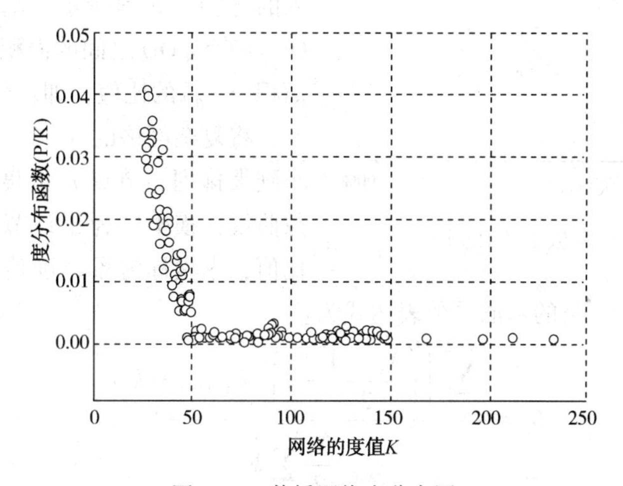

图5.16　传播网络度分布图

现实世界中的绝大多数复杂网络均表现出异质性，一般描述网络异质性的指标主要包括：度分布熵和基尼系数。熵是针对无序性的一种度量，对于给定的一个概率分布 $\{p_1, p_2, \cdots, p_N\}$，相应的熵定义为：

$$E_s=-\sum_{i=1}^{N} p_i \ln(p_i) \tag{5-5}$$

熵刻画了概率分布 $\{p_1, p_2, \cdots, p_N\}$ 的均匀程度，N 个数值 $p_1, p_2, \cdots, p_N$ 相互之间越接近，熵就越大。当 $p_1=p_2=\cdots=p_N=1/N$ 时，熵取得最大值 $\ln N$，而当 $p_1=1$，$p_2=p_3=\cdots=p_N=0$ 时，熵取得最小值0。度分布熵可以定义为：

$$E_{Gs}=-\sum_{k=1}^{N_V-1} P(k)\ln(P(k)) \tag{5-6}$$

式中　N_V 表示网络中的节点数量。

对于每个节点度值均相等的规则网络而言，度分布熵取得最小值 0。对于星形网络而言，其度分布熵为：

$$E_{Gs}=\ln\left(\frac{N_V}{N_V-1}\right)+\frac{\ln(N_V-1)}{N_V} \tag{5-7}$$

对于度分布指数为 $\gamma>0$ 的无标度网络，其度分布熵为：

$$E_{Gs}=\frac{\gamma\sum_{k=1}^{N_V-1}(k^{-\gamma}\ln k)}{\sum_{k=1}^{N_V-1}k^{-\gamma}}+\ln\sum_{k=1}^{N_V-1}k^{-\gamma} \tag{5-8}$$

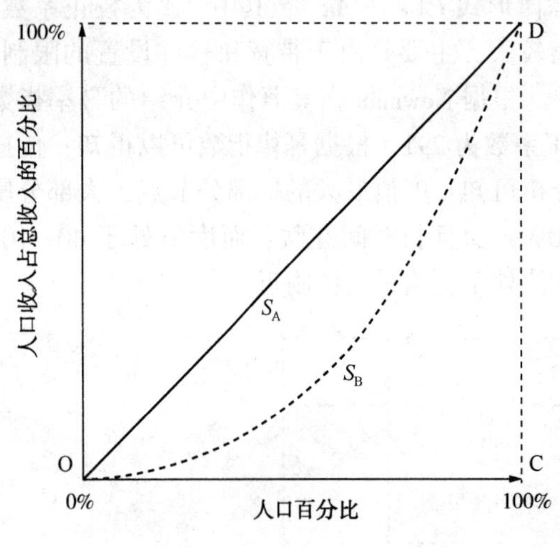

图 5.17　基尼系数定义示意图

洛仑兹曲线是收入不均的一种图形化表示：横坐标为按收入升序排列的累积人口百分比，纵坐标为这些人口收入占总收入的百分比。Gini 根据该曲线提出了判断收入不均的指标：基尼系数。图 5.17 显示了基尼系数的定义，其中横轴为人口的比例，纵轴为收入的比例。如图所示，基尼系数定义为曲线 OD 与直线 OD 之间的面积(S_A)与三角形 OCD 面积(S_{A+B})的比值，即：$G_n=S_A/S_{A+B}$。

将复杂网络的 N_V 个节点按照节点度值从小到大排列，节点 v_i 的度值为 k_i。构造洛仑兹曲线，横坐标为累计节点数与总节点数的比值，纵坐标为累计度值与所有节点总度值的比值，推导出复杂网络的基尼系数表达式为：

$$G_n=\frac{\sum_{i=1}^{[N_V/2]}\left[\left(\frac{N_V-1}{2}-i\right)(k_{N_V+1-i}-k_i)\right]}{\frac{N_V}{2}\sum_{i=1}^{N_V-1}k_i} \tag{5-9}$$

式中　$[N_V/2]$表示不超过 $N_V/2$ 的最大整数。

可以发现，节点度值之间的差异越大，基尼系数越大。因此，基尼系数刻画了复杂网络的异质性。对于规则网络，基尼系数为 0；对于星型网络，基尼系数为 $1/2-1/N_V$，由于该网络中只有一个中心节点，而其他节点的度值均相同，因此星型网络的异质性还不够强。

度分布熵直接刻画了复杂网络中节点度分布的均匀性，即度值取值范围越广，度值在节点中分布越均匀，则度分布熵越大。基尼系数在复杂网络中的应用旨在刻画各个节点度值的不均匀性，是刻画复杂网络异质性比较合适的指标。对图 5.16 中的数据计算其度分布熵为 4.179，基尼系数为 0.715。说明从几个异质性指标来说，传播网络的异质性较强。

5.3.3 路径长度

平均路径长度是传播网络中另一个重要的度量特性，其定义为网络中任意两个节点之间路径长度 d_{ij} 的平均值，即：

$$< d > = \frac{1}{\frac{1}{2}N_V(N_V - 1)} \sum_{i,\ j=1,\ i \neq j}^{N_V} d_{ij} \tag{5-10}$$

平均路径长度表示了传播网络深度，为了加快特定信息传播，对于相同规模的网络，平均路径长度越小越好。图 5.18 显示了每日传播网络平均路径长度变化情况，其中横轴为时间，单位为“日”，纵轴为平均路径长度，单位为“跳数”。图 5.19 显示了单日监测数据中路径长度分布情况，其中横轴为路径长度，单位为“跳数”，纵轴为某一路径长度在所有路径长度中所占的比率。

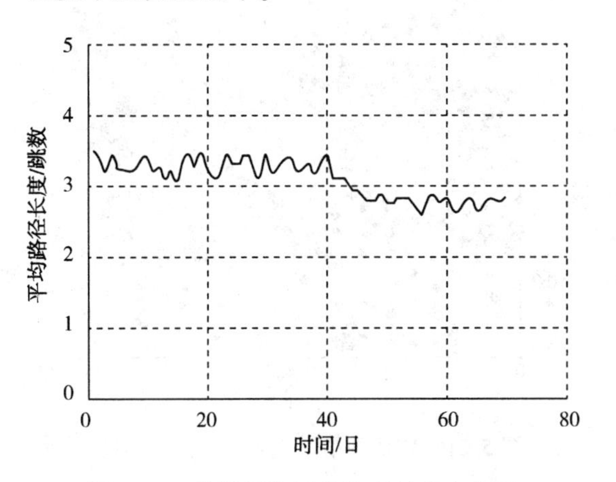

图 5.18 传播网络平均路径长度变化图

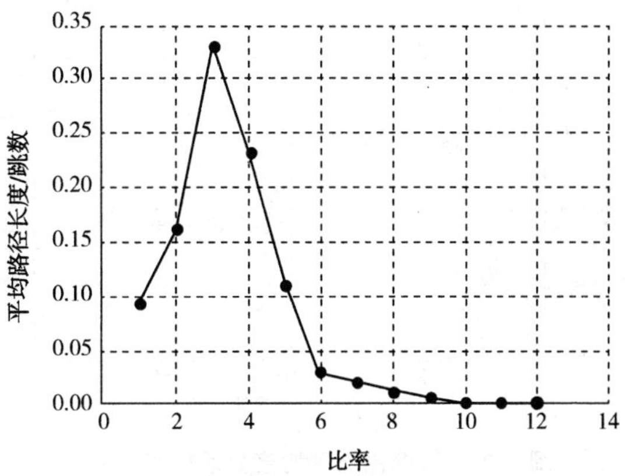

图 5.19 传播网络路径长度分布图

从图 5.18 中可以看出，虽然每日在线节点数量较大，但是网络平均路径长度较短。在平稳传播阶段，平均路径长度始终保持在 3.1~3.5 之间；当传播进入逐渐隐退阶段时，平均路径长度随着网络规模的减少而变小，稳定在 2.7 左右。从图 5.19 中可以看出，节点间路径长度分布近似于符合泊松分布，路径长度主要集中在平均值 3.16 左右。泊松分布左侧部分的数据对整个网络十分重要，因为它们表示节点路径长度较小，对网络信息传递十分重要。

5.3.4 节点聚类系数

聚类系数用来衡量一个节点与邻居节点之间的关联程度，在社会学中也称为传递性，是衡量复杂网络中节点之间连接紧密程度的重要指标，它反映了网络中三角形结构的密度。节点 v_i 的聚类系数 c_i 定义为：

$$c_i = \frac{E(\Gamma(v_i))}{\frac{1}{2}k_i(k_i - 1)} \tag{5-11}$$

式中 k_i——节点 v_i 的度；

$\Gamma(v_i)$——节点 v_i 的邻居节点所形成的子图；

$E(\Gamma(v_i))$——$\Gamma(v_i)$中的边数，也就是节点 v_i 的 k_i 个邻居节点之间实际存在的边数。

传播网络的聚类系数定义为所有节点聚类系数的平均值，代表了网络节点之间连接的紧密程度，数值越大，连接越紧密。图 5.20 显示了传播网络的平均聚类系数变化情况，其中横轴为时间，单位为“日”，纵轴为平均聚类系数的值。与其他拓扑特性相同，随着特定信息的传播，网络聚类系数在平稳传播阶段稳定在 0.52 左右；在逐渐隐退阶段，由于种子节点的逐渐退出，传播网络的聚类系数逐渐减小，最终稳定在 0.35 左右。图 5.21 显示了单日监测数据中每个节点的聚类系数分布情况，从图中可以看出，大部分节点的聚类系数集中在 0.3~0.7 之间。通过对路径长度和聚类系数的分析可以看到，P2P 特定信息传播网络的平均路径长度在 3.1~3.5 之间，聚类系数在 0.52 左右，相同规模的规则网络的聚类系数为 0.0006 左右。根据小世界网络拓扑特性可知，P2P 特定信息传播网络完全符合小世界网络拓扑特性。

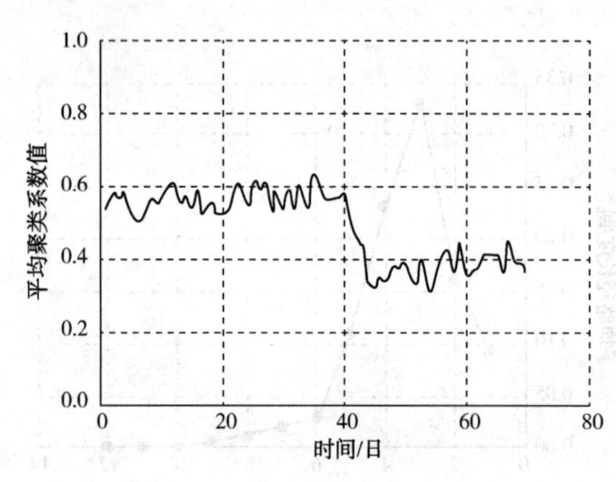

图 5.20　传播网络平均聚类系数变化图

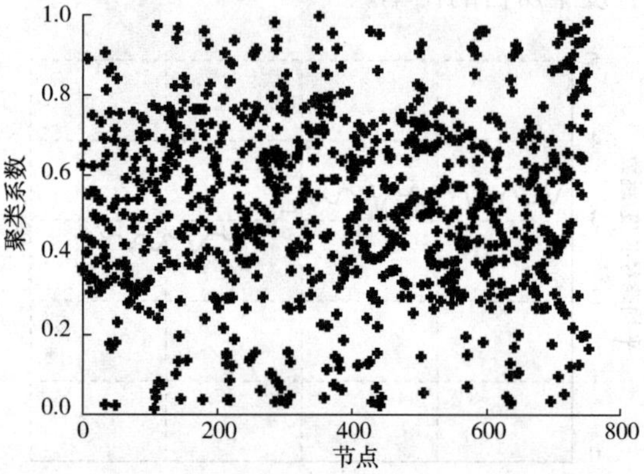

图 5.21　传播网络节点聚类系数分布图

5.3.5　度相关性

度相关性考察的是节点连接时相互选择的偏好性，如果度值大的节点倾向于和度值大的节点连接，网络是正相关的；反之，网络是负相关的。度相关性研究在拓扑特性分析中具有十分重要的意义。由于按照定义计算度相关性非常复杂，且计算量大。为了更加方便地判断网络的度相关性，Newman 给出了一种更加简便的计算方法，只需计算节点度值的 Pearson 相关系数 r 即可。

$$r=\frac{\frac{1}{N_E}\sum_{i=1}^{N_E}k_{i1}k_{i2}-\left[\frac{1}{N_E}\sum_{i=1}^{N_E}\frac{1}{2}(k_{i1}+k_{i2})\right]^2}{\frac{1}{N_E}\sum_{i=1}^{N_E}\frac{1}{2}(k_{i1}^2+k_{i2}^2)-\left[\frac{1}{N_E}\sum_{i=1}^{N_E}\frac{1}{2}(k_{i1}+k_{i2})\right]^2} \tag{5-12}$$

式中　N_E——复杂网络的总边数，$1\leqslant i\leqslant N_E$；

k_{i1}——第 i 条边的顶点 v_{i1} 的度值；

k_{i2}——第 i 条边的顶点 v_{i2} 的度值。

r 的取值范围为 $-1\leqslant r\leqslant 1$，当 $r>0$ 时，网络是正相关的；当 $r<0$ 时，网络是负相关的；当 $r=0$ 时，网络是不相关的。

按照 r 的计算公式，对特定信息每日传播网络进行计算，得到传播网络的度相关系数变化情况如图 5. 22 所示，其中横轴为时间，单位为“日”，纵轴为度相关性系数 r。从图中可以看出，在传播开始阶段，度相关性 $r>0$，表示此时的传播网络是正相关的，度值大的节点倾向于和度值大的节点连接；随着传播的进行，在平稳传播阶段，度相关性 $r<0$，此时的传播网络已转换为负相关性网络，度值大的节点倾向于和度值小的节点连接。对特定信息传播过程分析可知：在开始传播阶段，特定信息从种子节点向度值大的节点进行传输，为了加快传输速度，此时度值大的节点选择度值大的节点进行连接和传输。在进入平稳传播阶段后，网络中度值大的节点已经完全拥有特定信息，不需要再进行下载，因此其选择度值小的节点来加快整个网络的传输速度。

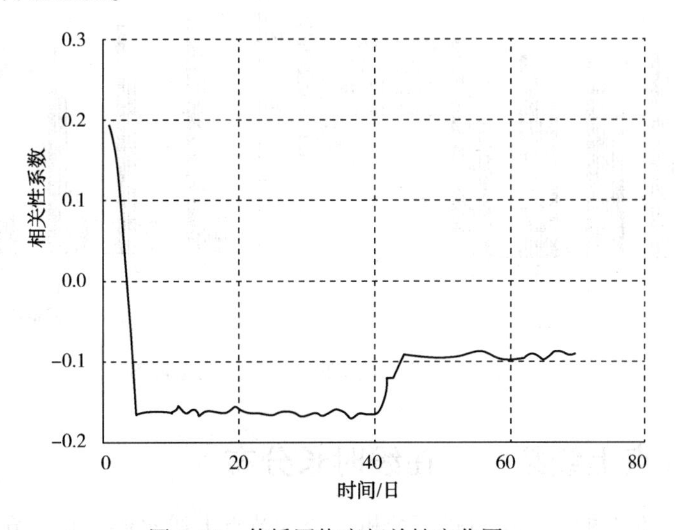

图 5. 22　传播网络度相关性变化图

传播网络的度相关系数与网络的抗毁性有着密切关系。研究表明，对于正相关性网络，高连接度顶点通常群聚在网络的某个局部，将其移走对网络并没有太大影响，网络依然保持较高连通度。但对于负相关性网络，移走少数高连接度顶点对网络具有毁灭性破坏，因为这些高连接度顶点广泛分布在网络中，与其他顶点间形成很多通路，是网络连通度的重要支撑。

5. 4　用户行为分析

用户行为是用户在使用 P2P 软件过程中所表现出来的网络行为，它的主要影响因素包括：用户使用习惯、P2P 协议规范以及 P2P 软件实现方式。通过获取的受众信息对用户行为进行分析，有助于理解 P2P 特定信息在传播过程中的内在规律，并对 SEInR 模型的参数设置提供数据参考。

5. 4. 1　在线节点的日周期特性

在对“元信息”发布规律进行分析时可知，“元信息”发布具有明显的周期性，主要在 18~0 点之间进行发布。在线节点数量和“元信息”发布相类似，也体现了用户使用 P2P 软件的时间习惯。将一天分割为 4 段：0~6 点、6~12 点、12~18 点和 18~0 点，图 5. 23 中的 (a) 和 (b) 分别显示了在平稳传播阶段和逐渐隐退阶段连续 5 天时间内，各个时间段在线节点数量的变化情况，其中横轴为时间，单位为“日”，纵轴为在线节点的数量，单位为“个”。从图中可以看出，在平稳传播阶段，特定信息属于热门资源，下载用户数较多，时间跨度大，具有一定的日周期性；而在逐渐隐退阶段，随着时间推移，特定信息流行度不断下降，下载节点数量逐渐减少，日周期性表现比较明显。因此，在线节点的日周期性不但与用户操作行为有关，而且与特定信息流行度有着密切关系，特定信息流行度越高，日周期性越不明显。在一个热门资源的开始传播阶段，日周期性比较不明显。

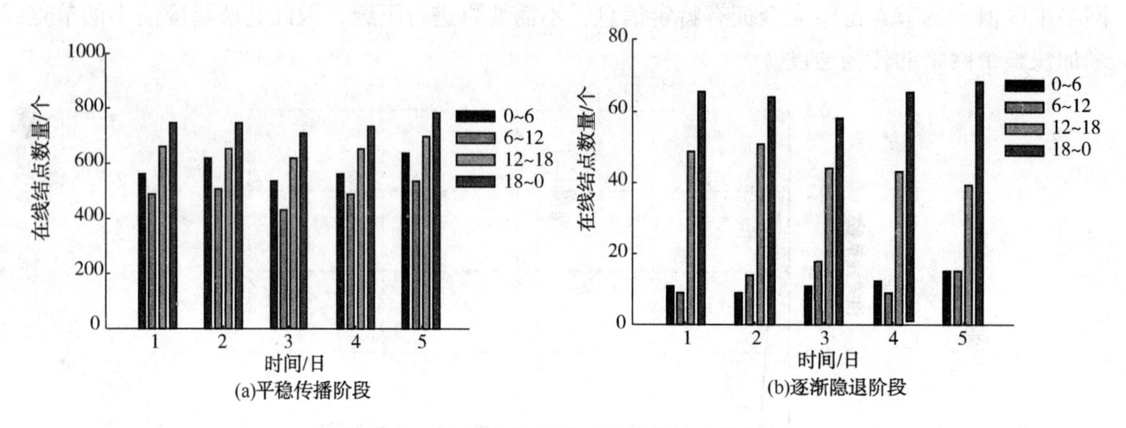

图 5. 23　在线节点的日周期特性比较图

5. 4. 2　节点上线频率及在线时长分布

本小节通过对获取的受众信息进行分析，统计节点上线次数，并对节点在整个传输过程中上线次数的分布进行研究，判断特定信息传输过程中的节点上线性质。图 5. 24 显示了上线次数与节点数之间的对应关系，其中横轴为节点上线的次数，单位为“次”，纵轴为某一上线次数对应的节点数量，单位为“个”。从图中可以看出，节点在整个传输过程中的上线次数并不是十分频繁，平均上线次数为 3. 15，上线次数为 2 的节点数量最多，最大的节点上线次数为 68 次，但是节点数只有 1 个，而且该节点的累积在线时间最长。形成这种现象的主要原因有以下几点：

① 节点下载特定信息所需的时间较短。特定信息“盗梦空间”平均下载时间为 2 小时，只有 12 次监测机会，而且大部分节点属于“搭便车”节点；

② 监测时间间隔较长。由于监测间隔时间为 10 分钟，在 10 分钟内的离线及上线在监测中无法显示出来；

③ 监测方式不同。传统监测方式是对 Tracker 服务器的日志信息进行分析，能够得到准确的节点上下线时间，而本文由于监测条件的限制，只能通过主动监测模型频繁地获取节点信息。

在 SEInR 模型中，根据被治愈概率将感染节点分为多个感染子类，每个子类具有不同的治愈概率。治愈概率的设置主要与节点的在线共享时长有关，在线共享时长越长，治愈概率越低，在线共享时长越短，治愈概率越高。因此，研究节点的在线共享时长对传播模型中的治愈概率设置具有重要的指导意义。

同研究节点上线次数相类似，统计所有节点的在线时长，同时为了得到节点的在线共享时长数据，在统计时，根据节点的资源拥有率判断节点是否处于共享阶段，并对处于共享阶段的在线时长进行单独统计。图 5.25 显示了在线时长、共享时长与节点数量的对应关系，其中横轴为时间，单位为“10 分钟”，纵轴为节点数量，单位为“个”。由于时长大于 2 天的节点数量极少，只占总节点数量的 1%左右，为了重点关注大部分数据的规律，图形中只显示了时间单位在 0~300 之间的数据。从图中可以看出，大部分节点的在线时长和共享时长较小，共享时长曲线顶点的横坐标为 0，表示这些节点下载完成后，直接退出传播网络，是典型的“搭便车”行为。对共享时长分析后可知：共享时长为 0 的节点比例为 10.62%，共享时长为 1~6(1 小时内)的节点比例为 29.69%，共享时长为 7~72(6 小时内)的节点比例为 37.66%，共享时长为 73~144(第 1 天)的节点比例为 14.31%，共享时长为 145~288(第 2 天)的节点比例为 6.26%，共享时长超过 2 天的节点比例仅为 1.46%。对比 SEInR 模型，将感染节点分为 3 个感染子类时，可将共享时长在 1 小时之内的节点集合作为第一个子类，为“搭便车”节点子类；共享时长超过 1 小时但在 1 天之内的节点集合作为第二个子类，为一般共享子类；共享时长超过一天的节点集合作为第三个子类，为长时间共享子类。

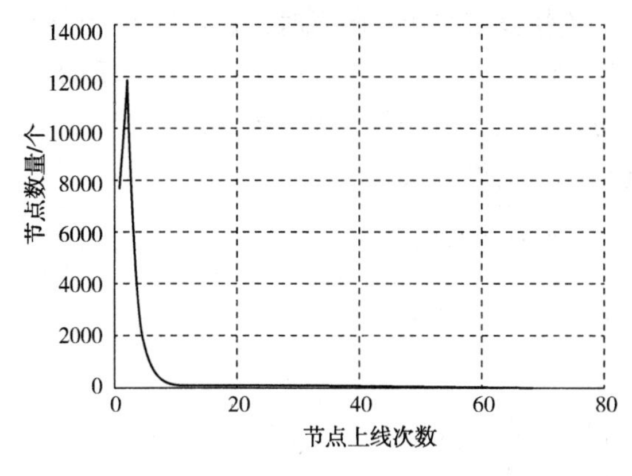

图 5.24　节点上线次数分布图

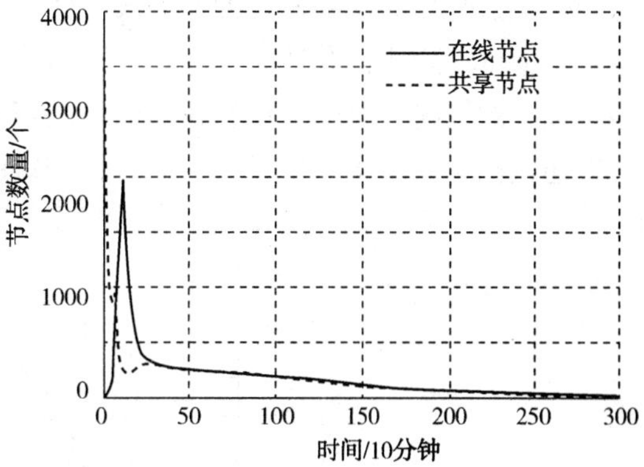

图 5.25　节点在线时长分布图

上线次数多的节点是否具有较长的在线时长，可以通过变量之间的相关性来进行研究。设随机变量 X，Y 的样本值分别为$(x_1, x_2, \cdots, x_n)$，$(y_1, y_2, \cdots, y_n)$，则随机变量 X 和 Y 之间的相关系数 R_{XY}定义为：

$$R_{XY} = \frac{\sum_{i=1}^{n}(x_i - \bar{x})(y_i - \bar{y})}{\sqrt{\sum_{i=0}^{n}(x_i - \bar{x})^2 \cdot \sum_{i=0}^{n}(y_i - \bar{y})^2}} \tag{5-13}$$

其中，n 表示样本值个数。R_{XY}的取值范围为$-1 \leqslant R_{XY} \leqslant 1$，其性质如下：当 $R_{XY}>0$ 时，两个变量正相关；$R_{XY}<0$ 时，两个变量负相关；$|R_{XY}|=1$ 时，2 个变量完全线性相关；$R_{XY}=0$ 时，2 个变量无线性相关关系。当 $0<|R_{XY}|<1$ 时，表示 2 个变量存在一定程度的线性相关，且$|R_{XY}|$越接近 1，2 个变量间的线性关系越密切，$|R_{XY}|$越接近 0，2 个变量间的线性关系越弱，一般可按照 3 级划分：$|R_{XY}|<0.4$ 为低度线性相关，$0.4 \leqslant |R_{XY}|<0.7$ 为显著线性相关，$0.7 \leqslant |R_{XY}|<1$ 为高度线性相关。对节点的上线次数和在线时长计算相关系数，可以得到 $R_{XY}=0.31$，上线次数与在线时长之间存在着一定的线性关系，但相关性不是很密切。

5.4.3 节点间会话时长分布

P2P 文件共享系统中，每个节点在下载文件的过程中，会根据 P2P 网络的返回节点列表与多个节点之间建立连接并进行数据传输。下载节点并不是与节点列表中所有节点都建立连接关系，而是根据节点选择策略，选择合适的节点建立连接。在传输过程中，根据节点阻塞算法对已经建立的连接进行判断，决定是否需要断开连接和阻塞对方节点。节点间会话时长表示连接的持续时长。由于阻塞算法的作用，已经建立的连接会被中断，导致节点间会话时长的随机性。图 5.26 显示了单日监测数据中的会话时长分布情况，其中横坐标为会话的时长，单位为“分钟”，纵坐标为连接所占比例。从图中可以看出，会话时长为 1 时，连接所占比例较高，但是会话时长为 2 时，连接所占比率却较低，然后开始呈现逐渐上升再逐渐下降的过程，在会话时长为 13 时，连接所占比例最高。

分析特定信息的传播过程和阻塞算法可知，在节点间连接建立后，对于传输速度较慢的连接，阻塞算法会很快将其断开，以使下载节点可以选择其他具有更快传输速度的节点进行连接，会话时长为 1 的连接大部分属于此情况。当连接没有很快被阻塞时，表示该连接已经进入正常传输阶段，会话时长越长，被阻塞的概率越低。值得注意的是，图 5.26 显示的是热门资源的情况，对受众信息较少的冷门资源监测后发现，由于节点间的传输速度较小，会出现连接被频繁阻塞的情况，会话时长较短的连接所占比例较大。

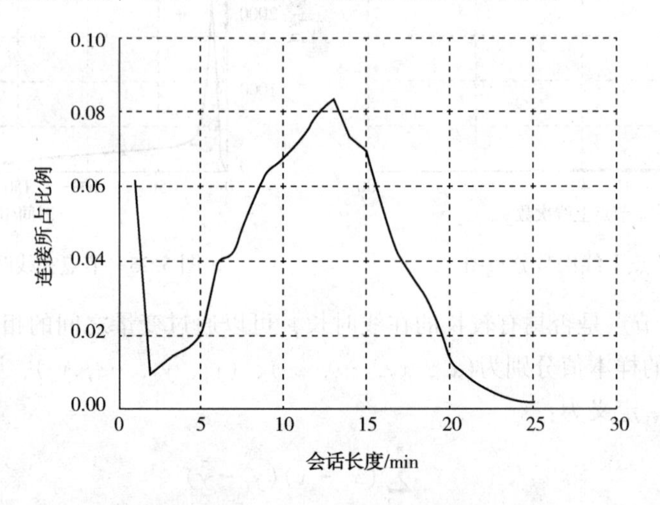

图 5.26 节点间会话时长分布图

5.4.4 节点下载速度分布

在 SEInR 模型中，节点下载速度对模型中的参数 P_{ER} 和 P_{EI} 有着重要影响，下载速度越大，潜伏节点转换为感染节点的速度越快，P_{ER} 越小，P_{EI} 越大。因此，对传播网络的下载速度进行分析，可以为设置 P_{ER} 和 P_{EI} 提供数据参考。节点的平均下载速度计算方法已在 5.2 小节中进行了详细介绍。

图 5.27 显示了单日监测数据中节点平均下载速率分布情况，其中横轴为节点平均下载速率，单位为“千字节/秒(KB/S)”，纵轴为处于某一下载速率的节点数量占总结点数量的

比例。从图中可以看出，当下载速度在 190KB/S 左右时，节点所占比例较高，大部分节点的下载速度集中在 100~450KB/S 之间。当下载速度低于 50KB/S 或者高于 450KB/S 时，节点所占比例明显减小，说明在本实验进行时，使用低速网络上网的用户比例已经非常小，但是使用光纤等高速网络线路上网的用户比例也比较小。所有节点的平均下载速度为 286KB/S，相当于 2.2M 带宽达到的下载速度。与其他人得到的平均下载速度为 1.8MB 的结论有所提高，这主要应归结于电信 4M 带宽的推广，将原来的 2M 带宽提高到 4M 带宽。从中可以分析出，将 2M 带宽转换为 4M 带宽的用户比例并不是很高，还有待于进一步发展。根据监测得到的平均下载速度和特定信息文件大小，可以对传播模型中的参数 P_{ER} 与 P_{EI} 进行设置。

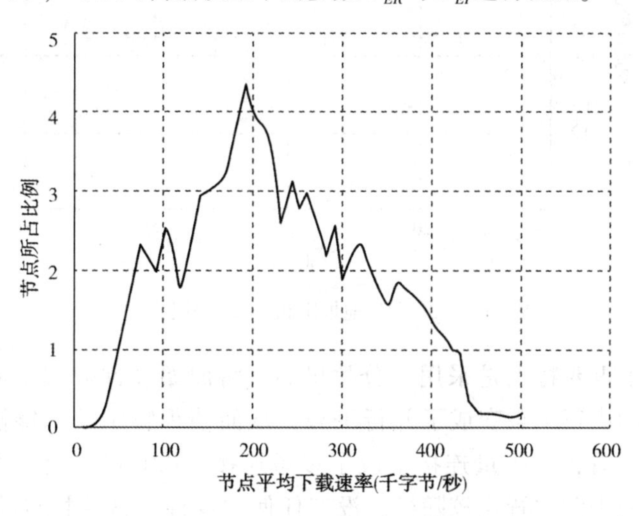

图 5.27　节点下载速度分布图

5.4.5　节点地址分布

节点位置信息是受众信息中最重要的信息之一，其中包含了 IP 地址和端口号，对 IP 地址进行分析，可以知道参与特定信息传播的节点在位置上的分布情况。本文使用 IP 地址的随机测度对 IP 地址分布进行分析。熵刻画了概率分布的均匀程度，对 IP 地址熵的定义为：假设 IP 地址集合中有 n 个元素，分属于 m 个子网，子网的定义为前 16 位相同的 IP 地址集合。第 i 个子网在 IP 集合中出现的概率为 $p_i=n_i/n$，$i=1, 2, \cdots, m$。其中，n_i 表示第 i 个子网中 IP 地址的数量，$p_i\geqslant 0$，且 $p_1+p_2+\cdots+p_m=1$。则 IP 地址集合的 IP 地址熵定义为：

$$E_{sIP}=-\sum_{i=1}^{m}p_i\ln(p_i) \tag{5-14}$$

如果 $m=1$，所有 IP 地址在一个子网内，IP 地址熵 $E_{sIP}=0$，取得最小值。如果每个 IP 地址都以相同概率出现，即 $m=n$，$p_1=p_2=\cdots=p_n=1/n$，每个 IP 地址就是一个子网，IP 地址熵 $E_{sIP\max}=\ln n$，取得最大值。IP 地址的随机测度 E_{IP} 定义为 IP 地址熵与最大 IP 地址熵的比值，即：

$$E_{IP}=\frac{E_{sIP}}{E_{sIP\max}} \tag{5-15}$$

由定义可知，$0\leqslant E_{IP}\leqslant 1$，表示 IP 地址的随机程度。$E_{IP}$ 越接近 1，IP 地址的随机性越大；E_{IP} 越接近 0，IP 地址的随机性越小。图 5.28 显示了每日传播网络的 IP 地址随机测度变化情况，其中横轴为时间，单位为“日”，纵轴为 IP 地址的随机变化的测度 E_{IP}。从图中可以看出，IP 地址的随机测度始终保持在较高水平，表示受众信息中的节点 IP 地址比较分散、随机程度高。

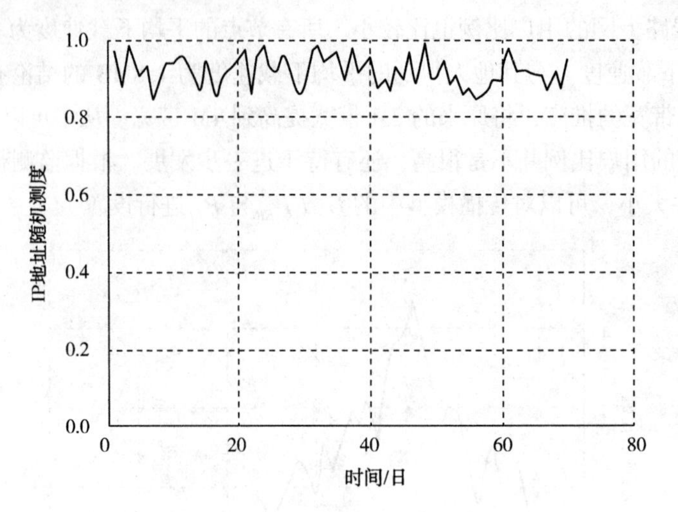

图 5.28　IP 地址随机测度变化图

P2P 下载的一个重要特点是采用了分片机制，将原始文件分成不同文件块和文件片进行传输，令原来的串行下载变成了并行下载，从而使得特定信息能够快速传播到多个节点中。从连接角度看，使少量连接变成了多条连接。P2P 网络是一个由很多节点组成的网络，每个节点的来源位置比较随机，没有任何规律性。这些特点导致了 IP 地址的随机测度比较大。

5.4.6　节点可用性

节点可用性是衡量系统性能的重要指标，传播网络的节点可用性研究主要包括单个节点可用性研究和整体网络的节点可用性研究。单个节点可用性主要研究节点的可连接性随时间变化规律，与节点在线时长研究相类似。本小节主要对整体网络的节点可用性进行研究。在每次获得返回节点列表后，与每个节点进行连接，获取该节点状态信息。如果收到节点的状态返回信息，表示节点可连接，否则，表示节点不可连接。整体网络的节点可用性 U_R 定义为：

$$U_R = \frac{N_{CR}}{N_{AF}} \tag{5-16}$$

式中　N_{CR}——一段时间内所有可连接节点数量；

　　　N_{AF}——相同时间内总节点数。

图 5.29 显示了每日传播网络的整体节点可用性变化情况，其中横轴为时间，单位为“日”，纵轴为节点可用性 U_R。从图中可以看出，在传播开始阶段，由于 P2P 节点的持续参与程度较高，节点状态比较稳定，可用性较高，但是随着时间的推移，传播节点稳定性不断下降，可用性逐渐降低，并稳定在较低的数值上。

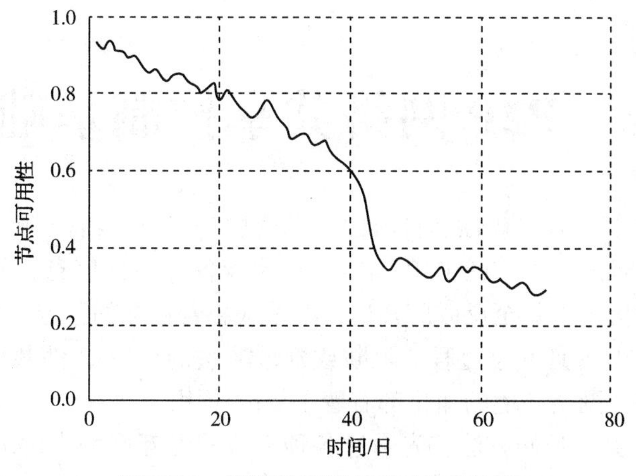

图 5. 29 传播网络节点可用性变化图

5.5 本章小结

当前的 P2P 网络拓扑特性与用户行为分析研究，主要集中在使用数据聚类方法分析整体 P2P 网络的拓扑特性和用户行为，缺乏针对 P2P 特定信息传播网络的分析，而使用传播动力学模型对 P2P 特定信息的传播过程进行研究是本文的特色之一。本章主要结合前文介绍的 SEInR 模型，对 P2P 特定信息传播网络的拓扑特性和用户行为进行分析，为模型参数设置提供数据支持。分析内容主要包括："元信息"属性分析、网络拓扑特性分析以及用户行为分析。

通过"元信息"属性分析可知：不同的文件分类具有不同的文件大小分布；视频类"元信息"发布最为活跃，持续时间较长，特别是高清影视，用户参与度较高。"元信息"属性分析可以为传播模型中的感染概率设置提供参考依据。从拓扑特性分析中可知：特定信息的传播过程一般分为 4 个阶段：瞬时上升阶段、平稳传播阶段、逐渐隐退阶段和停止传播阶段；传播网络具有典型的小世界特性；节点度分布存在明显的长尾特性，部分符合幂律形式，异质性较强；稳定阶段的传播网络为负相关网络。通过对用户行为的分析可知：不同传播阶段的在线节点具有不同的日周期特性；节点上线次数与在线时长之间存在着一定的线性关系，但相关性不是很密切；由于阻塞算法的作用，会话时长为 1 的连接数量较多；IP 地址的随机测度始终保持在较高水平，表示 IP 地址比较分散、随机程度高；整个网络的节点可用性随着时间推移，逐渐下降，并且在开始传播的瞬时上升阶段，整个网络的节点可用性最高。

6 P2P 网络共享控制基础

由于 P2P 文件系统具有鲁棒性、自由性与私密性等特点，给控制 P2P 网络中的信息共享和文件传播带来了难度。目前的 P2P 网络上充斥着各种不良信息，其中包括非法侵权文件、色情内容、涉密信息，甚至反政府言论，严重威胁着社会的稳定，影响网络空间的健康发展。有效地控制 P2P 文件共享过程，阻断或延缓非法的 P2P 文件共享任务，对于数字出版物的知识产权保护、网络环境的净化都有着重要的作用。

传统的 P2P 文件共享控制方法首先通过各种手段检测互联网中的 P2P 网络流量，在完成 P2P 流量识别的基础上，对其进行封堵，以达到控制 P2P 文件共享的目的。因此，传统的 P2P 文件共享控制，其核心技术为 P2P 流量识别。本章 6.1 小节对几种常见的 P2P 流量识别方法以及相关研究成果展开讨论。

绝大多数 P2P 文件系统在进行文件传输时，会按照一定的规则将文件分割成若干个小的文件块进行传输。文件的接收方在收到所有文件块后，将其组装起来，还原成原始文件。根据这一特点，本章的 6.2 小节介绍了一种基于文件块的 P2P 特定内容检测方法。该方法在传统 P2P 流量识别思路的基础上，使用单向散列函数对文件块计算特征值，通过特征值来确定 P2P 文件共享任务对应的特定内容，最后通过实验验证了该方法的可行性。

6.1 P2P 流量识别的相关研究工作

基于流量检测的 P2P 文件共享控制方法，主要思想是通过各种技术手段将 P2P 文件共享过程产生的流量从互联网流量中识别出来，再使用流量封堵等技术手段阻断 P2P 流量，从而达到控制 P2P 文件共享的目的。其中的技术难点在于 P2P 流量的检测。

早期的 P2P 流量识别基于端口检测技术，通过检测预先定义的固定端口号对 P2P 流量进行检测。端口是计算机与外界进行通信交流的出口，按照类型可分为三类。第一类被称为周知端口(Well Known Ports)，其编号从 0 到 1023，由互联网数字分配机构(IANA，The Internet Assigned Numbers Authority)分配。周知端口默认地被分配给一些最常用的网络服务。例如，80 端口被用于 HTTP 通讯，21 端口被用于 FTP 服务，等等。第二类端口被称为注册端口(Registered Ports)，其端口号从 1024 到 49151，许多服务被绑定于注册端口，但同时一些注册端口也可用于其他目的。第三类端口被称为动态端口(Dynamic Ports)，其端口号为 49152 到 65535。动态端口一般不固定分配某种服务，而是当一个系统进程或应用程序进程需要网络通信时，进程向主机申请一个端口，主机从可用的端口号中分配一个供它使用。当这个进程关闭时，同时也就释放了所占用的端口号。

TCP/UDP 采用端口来标识通信进程，端口相当于 OSI 传输层的服务访问点，进程通过系统调用与某些端口建立联系后，即可使用相应的端口来进行数据传输。早期的 P2P 文件系统大多采用固定端口号，通过检测端口号与通信进程、通信进程与 P2P 文件共享任务的映射关系即可实现对 P2P 文件共享任务的流量检测。

随着越来越多的 P2P 应用程序采用动态端口、更新报文关键字、加密报文或伪装其他常用网络应用端口号(如80端口)的方式进行通信，采用端口检测的方法识别P2P流量不再有效。有研究显示，互联网中50%~70%的P2P流量已经无法通过端口检测方法进行识别。为了解决这一问题，学术界进行了大量的尝试，按照实现方式可分为以下几种。

(1) 基于应用层签名的P2P流量检测

基于应用签名的P2P流量检测方法，其核心是深层数据包识别技术(DPI，Deep Packet Inspection)，通过读取数据载荷并进行模式匹配发现协议签名，该方法可实现P2P数据流的精确检测，但无法识别未知协议的P2P数据流。为此，产生了许多对其进行改进的研究成果：利用BP神经网络技术对新流量特征的应用层签名进行匹配，该方法只需检查每个流中最初的若干个数据包，提高了P2P流量检测的速度，但存在牺牲识别率的问题；利用已知的应用层签名特征，例如端口、连接时长、扰动率以及拓扑结构等分析和检测P2P流量。此外，还有一些学者通过应用层签名特征对P2P流媒体产生的流量进行检测。典型的思路是通过提取等主流P2P流媒体系统(例如PPLive，PPStream，QQlive，优酷，爱奇艺，风行等)的应用层签名特征，设计相应的流量识别算法，并对检测的准确性和有效性进行评估。

(2) 基于传输行为特征的P2P流量检测

基于传输行为特征的检测方法是另外一种常见的P2P流量检测方法，其核心思想是利用P2P数据传输时产生的行为特征判断网络流量是否与P2P数据传输相关。在相关的研究中，一种思路是以P2P流量在传输层所表现出来的一般性特征为依据，结合传统的端口检测技术，能够有效地检测到新的P2P应用和加密的P2P应用，但该方法过于复杂且不能对P2P应用进行分类。还有学者提出基于P2P协议基本特性的P2P数据流识别方法。该思路根据P2P协议的大直径特性与同时作为服务器与客户端的二重身份特性，实现对已知和未知P2P数据流的检测。此外，还可以将每一条P2P数据流看作一个向量，通过建立向量图并分析图中各向量的互联状况来检测P2P数据流。实验表明，约90%的P2P数据流对应的向量都与大量的其他向量相连。多数研究关注的仅仅是单一的P2P数据流，但是一个应用中有可能存在多条不同的P2P数据流。通过提取P2P应用行为的特征，还可以识别出特定应用的多个P2P流的相关性，从而解决同一应用中多条不同P2P数据流的识别问题。

在基于传输行为特征的P2P流量检测研究中，如何确定P2P行为特征是一个关键问题，并产生了许多相关的研究成果。例如，从数据包和数据流两个角度总结P2P流量的各种已知特征，并对各种特征的实际检测效果进行评估。有研究表明，P2P网络的应用层数据存在自相似性，在时间尺度与行为尺度的比较中，P2P应用层流量在行为尺度上的自相似性表现得更加明显和稳定。P2P行为尺度上的自相似性也被研究者应用到P2P流量检测中，通过计算网络流量不同行为尺度下的容量维，再辅以主动系数来检测P2P流量。

(3) 基于数学方法的P2P流量检测

近年来，数据挖掘、机器学习、人工智能技术的兴起，为P2P流量检测的研究提供了新的思路。例如将支持向量机(SVM，Support Vector Machine)技术引入到P2P流量检测中，不仅可以提高识别效率，且可以对新出现的P2P应用以及载荷被加密的P2P流量进行检测。有学者提出一种多维支持向量机(Multi-dimensional support vector machine，MSVM)训练方法，并建立了基于多维支持向量机的P2P网络流量识别模型。该模型针对不同的P2P文件系统，建立多维支持向量数据库，使得已知P2P流量不需要匹配就可以识别，并可以提供较好的检测精确度。基于决策树算法的P2P流量检测能够实现对P2P流量的实时动态检测，适用于诸如P2P流量欺骗攻击检测和区分服务等P2P网络应用。决策树算法还经常被用于跟统计特征结合，以达到快速识别 P2P 流量的目的。例如将 P2P 流量识别的统计特征归纳为 IP 端口对特征、网络直径特征、节点角色特征、传输层类型和上传下载比率特征，通过结合统计特征和快速决策树识别方法，解决快速到达的在线流数据检测问题；通过结合统计特征和自适应快速决策树识别方法，可以解决具有概念漂移的在线数据识别问题。

由于基于有监督机器学习的 P2P 流量识别方法存在计算开销大的问题，许多学者选择无监督机器学习方法解决此问题。例如，利用聚类思想自动挖掘网络中的显著流量及其规则，并在此基础上，对显著流量进行 P2P 疑似性判别，同时结合应用层特征识别技术，对高度疑似的 P2P 显著流量类进行过滤，实现未知 P2P 流量检测。

神经网络方法同样可以应用于 P2P 流量检测。有学者采用堆叠式自动编码器(Stacked Auto Encoder，SAE)和卷积神经网络(Convolution Neural Network，CNN)来构建深度分组框架，以便对 P2P 网络流量进行分类识别。这种方法不仅可以识别普通 P2P 流量，还可以识别加密 P2P 流量，区分 VPN 和非 VPN 的 P2P 网络流量。

(4) 针对特定内容的 P2P 流量检测

上述检测思路中都没有涉及对 P2P 数据流中载荷内容的检测问题，只能检测出流量是否是 P2P 流量，而无法对某个特定 P2P 文件共享任务产生的流量进行检测。由此带来的问题是：进行封堵时只能将检测到的 P2P 流量不加区分的封堵，在禁止了非法 P2P 流量的同时也阻断了合法的 P2P 流量。

针对这一问题，有国外学者提出了基于内容恢复的 P2P 特定内容检测方案，该方案首先对 BT 数据流进行识别，数据流按传输内容的类型分为文本、图像和视频数据。对于文本类型数据内容采用字典比较的方法，实现对不良内容的检测。对于色情图像内容，通过图像处理的方法检测文件中“皮肤区域”所占整个图像的比例判断该图像是否携带色情内容。对于视频文件，采用两种检测方法：一是从视频文件中获取关键帧，对关键帧的内容进行判断；二是恢复视频文件的某一片段，根据该片段的内容判断视频文件是否存在非法内容。该方案的缺点在于系统架构过于复杂，缺乏统一的检测机制；图像和视频的检测方法只能采取事后分析，需要使用复杂的图像处理技术，计算量大，实时性差。

另外一种思路是基于主动侦测的 BT 文件共享检测。该方案首先收集非法 BT 任务的 Torrent 文件，随后针对某一特定文件内容的 Torrent 文件，利用 Torrent 分析模块对 BT 协议进行仿真，模拟普通 BT 客户端与 Tracker 服务器之间的通信过程，获取该文件共享任务参与者的 IP 地址、端口和传输状态等受众信息。通过自定义的规则库对受众信息进行过滤，实现对传输行为的细粒度检测。系统由 Torrent 文件搜索模块和 Torrent 分析模块两部分组成，Torrent 文件搜索模块采用基于有限深度的深度优先搜索策略对网页上存在的种子文件进行搜索，获得相关的 Torrent 文件；Torrent 分析模块利用 BT 协议的仿真客户端模拟节点与 Tracker 服务器间通信过程，以获取该文件共享任务参与者的 IP 地址、端口和传输状态等受众信息。通过自定义的规则库对受众信息进行过滤，实现对传输行为的细粒度检测。该方案存在以下问题：首先，此方案对 BT 文件共享的检测是以仿真客户端为中心进行的，只能获得与仿真客户端相连接的节点的基本传输信息，无法获取节点与节点之间进行传输的相关信息。其次，该方案只通过 Tracker 服务器查询资源信息，而目前分布式哈希表技术在 P2P 文件共享网络中广泛地被使用，该方案并未考虑对通过分布式哈希表进行资源查询的 BT 系统的流量检测问题。第三，此方案实施的前提是需要收集到非法文件共享任务的 Torrent 文件，而目前这些非法的 Torrent 文件发布方式比较隐蔽，难以通过自动化的手段大量获得。

6.2 基于文件块的P2P特定内容检测方法

P2P文件系统大多将文件分割成若干个小的文件块，以便于传输大容量文件。以BT文件共享为例，客户端在进行文件共享时，首先将文件分割成若干个固定长度的文件块，这些文件块被称为Piece，处于文件末尾的最后一个Piece的长度可能会小于其他Piece。Piece又被分成若干个更小的被称为Slice的片段，BT客户端之间以Slice为单位进行数据交换。为了保证传输中数据的完整性，通过SHA1算法对每个Piece计算其对应的散列值，并将散列值记录在“元信息”(即种子文件，Seed)中的“Piece”项。BT客户端在接收到某一Piece中所有的Slice后，将这些Slice组装成对应的Piece，使用SHA1算法计算该Piece的散列值，并与种子文件中记录的散列值进行验证以确保传输无误。BT系统详细的文件共享过程读者可参见本书3.2.3节内容。

6.2.1 检测方法的基本思路

针对上述传输机制，对BT文件共享中特定内容进行检测的基本思路可分为两种情况：

(1) 无“元信息”情况下的BT文件共享检测

在无法获得“元信息”的情况下，对BT系统中特定内容文件传输进行检测分为以下步骤：

步骤1，获得一份需要检测的特定内容的文件副本。将副本按照一定的算法分成若干个Piece，并使用SHA1算法对每个Piece计算散列值，将该Piece的散列值存入为该副本建立的特征数据库中。文件副本分块算法的伪代码如下所示。

```
数据块 buffer = new char[数据块长度];
数据块的数量=副本文件长度/数据块长度;
if(副本文件长度%数据块长度)n++;
    打开副本文件;
for(i=0; i<数据块的数量; i++)
{
    偏移量 offset=  i * 数据块长度;
    从副本文件的 offset 位置读取与数据块长度相同数目的字节数,
    存入数据块 buffer 中;
    使用 SHA1 函数计算数据块 buffer 内容的散列值;
  将散列值存入特征数据库;
}
```

步骤2，在被检测的网络出口部署检测设备，对流经的数据包进行分析。按照基于特征字段、行为特征等已有的P2P流量检测方法识别出BT流量。接下来针对识别出的BT流量进行过滤分析，将两个节点间传输的Slice按照其索引编号组装成对应的Piece，计算该Piece的散列值，并在特征数据库中查询是否有与之相等的散列值，若可以查询到，则说明该Piece对应的文件与特征数据库中相应的副本文件是相同的，从而确定这两个节点间通过BT系统传输的内容即为所检测的特定内容。

(2) 有“元信息”情况下的 BT 文件共享检测

在已获得特定内容“元信息”的情况下，首先对“元信息”进行解析，从中提取出记录着各文件块的散列值的“Piece”项的内容。将其作为该 BT 文件共享任务的特征值存入特征数据库。接下来的特征值匹配过程与无种子文件情况下的步骤 2 相同，若捕获的 Piece 可以在特征数据库中查询到相同的散列值，则说明该 Piece 对应的文件内容与种子文件对应的 BT 任务所传输的内容相一致。

6.2.2 检测方法的可行性验证

通过设计的两个实验来验证 6.3.1 节中 BT 文件共享检测方法的可行性。实验涉及的工具如下：

① BT 客户端：BitComet 0.99 stable release for Windows；

② SHA1 校验工具：HashCalc；

③ 网络抓包工具：Ethereal Version 0.99.0。

(1) 验证文件副本分块算法的可行性

首先验证文件副本分块算法的可行性。设定每个 Piece 的大小为 256KB，选取一个大小在 256KB 和 512KB 之间的文件作为实验对象，该文件将被分成两块，经 SHA1 算法计算后产生 80 字节的散列值。使用 BT 客户端软件 BitComet 将该文件制作成对应的种子文件，并解析种子文件的“元信息”，“元信息”中“Piece”项对应的散列值如图 6.1 所示。

图 6.1　种子文件中“Piece”项的散列值

接下来，以文件副本分块算法对测试对象进行分块，得到两个文件，按其排列顺序分别为 data1 和 data2，使用校验工具 HashCalc 对每个分块计算 SHA1 散列值，结果如图 6.2 和图 6.3 所示。

对照图 6.1 与图 6.2、图 6.3 可发现，通过文件分块算法对测试文件分块后，计算文件块的 SHA1 散列值，并将这些散列值按照文件块的排列顺序组合起来，即为该测试文件的“元信息”中“Piece”项对应的散列值。由此可见，使用本文设计的文件副本分块算法得到的文件片段，能够与“元信息”中的 Piece 项内容建立起对应关系，文件副本分块算法是可行的。

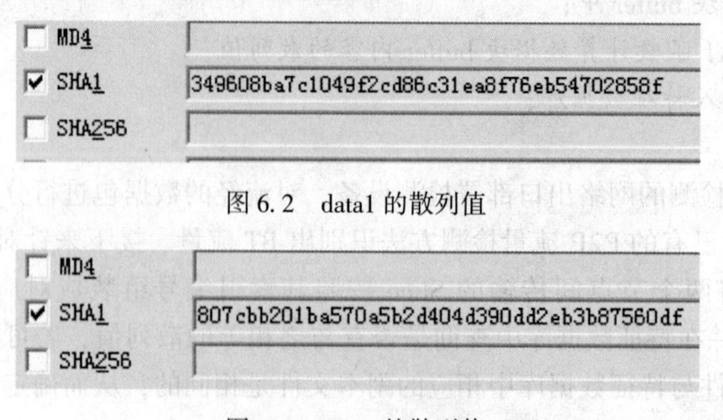

图 6.2　data1 的散列值

图 6.3　data2 的散列值

（2）验证 BT 流量分析方法的可行性

为了验证在有“元信息”和无“元信息”两种情况下，获取的 BT 流量是否能够在特征数据库中匹配到对应的文件散列值，首先使用 Ethereal 获取流经被测网络出口的数据包，并将 BT 数据包过滤出来。然后将 BT 数据包按照“源-目的”IP 地址对进行分组，提取出 IP 地址对之间的 BT 数据流。接下来对 IP 地址对之间的数据包内容进行解析，将 BT 协议中 Piece 类型的数据包提取出来，并将具有相同 Idx 字段的数据包编成一组。Piece 类型数据包是 BT 协议中用于传输文件片段的数据包，每个数据包携带 16KB 的文件片段数据，即一个 Slice。除了文件片段数据，Piece 类型数据包的载荷还包括文件片段在整个文件中的编号 Idx、分片内偏移 Begin、文件片段数据的长度 Len。Idx 值相同的数据包中的文件片段属于同一个 Piece 中的不同的 Slice。由于一对 IP 地址内有可能同时存在多条 BT 数据流，因此可能出现不同 BT 任务的 Piece 类型数据包拥有相同的 Idx 字段的情况。为了减少这种情况对文件过滤产生的影响，将具有相同 Idx 值的一组 Piece 类型数据包中的 Len 值相加，若其和等于种子文件记录的 Piece 长度或制作数据分块设定的 Piece 长度，则认为这一组 Piece 类型数据包对应着同一个 Piece。通过这种方法判断具有相同 Idx 值的 Piece 类型数据包是否属于同一条 BT 数据流，只有当数据包不属于同一条 BT 数据流、Idx 值相等的数据包总长度恰好等于设定的数据长度这两个条件同时满足时，判断才会失效，因此能够有效减少属于不同 BT 数据流且 Idx 值相同的数据包对文件片段分组的影响。图 6.4 显示了组成一个完整 Piece 的若干个 Piece 类型数据包。从图中可以看出每个数据包携带的数据片段长度为 0x4000，即 16KB。总共 8 个数据包，Piece 大小为 128KB。

No.	Time	Source	Destination	Protocol	Info
6824	357.26701	91.121.64.	20.20.114.	BitTor	Piece, Idx:0x2e8,Begin:0x0,Len:0x4000
7035	363.71739	91.121.64.	20.20.114.	BitTor	Piece, Idx:0x2e8,Begin:0x4000,Len:0x4000
7666	382.43586	91.121.64.	20.20.114.	BitTor	Piece, Idx:0x2e8,Begin:0x8000,Len:0x4000
8125	392.61313	91.121.64.	20.20.114.	BitTor	Piece, Idx:0x2e8,Begin:0xc000,Len:0x4000
8529	404.16708	91.121.64.	20.20.114.	BitTor	Piece, Idx:0x2e8,Begin:0x10000,Len:0x4000
9128	419.00452	91.121.64.	20.20.114.	BitTor	Piece, Idx:0x2e8,Begin:0x14000,Len:0x4000
9226	422.30226	91.121.64.	20.20.114.	BitTor	Piece, Idx:0x2e8,Begin:0x18000,Len:0x4000
10185	442.32482	91.121.64.	20.20.114.	BitTor	Piece, Idx:0x2e8,Begin:0x1c000,Len:0x4000

图 6.4　组成一个完整 Piece 的数据包

接下来将过滤后的文件片段数据提取出来，按照 Begin 值从小到大的顺序对其进行重组，恢复成一个完整的 Piece，并使用 SHA1 算法计算其哈希特征值。最后从特征数据库中查找该特征值。在被测网络内开启一个 BT 客户端，启动一个 120MB 的 BT 文件共享任务，从任务启动后的第 5 分钟开始检测，每 5 分钟作为一个检测周期，在每个周期从被测网络内的 BT 流量中提取特征值，并将这些特征值与特征数据库中的特征摘要进行匹配，统计匹配的特征值数目，检测结果如图 6.5 所示。将检测周期提高至 10 分钟，检测结果如图 6.6 所示。

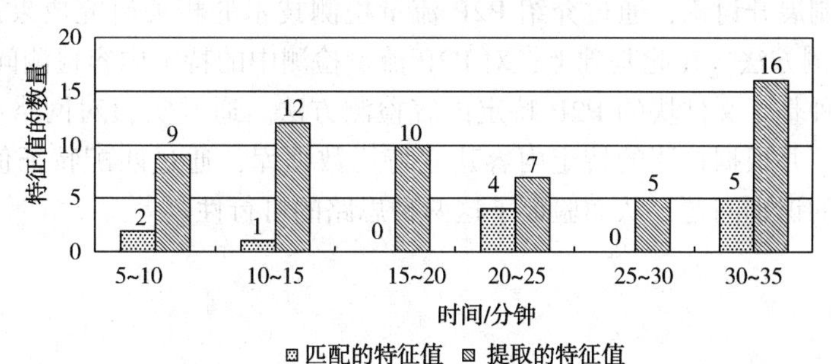

图 6.5　以 5 分钟为周期的检测结果

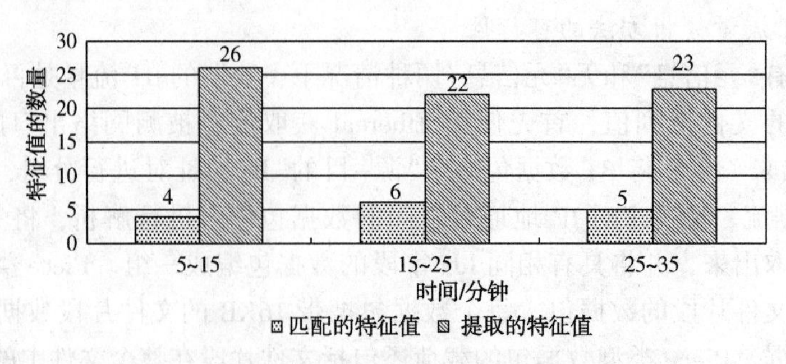

图 6.6　以 10 分钟为周期的检测结果

由图 6.5 可见，在被测网络中提取到的特征值大于在特征数据库中匹配到的特征值。这是由于除了被检测的 BT 任务，网络中还有其他 BT 数据流在传输。提取到的特征值数目是检测周期中所有检测到的 BT 流量的特征值数目的总和。除了 15~20 分钟、25~30 分钟的检测周期内未能在特征数据库中匹配到特征值，其他检测周期均匹配成功。未能匹配到特征值的情况与该 BT 任务的传输状况有关，当被测网络内参与该 BT 任务的节点传输速率较低，频繁与其他节点失去联系时，检测到的大多是握手与控制数据包，而非可以用来生成特征值的 Piece 类型数据包。此外还与检测周期的长度有关，若组成一个完整 Piece 数据的 Piece 类型数据包分别属于不同的检测周期，在这种情况下在单个检测周期内也无法生成该 Piece 数据对应的特征值。则在总检测时间 P 内匹配到的特征值数目 M_P 存在以下关系。

$$M_P \geqslant \sum_{n=1}^{N} M_n, \quad P = \sum_{n=1}^{N} p_n \tag{6-1}$$

式中　n——检测周期的序号，整个实验共分为 N 个检测周期；

p_n——第 n 个检测周期的检测时间；

M_n——第 n 个检测周期所匹配到特征值的数量；

对比图 6.5 与图 6.6 可知，通过延长检测周期，可以使匹配到的特征值数量提高。

综合上述实验结果可知，该方法是有效可行的。

6.3　本章小结

P2P 文件共享技术的广泛应用，为传播非法文件提供了平台。为了控制非法文件通过 P2P 文件系统传播，学术界和工业界都对该问题展开了研究。本章对基于流量检测的传统 P2P 文件共享控制展开讨论，通过介绍 P2P 流量检测技术的相关研究成果，引出了几种传统的 P2P 流量检测方法。在此基础上，对 P2P 流量检测中的特定内容检测问题，以 BT 系统为例，给出了一种基于文件块的 P2P 特定内容检测方法。通过实验对网络中截获的数据包进行重组、分析，并根据检测的特定内容建立特征数据库，通过匹配特征值来解决 P2P 数据流中载荷内容的识别问题，从而验证了这两种思路的可行性。

7　基于“元信息”的 P2P 特定信息传播控制

随着 P2P 文件共享系统的发展，在系统中存在着大量的侵权、非法、色情及病毒等等不良信息，这些不良信息的传播不但会造成网络资源浪费，而且会影响社会稳定、网络安全以及用户的心理健康。传统基于流量识别和封堵的 P2P 文件共享控制方法缺乏面向 P2P 特定信息的精细化控制。鉴于此情况，本章在 6.2 节内容的基础上，介绍了一种基于“元信息”的 P2P 特定信息传播控制模型。该模型的设计思路是：首先通过“元信息”分类辨别需要被监测的不良信息，并根据监测模型获取的受众信息对传播网络的状态进行判断，选择需要被控制的传播网络；其次根据传播网络控制策略选择需要被控制的目标节点；最后根据 P2P 节点控制方法对目标节点进行控制。本章 7.1 小节介绍了该模型的基本概念和组成部分，并对模型的主要功能模块进行了详细描述。

“元信息”是 P2P 文件传播的基础，为了对 P2P 网络上传输的不良信息进行控制，首先需要对收集到的“元信息”进行分类，辨别哪些“元信息”是需要被控制的不良信息。现有分类方法缺乏对“元信息”分类特点的考虑，分类准确率较低，难以满足控制模型需求。本章 7.2 小节根据“元信息”分类特点，对支持向量机算法进行改进，通过在加权最小二乘支持向量机的基础上加入对数据偏斜的处理，解决了“元信息”分类时关键词特征稀疏和样本高度不均衡问题。同时还进行了以下内容的研究：使用现有分词算法对“元信息”文件名进行分词时，加入了词条之间的组合关系处理；在进行特征向量表示时，加入了对词条权值和语义属性的处理；使用基于粗糙集的属性规约方法进行特征向量选择，有效降低了特征向量维度。最后通过实验对改进支持向量机算法的效率和分类准确率进行了分析。

免疫策略是传播动力学中的重要概念，通过应用不同免疫策略，可以对疾病传播产生影响，抑制疾病传播。本章 7.3 小节以免疫策略为参考，对 P2P 特定信息传播控制策略进行研究。首先介绍了网络鲁棒性和免疫策略研究现状；然后研究不同控制策略对 P2P 特定信息传播的影响，并根据 P2P 特定信息传播特点，提出了目标节点的标识和选择算法。

为了控制 P2P 特定信息的传播，需要对得到的目标节点进行控制操作，现有节点控制方法难以实现精细化控制，并且会出现阻断不彻底的情况。当 P2P 连接的两端节点都在控制网络以外时，现有节点控制方法难以对其进行控制。本章 7.4 小节根据 P2P 特定信息传播特点，提出了基于 P2P 协议的节点控制方法。本章 7.5 小节通过实验对传播控制模型的控制效果进行了分析。

7.1　传播控制模型框架描述

本章在前面几章的研究基础上，根据 P2P 特定信息传播特点，设计了一个基于“元信息”的 P2P 特定信息(主要是 P2P 网络上的不良信息)传播控制模型。该模型以“元信息”分类、传播网络状态判断、控制目标节点选择以及节点控制为研究内容。模型的框架如图 7.1 所示。

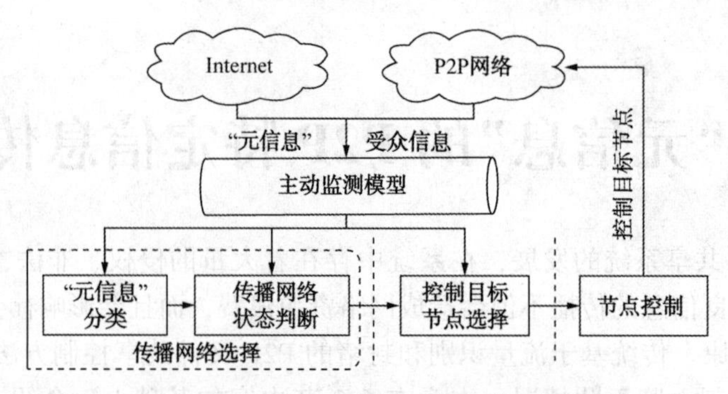

图 7.1　基于"元信息"的 P2P 特定信息传播控制模型框架

传播控制模型中的主要模块功能描述如下：

① "元信息"分类：由于爬虫技术和网页信息限制，获取的"元信息"中既包括不良信息，也包括正常信息。为了准确、高效地对"元信息"进行分类，采用改进支持向量机算法对"元信息"进行分类，解决了"元信息"分类时关键词特征稀疏和样本高度不均衡问题；

② 传播网络状态判断：根据"元信息"分类结果，使用监测模型对不良信息进行监测，得到不良信息传播网络变化情况。结合第四章介绍的 SEInR 模型和 P2P 特定信息传播网络拓扑特性及用户行为分析结果，对不良信息传播网络状态进行分析和判断，得到正在 P2P 网络上传播的不良信息列表。然后由管理人员选择需要控制的 P2P 特定信息传播网络；

③ 控制目标节点选择：研究适合 P2P 特定信息传播网络的控制策略，针对需要控制的特定信息传播网络，根据控制策略选择控制目标节点；

④ 节点控制：针对得到的控制目标节点，使用基于 P2P 协议的节点控制方法对其实施控制操作，破坏特定信息传播网络的鲁棒性、抑制特定信息传播。

该方法首先选择需要控制的传播网络。通过改进的"元信息"分类算法辨别需要监测的特定信息，并使用监测模型对这些特定信息进行监测，能够减少监测范围，节省系统资源。根据监测模型获取的受众信息，并结合 SEInR 模型和 P2P 特定信息传播网络拓扑特性及用户行为分析结果，对监测的特定信息传播网络状态进行分析和判断，给出每个传播网络的传播状态及传播影响力，传播影响力由节点数量和网络变化情况组合而成。由管理人员选择需要控制的 P2P 特定信息传播网络；其次在需要控制的 P2P 特定信息传播网络内选择控制目标节点；最后对目标节点实施控制操作，达到抑制 P2P 特定信息传播的目的。

现有 P2P 网络控制方法主要以 P2P 网络整体封堵和业务限制为控制手段，缺乏对传输信息的区分，难以满足运营商和网络安全部门的精细化控制要求。本章介绍的传播控制方法具有如下特点：

① 其各个模块以特定信息为中心，对特定信息传播网络进行控制，能够满足各方对特定信息的精细化控制要求；

② 将支持向量机算法引入"元信息"分类，提高了分类准确率，解决了现有分类算法准确率不高的问题；

③ 通过对不良信息传播网络状态进行判断，只对需要被控制的特定信息传播网络采取控制操作，减少了网络资源浪费；

以传播动力学的免疫策略为参考，研究针对 P2P 特定信息传播网络的控制策略，并分析不同控制策略的控制效果，选取合适的控制策略，能够更有针对性地选取控制目标。

7.2 “元信息”分类

7.2.1 分类目的及特点

“元信息”分类是传播控制模型的基础，只有从数量庞大的“元信息”中辨别出不良信息，才可以针对性地进行监测与控制操作，否则，只能对获取的所有“元信息”进行操作，不但浪费有限的网络资源，而且极大地降低了监测效率。“元信息”分类主要依据“元信息”中的文件名进行分类，一般采用文本自动分类技术。文本自动分类是自然语言处理领域的重要分支之一，也是信息检索与数据挖掘领域的研究热点，近年来得到了快速发展，其主要任务是在给定的分类体系下，根据文本内容自动确定文本类别。目前，学术界对于文本分类技术的研究已经取得了许多成果，各种有监督、半监督和无监督的机器学习方法被应用到文本分类的研究中。例如，用于文本分类的转导支持向量机(Transductive Support Vector Machines, TSVMs)、用于对网页进行分类，基于图的半监督学习算法、将多种分类器集合在一起的集成学习算法等等。

近年来神经网络方法在文本分类中体现出了强大的性能优势。例如，Zhang 等人在 2015 年发表的文献中对字符级卷积网络在文本分类中的应用进行了实证研究，通过几个大规模的数据集证明了字符级卷积网络性能。与传统的文本分类模型，例如词汇袋装模型、n-gram 模型等相比，字符级卷积网络可以达到最先进的或具有竞争力的文本分类结果。

此外，学术界在提高文本分类训练速度，降低训练数据集规模方面也做了许多探索性的研究。Joulin 等人提出了一种简单有效的文本分类器 FastText。实验表明，FastText 在准确性方面通常与基于深度学习的分类器相当，并且在训练和评估方面的速度快了许多数量级。作者使用标准的多核 CPU 在不到 10 分钟的时间内训练超过 10 亿个单词的 fasttext，并在不到一分钟的时间内将 50 万个句子分类到 312K 个类中。Howard 和 Ruder 提出了 Universal Language Model Fine-tuning(ULMFiT)方法，该方法基于转移学习，可以应用于自然语言处理中的任何任务。实验结果显示该方法能够在大多数数据集上减少了 18%~24%的错误。此外，仅仅需要 100 个标记的样本，该方法就可以获得与其他传统方法在 100 倍规模以上的数据集相同的性能。

传统的文本分类方法主要依据词频特征的相似性来分类。但是在“元信息”分类中，主要使用“元信息”中的文件名进行分类，长度比较短，一般来说不超过 100 个字符或者汉字。在分类时，它与普通文本分类相比具有如下特点：

① 关键词特征稀疏：普通文本内容比较长，而“元信息”中用于分类的文件名一般是短文本，导致关键词特征稀疏(每个短文本中一般只有数十个甚至几个关键词)，难以充分挖掘出特征之间的关联性；

② 样本高度不均衡：“元信息”分类后的不良信息在数量上只占很小一部分，导致了样本和分类结果的高度不均衡性，传统分类器容易分类错误。

由于现有分类方法在分类时缺乏对“元信息”分类特点的考虑，分类准确率较低，难以满足传播控制模型的需求。本章对传统支持向量机进行改进，充分考虑关键词特征稀疏和样本高度不均衡问题，并考虑词条之间的组合关系以及词条权值和语义属性。使得改进后的支持向量机算法能够提高“元信息”分类准确率。

7.2.2 改进的支持向量机算法

支持向量机最初是20世纪90年代由Vapnik在统计学习理论基础上提出的一种通用机器学习方法，表现出很多优于传统方法的性能。它的本质是求解一个有约束的非线性规划问题。数学描述如下：样本 $\boldsymbol{x}$ 为 d 维空间中的向量，表示样本在特征属性上的数值，y 为样本 $\boldsymbol{x}$ 的类标签。d 维空间中 n 个已经标记类别的训练向量记为 $(\boldsymbol{x}_1, y_1)$，$(\boldsymbol{x}_2, y_2)$，…，$(\boldsymbol{x}_n, y_n)$，其中 $\boldsymbol{x}_i \in R^d$，$i=1, 2, \cdots, n$（R 为实数域）。对于两分类问题，$y_i \in \{1, -1\}$。分类问题的目的是找出一个决策函数，使得对于给定的向量能够准确判断其属于哪一类。如果两类样本属于线性可分的，则存在一个最优超平面，使两类样本分布在超平面的两侧。图7.2显示了二维两类线性可分情况，图中圆点和方点分别表示两类训练样本，实心点为支持向量。H为把两类样本完全正确分开的分类线，H_1、H_2 分别为过两类样本中离分类线最近的点，且平行于H的直线，H_1 和 H_2 之间的距离称为分类空隙或分类间隔。

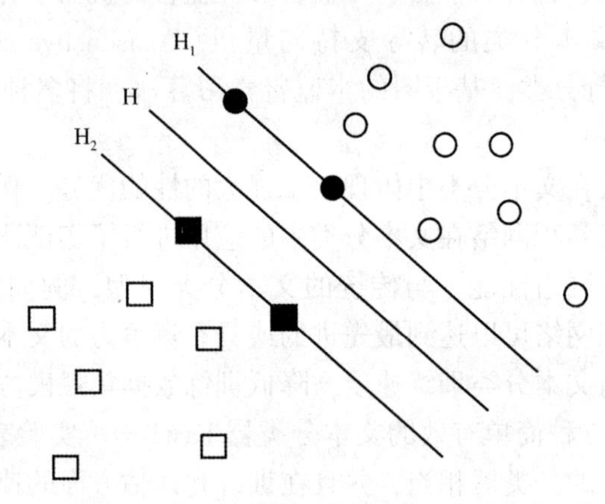

图7.2　支持向量机算法样本分布示意图

支持向量机的基本思想就是找到最优分类面，使两类样本实现最大的分离。所谓最优分类面就是要求分类面不但能将两类样本点无错误地分开，而且要使两类样本的间隔最大。该分类问题可归结为下列规划问题：

$$\begin{cases} \min Q(\boldsymbol{w}, \xi) = \dfrac{1}{2} \| \boldsymbol{w}^2 \| + \dfrac{C}{2} \sum_{i=1}^{n} \xi_i^2 \\ s.\ t:\ y_i = \boldsymbol{w}\phi(\boldsymbol{x}_i) + b + \xi_i \\ \xi_i \geqslant 0,\ i = 1, 2, \cdots, n \end{cases} \tag{7-1}$$

式中　$\boldsymbol{w}$——超平面H的法向量；

$\phi(\boldsymbol{x}_i)$——将 $\boldsymbol{x}_i$ 映射到高维特征空间的函数；

b——阈值，决定超平面H的具体位置；

C——预先设定的惩罚系数，表示对干扰样本的容忍程度；

ξ_i——松弛变量。

可用拉格朗日法求解这个优化问题：

$$L(\boldsymbol{w}, b, \boldsymbol{\xi}, \boldsymbol{a}) = \frac{1}{2} \| \boldsymbol{w}^2 \| + \frac{C}{2} \sum_{i=1}^{n} \xi_i^2 - \sum_{i=1}^{n} a_i [\boldsymbol{w}\phi(\boldsymbol{x}_i) + b + \xi_i - y_i] \tag{7-2}$$

式中　$\boldsymbol{a} = [a_1 a_2 \cdots a_n]^T$ 为拉格朗日乘子。

由式（7-2）的平衡条件可知：

$$\begin{cases}\dfrac{\partial L}{\partial \boldsymbol{w}}=\boldsymbol{w}-\sum_{i=1}^{n}a_i\phi(\boldsymbol{x}_i)=0\\ \dfrac{\partial L}{\partial b}=-\sum_{i=1}^{n}a_i=0\\ \dfrac{\partial L}{\partial \xi_i}=C\xi_i-a_i=0\\ \dfrac{\partial L}{\partial a_i}=\boldsymbol{w}\phi(\boldsymbol{x}_i)+b\xi_i-y_i=0\end{cases} \tag{7-3}$$

可推导出：

$$\begin{bmatrix}\mathbf{I} & \mathbf{0} & \mathbf{0} & -\boldsymbol{Z}\\ \mathbf{0} & \mathbf{0} & \mathbf{0} & -\bar{\mathbf{1}}\\ \mathbf{0} & \mathbf{0} & \mathbf{CI} & -\mathbf{I}\\ \boldsymbol{Z} & \bar{\mathbf{1}} & \mathbf{I} & \mathbf{0}\end{bmatrix}\begin{bmatrix}\boldsymbol{w}\\ b\\ \boldsymbol{\xi}\\ \boldsymbol{a}\end{bmatrix}=\begin{bmatrix}\mathbf{0}\\ 0\\ \mathbf{0}\\ \boldsymbol{y}\end{bmatrix} \tag{7-4}$$

式中 $\boldsymbol{Z}=[\phi(\boldsymbol{x}_1)\phi(\boldsymbol{x}_2)\cdots\phi(\boldsymbol{x}_n)]^T$；

$\boldsymbol{y}=[y_1y_2\cdots y_n]^T$；

$\bar{\mathbf{1}}=[11\cdots1]^T\in R^n$；

$\boldsymbol{\xi}=[\xi_1\xi_2\cdots\xi_n]^T$；

$\boldsymbol{a}=[a_1a_2\cdots a_n]^T$。

由式(6-3)可知，$\boldsymbol{w}=\sum_{i=1}^{n}a_i\phi(\boldsymbol{x}_i)$，$\xi_i=a_i/C$，消去 $\boldsymbol{w}$ 和 ξ_i，并对线性方程组求解，可得：

$$\begin{bmatrix}\mathbf{0} & \bar{\mathbf{1}}^T\\ \bar{\mathbf{1}} & \boldsymbol{Z}\,\boldsymbol{Z}^T+\boldsymbol{\xi}^{-1}\boldsymbol{I}\end{bmatrix}\begin{bmatrix}b\\ \boldsymbol{a}\end{bmatrix}=\begin{bmatrix}0\\ \boldsymbol{y}\end{bmatrix} \tag{7-5}$$

记 $\boldsymbol{\Omega}=\boldsymbol{Z}\,\boldsymbol{Z}^T$，则式(7-5)中的 $\boldsymbol{\Omega}+\boldsymbol{\xi}^{-1}\boldsymbol{I}$ 为核相关矩阵，记 $\boldsymbol{B}\equiv\boldsymbol{\Omega}+\boldsymbol{\xi}^{-1}\boldsymbol{I}$，可得：

$$\begin{cases}\boldsymbol{a}=\boldsymbol{B}^1(\boldsymbol{y}-b\,\bar{\mathbf{1}})\\ b=\dfrac{\bar{\mathbf{1}}^T\boldsymbol{B}^{-1}\boldsymbol{y}}{\bar{\mathbf{1}}^T\boldsymbol{B}^{-1}\bar{\mathbf{1}}}\end{cases} \tag{7-6}$$

由式(7-6)可以得到非线性预测模型为：

$$\boldsymbol{y}=\boldsymbol{w}\phi(\boldsymbol{x})+b=\sum_{i=1}^{n}a_i\phi(\boldsymbol{x}_i).\phi(\boldsymbol{x})+b=\sum_{i=1}^{n}a_iK(\boldsymbol{x}_i,\ \boldsymbol{x})+b \tag{7-7}$$

式中 $\boldsymbol{K}(\boldsymbol{x}_i,\ \boldsymbol{x})=\boldsymbol{\phi}(\boldsymbol{x}_i)\cdot\boldsymbol{\phi}(\boldsymbol{x})$ 为核函数。

核函数的主要功能是接受两个低维空间里的向量，计算出经过某个变换后在高维空间里的向量内积值，是任何满足 Mercer 条件的函数。核函数种类很多，常用的包括：多项式核函数、Gaussian 径向基 RBF 核函数、线性核函数、Sigmoid 核函数以及 B 样条核函数。选择不同类型的核函数，在学习能力和推广能力上会有所差异。因为多项式核函数具有良好的全局性质、较强的外推能力，其阶数越低，推广能力越强，在传统文本分类中已经有良好表现。“元信息”分类是面向短文本的文本分类技术，向量维数较低，关键词特征矩阵稀疏，能够充分发挥多项式核函数的优点，增强分类算法的推广能力，所以本文选择多项式核函数。

由于“元信息”样本具有高度不均衡性，需要被监测样本只占所有样本的小部分，这种情况称为数据偏斜问题，它会引起分类问题中超平面的偏移。如图 7.3 所示，方形点是需要被监测样本，H 是中心分类面，H_1 和 H_2 是正常样本类和被监测样本类的分类面，H′和 H'_2 是增加 2 个被监测样本后，H 和 H_2 的新位置。由于被监测样本较少，所以有一些被监测样本点没有被提供，比如图中两个灰色的方形点，如果这两个点被提供的话，分类面应该是 H′，H'_2 和 H_1，其显然和实际计算结果有出入。如果被监测样本点给得越多，就越容易出现灰色点附近的点，计算结果越接近于真实分类面。但由于数据偏斜现象的存在，使得数量多的正常类把分类面向被监测类的方向“推”，影响了结果的准确性。

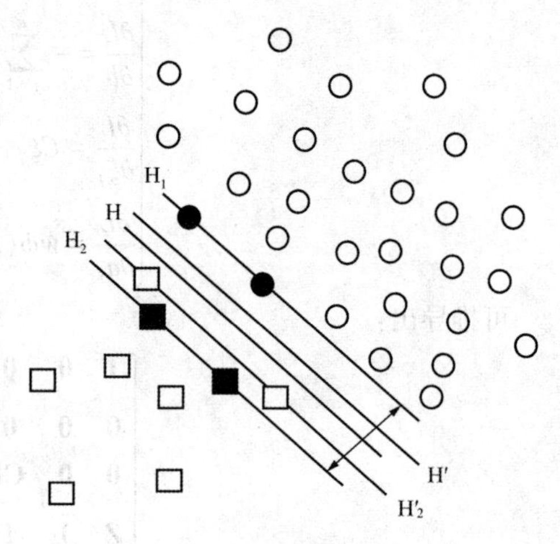

图 7.3 “元信息”样本分布示意图

本文解决数据偏斜问题的方法是对不同分类给予不同惩罚因子 C，正常样本数量较多，给予的 C 就较小，被监测样本数量较少，每个样本重要性就高，给予的 C 就较大。因此，目标函数中因松弛变量而损失的部分就变为：

$$\frac{C_1}{2}\sum_{k=1}^{n_m}\xi_k^2+\frac{C_2}{2}\sum_{j=n_m+1}^{n}\xi_j^2 \tag{7-8}$$

式中 n_m——正常样本数量；

$n-n_m$——被监测样本数量；

C_1——正常样本的惩罚因子；

C_2——被监测样本的惩罚因子。

C_1 与 C_2 之间的比例为样本在超维空间所占据的超球直径之反比。样本超球直径的计算方法为：首先计算本分类内所有样本之间的距离，将最大距离作为超球直径。由于在“元信息”分类中，n_m 的数量要远大于 $n-n_m$，C_2 要远大于 C_1，C_1 和 C_2 根据正常样本和被监测样本的特征向量是可计算的，ξ_k^2 与传统支持向量机中的 ξ_i^2 相同，所以式(7-8)是可计算的。式(7-8)表示将原来所有样本的损失变化为被监测样本的损失与正常样本的损失之和，同时给予被监测样本和正常样本不同的惩罚因子，即重要性度量标准，这种计算方式在实际计算中被证明是可行的。

在求解原始非线性预测模型时可知，松弛变量 $\xi_i=a_i/C$，根据最新的惩罚因子可知，正常样本的松弛变量 $\xi_k=a_k/C_1$，$k=1$，$2\cdots$，n_m，被监测样本的松弛变量 $\xi_j=a_j/C_2$，$j=n_m+1$，$\cdots n$，将松弛变量 ξ_k 和 ξ_j 带入线性方程组中求得 a 和 b，从而得到最新的非线性预测模型。

由于文本分类算法需要解决分词处理、特征向量表示方法以及特征向量选择等问题。因此，还需要对以上问题的现有解决方法进行研究，并根据“元信息”分类特点进行一定的改进。

(1) 基于互信息的关键词组合分词法

分词就是将连续的字符序列按照一定规范重新组合成词条序列的过程，在“元信息”分类问题中，分词的好坏决定着特征向量表示以及分类结果是否准确，所以分词是进行“元信息”分类的基础环节。现有自动分词方法较多且相对成熟，在某种程度上可以达到较高的正确率，已满足某些层面的需求。由于“元信息”中文件名长度一般不超过100个字符或者汉字，较少有过于复杂的语法结构出现，每个词条的出现次数基本上都是一次。研究表明，双向最大匹配算法的准确度可以达到95%以上，可以满足“元信息”分类对分词的要求，所以本文采用双向最大匹配法进行分词。该算法步骤描述如下：

① 使用正向最大匹配法对“元信息”文件名进行分词，得到词条序列 K_{21}，K_{22}，…，K_{2n}；

② 使用逆向最大匹配法对“元信息”文件名进行分词，得到词条序列 K_{N1}，K_{N2}，…，K_{Nm}；

③ 对得到的2个词条序列进行处理，过滤掉相同的分词信息 K_{Y1}，K_{Y2}，…，K_{Yj}，剩余2个完全不同的词条序列；

④ 对这2个完全不同的词条序列进行歧义检测，得到歧义检测成功的词条序列；K_{Q1}，K_{Q2}，…，K_{Q2}；

⑤ 将 K_{Y1}，K_{Y2}，…，K_{Yj} 和 K_{Q1}，K_{Q2}，…，K_{Ql} 合并，得到完整的分词结果。

通过分词算法可以将“元信息”文件名准确地分为词条信息，但是在进行实际分词过程中发现，不良信息的文件名为了防止被监测，在某些词条中间会加入干扰信息，例如词条“法轮功”会变为“法 * 轮 * 功”等等，对于这种情况，分词算法只能得到简单的“法”“轮”“功”3个字，而不能得到准确的分词信息。针对此问题，需要对分词中的互信息概念进行扩充，提出词条互信息的概念。

定义 7-1：词条互信息

对词条序列 A_1，A_2，…，A_s，定义它们之间的互信息为：

$$I(A_1, A_2, \cdots, A_s)=\frac{P(A_1, A_2, \cdots, A_s)}{P(A_1)P(A_2)...P(A_s)} \tag{7-9}$$

其中，$P(A_1, A_2, \cdots, A_s)$ 表示词条 A_1，A_2，…，A_s 出现的概率；$P(A_1)$，$P(A_2)$，…，$P(A_s)$ 分别代表 A_1，A_2，…，A_s 作为单个词条出现的概率。这样定义的词条互信息能够反映出词条之间结合关系的紧密程度。具体说明如下：

① 如果 $P(A_1, A_2, \cdots, A_s)=0$，表示 $A_1A_2\cdots A_s$ 不是一个词条；

② 如果 $P(A_1, A_2, \cdots, A_s)\neq 0$，$P(A_1)$，$P(A_2)$，…，$P(A_s)$ 中至少有1个0，表示 A_1，A_2，…，A_s 中至少有1个不能作为词条，它们组成词条的可能性较大；

③ 如果 $P(A_1, A_2, \cdots, A_s)\neq 0$，$P(A_1)$，$P(A_2)$，…，$P(A_s)$ 都不为0，表示 A_1，A_2，…，A_s 可以单独作为词条，同时 $A_1A_2\cdots A_s$ 也是1个词条。在这种情况下，需要设置阈值 φ_t，当 $P(A_1, A_2, \cdots, A_s)\leqslant\varphi_t$ 时，采用 A_1，A_2，…，A_s 多个词条形式，当 $P(A_1, A_2, \cdots, A_s)>\varphi_t$ 时，采用 $A_1A_2\cdots A_s$ 组合词条形式。这样能够充分根据组合词条的重要程度而采取不同的处理方式。

(2) 分词词典设计

分词词典是进行分词的关键，传统的分词词典元素结构一般定义为：

(<词条>，<词性>)

分词词典由多个元素按照词条顺序排列而成。在这种结构定义中，元素中的<词条>是使用双向最大匹配算法进行分词的依据，<词性>表示该词条的词性，对分类结果起主要作用的是名词、动词和连词。根据“元信息”分类特点，对词典元素进行改进，改进后的词典元素定义为：

（<词条>，<词性>，<语义属性>，<权值 1>，…，<权值 L>）

其中<权值 i>表示词条属于分类 i 的概率，第 k 个词条的权值 i 计算方法为：

$$D_{ki}=\frac{F_{ki}}{\sum_{j=1}^{n}F_{kj}} \tag{7-10}$$

式中　F_{ki}表示在分类 i 中出现第 k 个词条的样本个数。

“元信息”分类结果只有正常类和被监测类，所以只存在<权值 1>和<权值 2>。<权值 1>表示词条在正常类中的权值，<权值 2>表示词条在被监测类中的权值。

<语义属性>表示该词条在语义方面的属性，主要用于处理连词的语义转折属性，像“但是”“不”“不得”等连词，会对分类结果产生完全相反的影响，需要对它们的语义属性进行标注。<语义属性>的取值范围为{-1，1}，-1 表示需要进行语义转义，1 表示不需要进行语义转义。

（3）基于权值的特征向量表示方法

为使计算机能够真正处理文本特征，需要将“元信息”文件名映射为计算机可以处理的数学向量。常用的映射模型为向量空间模型，该模型能较为全面地反映文件名特性，每个文件名都被映射为一组规范化正交词条向量，表示为：

$$T(f)=(t_1,\ q_1t_2,\ q_2\cdots t_i,\ q_i\cdots t_b,\ q_b) \tag{7-11}$$

式中　t_i——词条；

q_i——词条 t_i 在文件名 f 中对应的权重，统一的表示形式为 $q(t_i,\ f)$。

一般采用 TF-IDF 方法计算 $q(t_i,\ f)$的数值，但是传统的 TF-IDF 算法仅考虑了词条分布情况，未考虑具体分布比例。本文对 $q(t_i,\ f)$的计算式进行改进，改进后考虑了词条权值和语义属性信息的计算式为：

$$q(t_i,\ f)=\frac{\left|D_{i1}-\sum_{l=2}^{L}D_{il}\right|tf(t_i,\ f)\ln(n/n_{ti}+r)}{\left(\sum_{t_j\in f}\left[\left|D_{j1}-\sum_{l=2}^{L}D_{jl}\right|tf(t_j,\ f)\ln(n/n_{tj}+r)\right]^2\right)^{1/2}}Y_i \tag{7-12}$$

式中　$tf(t_i,\ f)$——词条 t_i 在 f 中出现的次数；

t_j——在 f 中出现的所有词条；

n——训练集中样本总数；

n_{ti}——出现词条 t_i 的所有样本数；

r——常数，在实际使用中一般取 0.01；

D_{i1}——词条 t_i 的<权值 l>；

L——分类个数，在“元信息”分类中，$L=2$；

Y_i——词条 t_i 的语义属性。

（4）特征向量选择

如果把自然语言文本集中的所有词都作为特征，将使文本向量的特征维数高达几万，分类器算法的实现将极其复杂。为了有效削减特征空间维数，需要选择最有代表意义的词条作为特征词条，将高维特征空间映射到低维特征空间。本文采用基于粗糙集的属性规约方法进行特征向量选择。

粗糙集理论模型可以定义为$K=<U, Q, V, e>$，其中，$U=\{d_1, d_2, \cdots, d_N\}$为所有训练样本构成的论域；$Q=\{C, D\}$为属性集合，$C=\{t_1, t_2, \cdots, t_M\}$为条件属性，$M$为特征向量维数，$D=\{G_1, G_2, \cdots, G_L\}$为结果属性，表示“元信息”所属分类；$V$表示属性值集合；$e$为信息函数。对$\forall d\in U$，$h\in Q$，有$e(d, h)=V_h$，$V_h$表示属性$h$的属性值。基于粗糙集的属性规约算法步骤描述如下：

① 对样本的特征向量表示进行离散化；

② 创建决策表$K=<U, Q, V, e>$；

③ 构造属性核$Corp_D(C)$为：

$$\begin{aligned}Corp_D(C)=\{h\mid \exists(d_i, d_j)\in U^*, \mathrm{e}((d_i, d_j), h)\neq 0,\\ \forall h'\in C(h'\neq h), \mathrm{e}((d_i, d_j), h')=0\}\end{aligned}\quad(7-13)$$

④ 初始化最小属性集$\min h=\varphi$；

⑤ 首先将属性核加入最小属性集$\min h$中，去掉属性核所在的列和在此属性上值不为0的所有行；

⑥ 如果决策表不为空，则转到步骤⑦，否则停止，此时$\min h$即为一个最小属性约简集，也就是特征向量的选择结果；

⑦ 对剩余决策表重新计算各列中值不为0的个数，选取个数最多的属性加入$\min h$中，并去掉该属性所在列以及该列中属性值不为0的元素对应的所有行，转到步骤⑥。

7.2.3 实验与结果分析

为了验证改进SVM算法的效率和准确率，首先通过网络爬虫从网络上获取“元信息”，其中元信息总数为27123，使用其中5000个作为样本信息，其他“元信息”作为验证数据。然后对样本数据的分类进行人工标注，标注结果为：被监测“元信息”为237个，正常“元信息”为4763个。虽然本文针对“元信息”分类涉及的改进算法较多，主要包括对传统SVM算法的改进、对分词算法的改进、对特征向量表示的改进等等，但是所有改进算法都是为提高分类准确率服务的，因此，主要针对传统SVM算法与改进SVM算法的效率及准确率进行比较，涉及内容包括样本学习效率、分类效率及分类准确率。

为了对样本学习所花时间进行比较，需要使用不同样本集对传统SVM算法和改进SVM算法进行训练，学习效率对比如图7.4所示，其中横轴为训练样本的数量，单位为“个”，纵轴为学习时间，单位为“秒”。

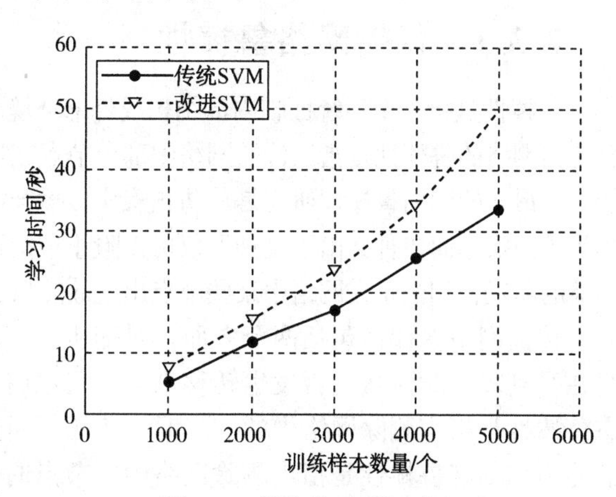

图7.4　样本学习时间对比

从图7.4中可以看出，使用不同数量等级的样本集进行训练，在使用相同的分词算法、特征向量表示和特征向量选择算法的情况下，由于改进SVM算法增加了对数据偏斜的处理，对样本的学习速度低于传统 SVM 算法。

由于改进算法的目的是进行“元信息”分类，注重的是在实际分类过程中的效率和准确率。在使用不同数量的验证数据进行分类时，这 2 种算法的效率对比如图 7.5 所示，准确率对比如图 7.6 所示，其中横轴为“元信息”文件的数量，单位为“个”，纵轴分别为分类花费的时间(秒)和分类的准确率。从图中可以看出，当使用不同数量的验证数据进行“元信息”分类时，传统 SVM 算法与改进 SVM 算法在效率上的差别不大，因为都使用相同的公式进行计算，只是参数不同而已，但是在准确率方面，由于传统 SVM 算法缺乏对数据偏斜问题的考虑，导致分类结果准确率偏低，而改进 SVM 算法能够大幅度提高元信息分类准确率。

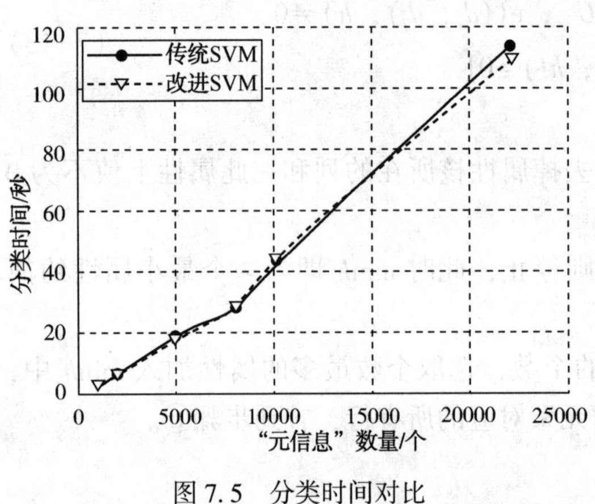

图 7.5 分类时间对比

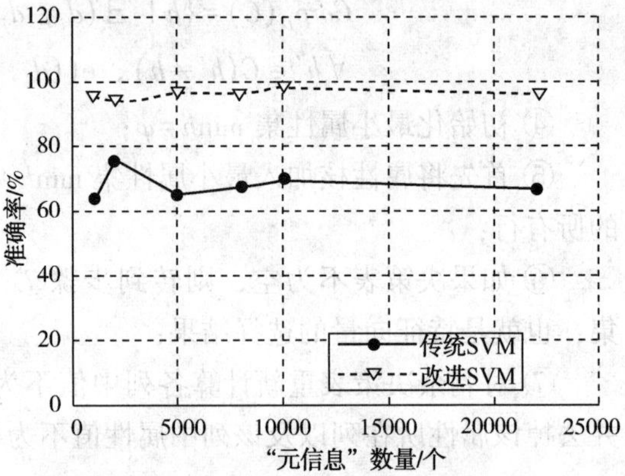

图 7.6 分类准确率对比

通过上述实验结果可以看出，由于改进 SVM 算法增加了对数据偏斜的处理，虽然在学习阶段增加了学习时间，但是在进行“元信息”分类时，能够在损失少量效率的情况下(最多 6.5%)大幅度提高准确率，提高幅度可达 49.5%，准确率可达到 97.8%。实验结果表明，对 SVM 算法的改进达到了预期效果。

7.3 目标节点选择策略

7.3.1 传播网络鲁棒性

鲁棒性是指一个系统面临内部结构或外部环境改变时，能够维持其功能的能力。P2P 特定信息传播网络的鲁棒性是指当传播网络中部分节点或连接被破坏时，特定信息仍然能够继续传播的能力。最早的网络鲁棒性研究是从防止疾病传播开始的，例如在接触网络中“删除”节点相当于个体为预防疾病而接种，由于接种不仅可以阻止被接种个体感染疾病，同时还破坏了个体之间疾病传播的路径，相当于在网络中某些节点出现故障后，网络鲁棒性如何的问题。

传播网络鲁棒性包括两个方面：对随机破坏的容错能力和对蓄意攻击的抗毁能力。从网络在受到攻击时流量是否发生转移来看，可以将鲁棒性分为：静态鲁棒性和动态鲁棒性。静态鲁棒性是指当删除网络中的节点时，不需要重新分配网络上的流量，网络能够保持其功能的能力。动态鲁棒性是指当删除网络中的节点时，网络上的流量需要重新分配，经过动态平衡后，网络仍能维持其功能的能力。在动态鲁棒性研究中，如果少数节点或边发生故障，这种故障通过节点之间的耦合关系引起其他节点发生故障，产生连锁效应，最终导致相当一部分节点甚至整个网络崩溃，这种现象称为级联失效。相关研究显示对于随机网络来说，使用随机破坏和蓄意攻击的效果几乎一样，随着失效节点的增加，随机网络的平均最短路径略有上升；而对于无标度网络来说，由于网络度值分布的极端非均匀性，使用随机破坏时，平均最短路径几乎没有什么变化。但是当蓄意攻击网络中度值很大的节点时，平均最短路径陡然上升，表现出较强的抗随机破坏能力和较差的抗蓄意攻击能力。无标度网络存在最大连通集团的判定标准为：$<k^2>/<k>=2$。当以概率 $p(0\leqslant p\leqslant 1)$ 随机删除部分节点及其边时，度分布 $P(k)$ 会转化为新的度分布 $\widetilde{P}(k)$。即：

$$\tilde{P}(k)=\sum_{k_c\geqslant k}^{k_{\max}}P(k_c)\begin{pmatrix}k_c\\k\end{pmatrix}(1-p)^k p^{(k_c-k)} \tag{7-14}$$

因此，概率 p 的阈值 p_c 可以表达为：

$$p_c=1-\frac{1}{\dfrac{<k_c^2>}{<k_c>}-1} \tag{7-15}$$

当 $p>p_c$ 时，无标度网络的鲁棒性被破坏。由于 $<k_c^2>/<k_c>$ 数值较大，可知对于无标度网络，随机破坏的概率阈值 p_c 较大，只有删除大部分节点和连接时，才可以破坏无标度网络的鲁棒性。该网络对随机破坏具有较强的抗攻击能力。

蓄意攻击将依次删除网络中度值最大节点及其边，最大度 $k_{\max}$ 可以估计为：

$$\sum_{k=k_{\max}}^{\infty}P(k)=\frac{1}{N_V} \tag{7-16}$$

蓄意攻击后，网络新的最大度 $\tilde{k}_{\max}$ 可以估计为：

$$\sum_{k=\tilde{k}_{\max}}^{k_{\max}}P(k)=\sum_{k=\tilde{k}_{\max}}^{\infty}P(k)-\frac{1}{N_V}=p \tag{7-17}$$

由于幂律分布可以表示为 $P(k)=Ak^{-\gamma}$，参数 A 的近似计算公式为：

$$A=(k_{\min})^{\gamma-1}(\gamma-1) \tag{7-18}$$

式中　$k_{\min}$ 为网络中最小度。

因此，可知蓄意攻击的概率阈值 p_c 为：

$$p_c=\left(\frac{\tilde{k}_{\max}}{k_{\min}}\right)^{1-\gamma}-\frac{1}{N_V} \tag{7-19}$$

对上式进行分析可知，蓄意攻击的概率阈值 p_c 较小。因此，只要删除极少数度值最大节点即可破坏无标度网络的鲁棒性。

7.3.2　基本免疫策略

免疫策略是传播动力学中的重要概念，通过应用不同免疫策略，可以对传染病传播产生影响，抑制传染病的传播。在 P2P 文件共享系统中，P2P 特定信息的大范围传播行为与传染病的传播过程相类似，可以参考免疫策略思想研究 P2P 特定信息传播网络的控制策略。主要的免疫策略包括以下几种：

① 随机免疫：随机免疫是指从网络中随机地选取部分节点进行免疫，平等对待不同度

值的节点。根据网络鲁棒性的研究，对于无标度网络，其免疫临界值为 $p_c=1-1/(<k_c^2>/<k_c>-1)$。随着网络规模增长，$p_c\rightarrow 1$，需要对网络中几乎所有节点都实施免疫才能保证消灭传染病传播，其免疫措施不具备高效性；

② 目标免疫：目标免疫是指根据网络节点度分布的不均匀性，依次选择度值最大的节点进行免疫，一旦这些节点被免疫后，与它们所连的边也可以从网络中去除，使得传播路径大大减少，从而高效地消除传染病扩散。但是这种策略需要事先了解网络全局信息，至少需要对网络中的节点度值有比较清楚的认识；

③ 偏好目标免疫：通过定义指标 α 来刻画免疫对象选择策略，感染节点被治愈的概率和 k^α 成正比。正常数 α 越大，对高度值节点的选择偏好就越大。$\alpha=0$ 时退化为随机免疫；$\alpha=\infty$时对应于目标免疫大于某一给定度值的所有节点；

④ 熟人免疫：熟人免疫是指从 N_V 个节点中随机选出比例为 p 的节点，再随机选择每个被选节点的直接邻居节点进行免疫，它的出发点是为了回避目标免疫中需要知道全局信息的问题。但是，这种对所有邻居节点不加甄别、随机选取的方式，以及仅限于选取直接邻居的做法，使得熟人免疫的实际效果受到了制约；

⑤ 基于图覆盖问题的免疫：基于图覆盖问题的免疫是将分散式免疫过程视为一个 d 跳范围内的图覆盖问题，即对于一个网络节点 v_i，寻找与节点 v_i 的距离在 d 跳范围内的具有最高连接度的节点，对其实施免疫。这种免疫方法使用了一定范围内的局部拓扑知识，但是，它未曾考虑任何与领域相关的启发知识，且没有回答什么是合适的 d 值以及该如何确定之，因此存在一定的局限性。

7.3.3 面向 SEInR 模型的控制策略

在传播动力学理论中，节点免疫是预防传染病传播的重要手段，不同免疫策略有着不同的控制代价和控制效果。传统免疫思想是对需要免疫的个体提前注射疫苗，使其不被传染病感染。由于 P2P 特定信息传播网络的形成特点，要想提前知道哪些节点参与特定信息传播是难以实现的，因此只能参考免疫策略思想，在传播网络形成后，选择目标节点进行控制操作，这种方式也称为事后免疫。现有免疫策略中使用较为普遍的是随机免疫和目标免疫，对应于随机控制策略与目标控制策略，本节在第四章 SEInR 模型基础上，从理论角度对随机控制策略和目标控制策略进行分析。

(1) 随机控制策略分析

随机控制策略是指随机地抽取 P2P 特定信息传播网络中的节点及其连接进行控制，假定随机抽取概率为 p_m，结合 SEInR 模型，控制后的模型方程组为：

$$\begin{cases}\dfrac{\mathrm{d}S_R}{\mathrm{d}t}=p_F-vc_uS_R(E_R+\sum\limits_{i=1}^{n_I}I_{Ri})-p_FS_R-p_mS_R\\ \dfrac{\mathrm{d}E_R}{\mathrm{d}t}=vc_uS_R(E_R+\sum\limits_{i=1}^{n_I}I_{Ri})-(p_{EI}+p_{ER}+p_F)E_R-p_mE_R\\ \dfrac{\mathrm{d}I_{Ri}}{\mathrm{d}t}=p_{EI}p_{Ii}E_R-(\delta_i+p_F)I_{Ri}-p_mI_{Ri}\\ \dfrac{\mathrm{d}R_R}{\mathrm{d}t}=p_{ER}E_R+\sum\limits_{i=1}^{n_I}\delta_iI_{Ri}-p_FR_R-p_mR_R\\ I_R(0)=I_0\end{cases}\tag{7-20}$$

从该模型中可以看出，增加控制策略后的动力学模型相当于提高原有模型的退出概率 p_F。根据基本再生数的计算方法，控制后的传播模型基本再生数为：

$$\tilde{R}_0 = \frac{vc_u}{(p_{EI} + p_{ER} + p_F + p_m)}\left[1 + \sum_{i=1}^{n_I} \frac{p_{EI}p_{Ii}}{(\delta_i + p_F + p_m)}\right] \tag{7-21}$$

从基本再生数角度来说，对正在传播的特定信息实施随机控制策略，相当于在原有基本再生数 $R_0>1$ 的基础上，通过抽取概率 p_m 的变化，使得控制后的基本再生数 $\tilde{R}_0<1$。在从 $R_0>1$ 向 $\tilde{R}_0<1$ 的转变过程中，只有参数 p_m 可以进行变化，由于 p_m 的取值范围为 $0 \leqslant p_m \leqslant 1$。因此，为了达到阻止特定信息传播的目的，$p_m$ 的值需要尽可能地大，而且原始基本再生数 R_0 越大，p_m 越大。

（2）目标控制策略分析

一般的目标控制策略是对传播网络中度值最大的节点进行控制，但是在对 SEInR 模型分析时可知，对特定信息传播起关键作用的是那些长期在线的种子节点，由于这些节点拥有完整的文件信息，并长时间在线对文件进行共享，任何下载节点只要能够连接到这些种子节点就可以完成特定信息下载，起到特定信息传播的目的。同时通过对已获取的受众信息进行分析可以发现，节点在线时长与度值之间存在着一定的正比例关系。因此，对模型中治愈率最低的感染节点子类(种子节点子类)进行目标控制，相应的控制后模型方程组为：

$$\begin{cases} \dfrac{dS_R}{dt} = p_F - vc_u S_R(E_R + \sum\limits_{i=1}^{n_I} I_{Ri}) - p_F S_R \\ \dfrac{dE_R}{dt} = vc_u S_R(E_R + \sum\limits_{i=1}^{n_I} I_{Ri}) - (p_{EI} + p_{ER} + p_F)E_R \\ \dfrac{dI_{Ri}}{dt} = p_{EI}p_{Ii}E_R - (\delta_{mi} + p_F)I_{Ri} \\ \dfrac{dR_R}{dt} = p_{ER}E_R + \sum\limits_{i=1}^{n_I} \delta_i I_{Ri} - p_F R_R \\ I_R(0) = I_0 \end{cases} \tag{7-22}$$

式中　δ_{mi} 为控制后的各个感染者子类治愈率。

由于种子节点子类被控制，相应的感染者子类治愈率由一个趋近于 0 的值变化为趋近于 1 的值，对 SEInR 模型的基本再生数 R_0 进行分析可得：

$$R_0 = \frac{vc_u}{\omega_E}(1 + \sum_{i=1}^{n_I} \frac{p_{EIi}}{\omega_{Ii}}) = \frac{vc_u}{(p_{EI} + p_{ER} + p_F)}\left[1 + \sum_{i=1}^{n_I} \frac{p_{EI}p_{Ii}}{(\delta_i + p_F)}\right] \tag{7-23}$$

由于种子节点的感染者子类治愈率趋近于 0，相应的 R_0 数值较大，能够保证 $R_0>1$，使得特定信息可以继续传播，但是当该子类被控制后，治愈率趋近于 1，使得 R_0 的数值急剧减小，可以有效抑制特定信息的传播。

7.3.4 目标节点标识与选择算法

（1）目标节点标识

通过对上述对控制策略的分析可知，随机控制策略对 P2P 特定信息的传播抑制作用较差，而目标控制策略的抑制作用较好。只要对 P2P 特定信息传播网络中的关键节点进行控制操作，就可以有效抑制特定信息的传播。因此，正确的控制目标应该是传播网络中那些对特定信息传播具有关键影响的节点。在传统的目标控制策略中，关键节点就是度值最大的小部分节点。但是，在 P2P 特定信息传播网络中，由于传播网络的动态性和特殊性，如果仅仅以度值最大的标准来选择目标节点并进行控制，将不符合特定信息的传播特点，对传播网络的抑制作用比较有限。为了更加准确地选取目标节点，根据 P2P 特定信息传播规律以及传播网络的拓扑特性和用户行为分析结果，对目标节点进行如下标识：

① 在线时长较长：在 SEInR 模型中，将感染者分为不同的感染者子类，不同子类具有不同的治愈率。长时间在线节点称为种子节点，这些节点对特定信息传播起着关键作用，由于长时间在线，节点治愈率很低，能够感染更多节点；

② 度值较大：通过传播网络的拓扑特性分析可知，节点度值分布符合一定的幂律特征。由于连接度值分布的极端非均匀性，只要有意识地控制少量高度值节点，就会对特定信息的传播产生影响，传播网络直径将增大，传播性能下降；

③ 可用性较强：P2P 网络中的节点不仅在连接度分布上存在极端不均匀性，而且在节点的能力水平、存储性能等方面也存在高度异构性。网络中可能存在这样一部分节点，尽管其连接度并不高，但是在维持网络功能、保证网络性能等方面是高度可用的。例如，在特定信息传播网络中，那些稳定在线的、具有较高能力水平的且能持续返回高质量结果的邻近节点，其可用性和重要性显然要高于普通节点；

④ 拥有完整资源：在特定信息传播过程中，BT 软件使用文件片选择算法优先传输最稀缺文件片，使得文件片在网络上的分布比较平均。因此，拥有完整资源的在线节点应当优先控制；

⑤ 拥有稀缺文件片：文件片是 P2P 网络中最小的传输单位，当一个节点被控制后，与该节点相连接的节点将通过其他节点获取剩余文件片。为了彻底阻止特定信息传播，只需要使网络中存在的文件片不完整即可。因此，拥有稀缺文件片的在线节点是目标节点的重要组成部分。

（2）节点选择算法

根据对目标节点的标识进行研究，提出符合目标节点标识的节点选择算法，算法的具体实现步骤描述如下：

① 定义算法的各个参数，主要包括：在线时长最长的节点比率阈值 p_{yt}、度值最大的节点比率阈值 p_{yk}、节点可用性过滤比率阈值 p_{yu}、目标节点比率阈值 p_{ys} 以及选择间隔时间 T_{sit}；

② 对当前传播网络中的节点信息按照在线时长进行排序，并根据阈值 p_{yt} 将在线时长最长的部分节点存入集合 U_{yt} 中；

③ 对当前传播网络中的节点信息按照度值大小进行排序，并根据阈值 p_{yk} 将度值最大的部分节点存入集合 U_{yk} 中；

④ 获取当前传播网络中拥有完整资源的节点，并存入集合 U_{yo} 中；

⑤ 合并集合 U_{yt}、U_{yk} 与 U_{yo} 中的节点数据，形成集合 $U_{ytk}=U_{yt}\cup U_{yk}\cup U_{yo}$；

⑥ 对集合 U_{ytk} 中的节点按照可用性进行排序，并过滤可用性低于 50% 的节点中可用性最低部分节点，过滤比率为 p_{yu}；

⑦ 对所有节点的资源拥有情况进行统计，得到传播网络中数量最少的文件片编号，将拥有该文件片的节点存入集合 U_{ys}，并计算 $U_{ys}=U_{ys}-U_{ytk}$；

⑧ 根据阈值 p_{ys} 将集合 U_{ys} 中的部分节点加入集合 U_{ytk} 中，使得集合 U_{ytk} 中的节点数量不超过 $p_{ys}N_V$，N_V 为传播网络中的节点数量；

⑨ 将 U_{ytk} 中的节点存入目标节点集合 U_{ytka} 中，即 $U_{ytka}=U_{ytka}+U_{ytk}$。由于 P2P 传播网络的动态性，根据间隔时间 T_{sit}，转到步骤②，重新统计目标节点 U_{ytk}，并将集合 U_{ytk} 中的节点存入 U_{ytka} 中。

下面对算法的时间复杂度进行分析，该算法中使用最多的是排序算法，线性排序算法的时间复杂度一般为 $O(n^2)$，n 为待排序元素数。步骤②和步骤③需要对所有节点进行排序，步骤⑤是对集合 U_{ytk} 中的节点进行排序，集合 U_{ytk} 中的节点数量最多为 $(p_{yt}+p_{yk})N_V$，步骤⑥的算法复杂度为 $O(N_V s)$，s 为特定信息的文件片数量。因此，该算法的时间复杂度为 $O((2+(p_{yt}+p_{yk})^2)N_V{}^2+N_V s)$。该算法在统计过程中只需比较操作和保存操作，计算量很小，可在短时间内完成。

7.4 基于 P2P 协议的节点控制方法

为了控制特定信息的传播，需要对已选择目标节点实施控制操作，将其移出特定信息传播网络，不再进行特定信息的上传和下载。现有的节点控制方法主要使用 IP 地址封堵技术和 TCP 连接阻断技术。但是，这两种方法都存在着不足：IP 地址封堵技术是一种整体封堵技术，缺乏对节点传输内容的区分，难以实现精细化控制；TCP 连接阻断技术只能阻断当前形成的 TCP 连接，由于 P2P 网络的动态性，在连接被阻断后，节点之间会变化端口重新连接，形成阻断不彻底的情况。另外，这两种技术都属于网内控制技术，当目标节点在可控制网络以外时，将难以控制目标节点与网外节点之间的传播。如图 7.7 所示，当节点 A 为目标节点时，可以对目标节点进行控制；但是当可控制网络以外的节点 C 为目标节点时，现有节点控制方法难以控制目标节点与网外节点的连接，例如节点 C 与节点 D 之间的连接。

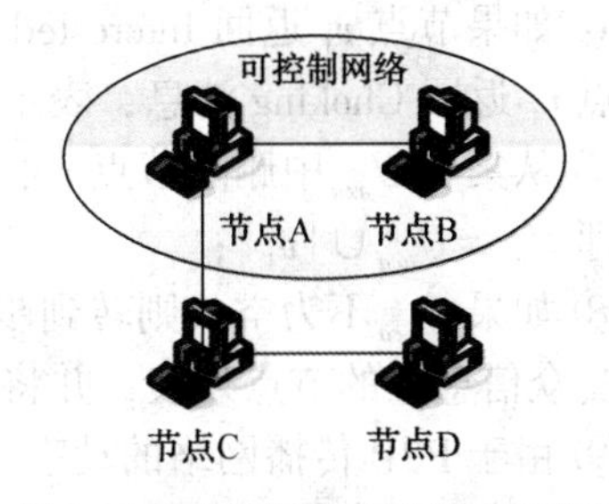

图 7.7 现有节点控制方法示意图

为了实现 P2P 节点的精细化控制，有效地将目标节点移出传播网络，使其不再进行特定信息传播。根据 P2P 特定信息传播特点，提出基于 P2P 协议的节点控制方法，该方法主要从以下几方面进行考虑：

① 使目标节点退出传播网络：模拟目标节点向 Tracker 服务器发送退出传播网络命令。在 BitTorrent 协议中，将参数 event 设置为 stop，向 Tracker 服务器发送 Get 命令即可。

为了防止目标节点向 Tracker 服务器发送状态报告消息，当目标节点在可控制网络内部时，可根据关键字和特定信息 Hash 值直接将此消息过滤。否则，当主动监测模型获取的受众信息包含目标节点时，及时向 Tracker 服务器发送退出传播网络命令。此方法将目标节点从 Tracker 服务器的节点列表缓存中有效移出，后续加入传播网络的节点难以知道目标节点的存在；

② 占用目标节点空闲资源：向目标节点发起多个连接，模拟多个节点与目标节点之间进行数据传输的现象，直到目标节点的连接数达到最大连接数为止。为了防止被目标节点识别，需要使用 IP 地址欺骗技术，为不同实例赋予不同的 IP 地址和端口。同时为了防止 P2P 协议中的阻塞算法，实例与实例之间需要进行一定的数据传输。此方法可以有效阻止新节点与目标节点之间建立连接；

③ 断开与目标节点的现有连接：使用 TCP 连接阻断技术断开可控制网络内节点与目标节点的连接，阻断成功后快速使用仿真客户端向目标节点发起连接，占用目标节点空闲出来的连接资源。此方法可以有效阻断可控制网络内部节点与目标节点之间的 TCP 连接，并且防止新连接的建立。

根据 P2P 节点控制方法设计相应算法，算法的具体实现步骤描述如下：

① 创建待控制目标节点集合 U_{wca} 和已控制目标节点集合 U_{aca}，并对这 2 个集合进行初始化，根据目标节点选择间隔时间 T_{sit} 设置节点控制间隔时间 T_{cit}；

② 根据目标节点选择算法，选择需要控制的目标节点集合 U_{ytka}，并将其放入集合 U_{wca} 中，即 $U_{wca}=U_{wca}\cup U_{ytka}$，并按照节点累积在线时长对节点进行排序；

③ 从集合 U_{wca} 中取出第一个节点 v_1，根据其 IP 地址和端口号，模拟该节点退出 Tracker 服务器的消息，并向 Tracker 服务器发送；

④ 断开网络中与节点 v_1 相关的现有 P2P 连接；

⑤ 使用虚拟 IP 地址和端口号生成连接请求消息，向节点 v_1 发送，如果节点 v_1 不可连接，则转到步骤⑦；

⑥ 如果节点 v_1 返回 Interested 消息，表示连接建立成功，转到步骤⑤继续建立连接；如果节点 v_1 返回 Choking 消息，表示节点 v_1 已阻塞新连接的建立，连接池已满，转到步骤⑦；

⑦ 从集合 U_{wca} 中删除节点 v_1，即 $U_{wca}=U_{wca}-\{v_1\}$，并将节点 v_1 加入已控制节点集合 U_{aca} 中，即 $U_{aca}=U_{aca}\cup\{v_1\}$；

⑧ 如果 U_{wca} 不为空，则转到步骤③；否则，获取最新的受众信息，并判断集合 U_{aca} 中出现在受众信息中的节点列表，并将其存入集合 U_{wca} 中；

⑨ 由于 P2P 传播网络的动态性，根据节点控制间隔时间 T_{cit}，转到步骤②，重新选择目标节点，并对目标节点进行控制。

下面对算法所需的系统资源进行分析，假设 N_V 为传播网络中的节点数量，p_{ys} 为目标节点比率阈值，表示目标节点数最多为 $p_{ys}N_V$。被控制特定信息的 Tracker 服务器数量平均为 N_{TK}，目标节点的平均连接池数量为 N_{LC}，目标节点的平均度值为 $\langle k_{op}\rangle$。当目标节点数达到 $p_{ys}N_V$ 时，对目标节点进行控制时需要向 Tracker 服务器发送 $p_{ys}N_VN_{TK}$ 条退出消息，与目标节点建立 $p_{ys}N_VN_{LC}$ 条连接并进行少量数据传输，断开与目标节点相关的 $p_{ys}N_V\langle k_{op}\rangle$ 条现有 P2P 连接。为了加强目标节点控制效果，建议使用多台计算机组成分布式系统，并在每台计算机上使用多线程技术对目标节点进行控制。

通过以上对传播控制模型的介绍可知，使用该模型进行 P2P 特定信息传播网络控制的详细流程如图 7.8 所示。

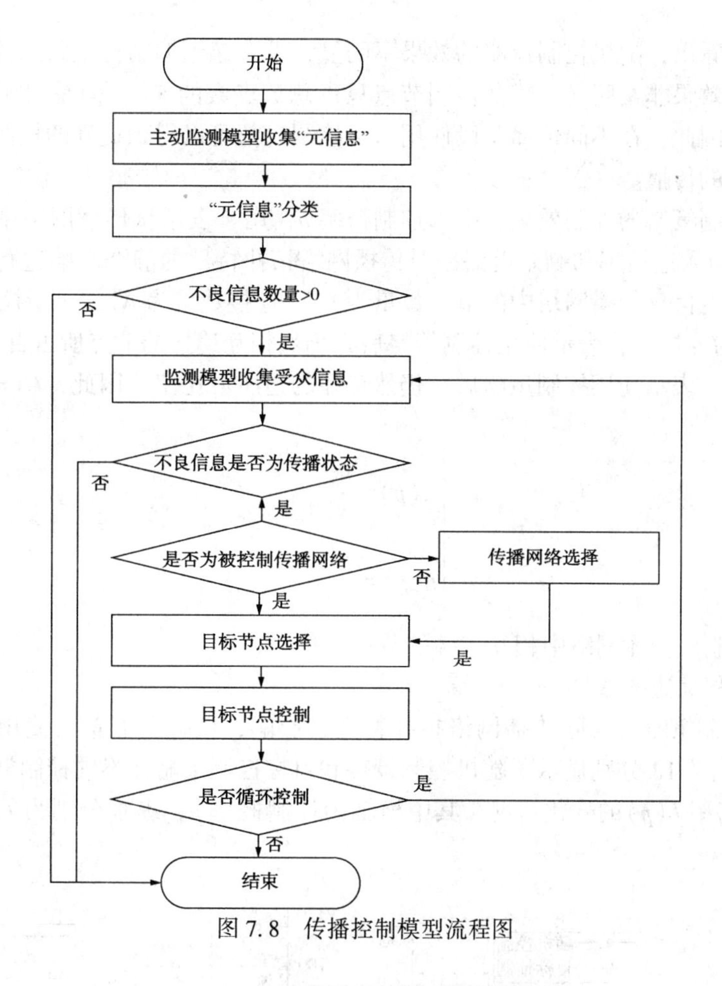

图 7.8　传播控制模型流程图

7.5　实验及结果分析

为了验证不同控制策略对 P2P 特定信息传播网络的控制效果，使用 SEInR 模型对控制效果进行分析。图 7.9 显示了对 SEInR 模型在传播起始阶段使用随机控制和目标控制的效果，图 7.10 显示了对 SEInR 模型在不同传播阶段使用目标控制的效果，其横轴都为时间，每个时间单位为“10 分钟”，纵轴都为节点数量，单位为“个”。图 7.9 与图 7.10 中的控制节点概率都设置为 5%。

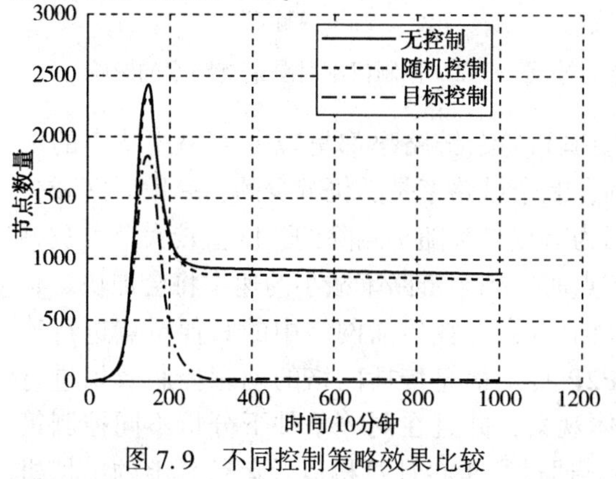

图 7.9　不同控制策略效果比较

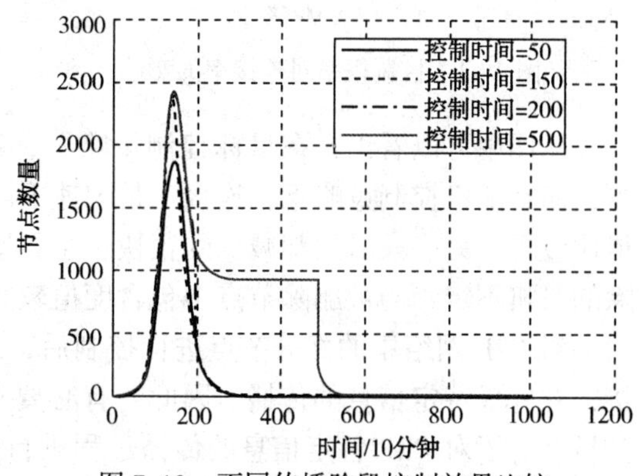

图 7.10　不同传播阶段控制效果比较

从图中可以看出，随机控制策略的效果不明显，没有起到抑制特定信息传播的目的；而目标控制策略的效果非常明显，虽然控制节点只占总节点数的5%，但是对于种子节点数量来说已经足够。因此，在不同传播阶段使用目标控制时都可以得到良好的控制效果，能够有效抑制特定信息的传播。

为了研究控制策略的控制效果，引入控制概率 p，用于表示从传播网络中移除百分比为 p 的传播节点。引入连接率和剩余链路率对传播网络拓扑特性的静态影响进行分析。假设某一时刻，P2P 特定信息传播网络中的节点数量为 N_V，连接数量为 N_E，对于控制概率 p，$0\leqslant p\leqslant 1$，令 $C(p)$ 为连接率，表示使用控制策略后，仍然相互连接的节点所占百分比。令 $L(p)$ 表示剩余链路率，表示使用控制策略后，仍然存在的边所占比率。因此，$C(p)$ 和 $L(p)$ 的表达式为：

$$\begin{cases} C(p)=\dfrac{c_p}{N_V} \\ L(p)=\dfrac{N_E-e_p}{N_E} \end{cases} \tag{7-24}$$

式中 c_p——控制后传播网络中相互连接的节点数量；

e_p——被移除边的数量。

为了分析控制策略对实际传播网络拓扑特性的影响，根据第五章所使用的数据进行分析。图 7.11 和图 7.12 分别显示了随机控制策略和目标控制策略在不同控制概率下，连接率 $C(p)$ 和剩余链路率 $L(p)$ 的变化情况，其中横轴为控制概率 p，纵轴分别为 $C(p)$ 和 $L(p)$ 的取值。

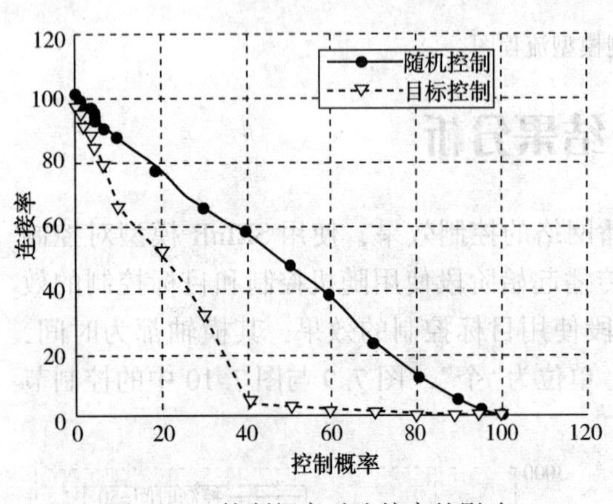

图 7.11 控制概率对连接率的影响

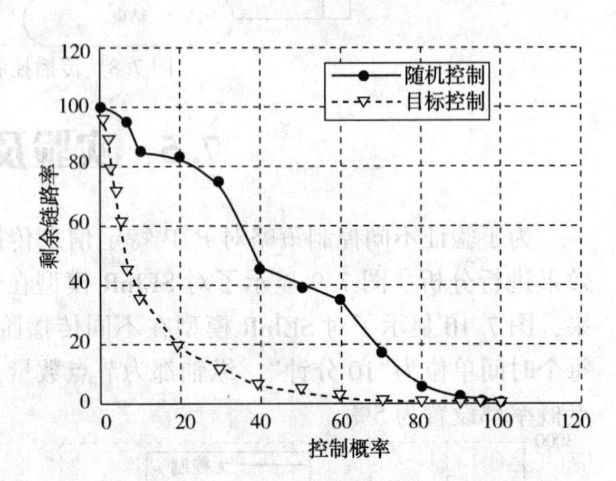

图 7.12 控制概率对剩余链路率的影响

从图中可以看出，在目标控制策略下，连接率和剩余链路率都呈现出了快速减小的现象，而在随机控制策略下，连接率是匀速下降的，剩余链路率是随机减少的，一段时间减少得比较慢，另一段时间却减少的很快，主要原因为节点是被随机删除的，度值较大节点被删除的时机不定，当被删除节点中包含度值较大节点时，剩余链路率减小的速率将会加快。

对 P2P 网络中的部分节点进行控制后，剩余节点会寻找传播网络中的其他节点进行连接，并完成特定信息的传播。因此，有必要对 P2P 特定信息传播网络的动态控制效果进行分析。为了对 P2P 特定信息的传播过程进行整体观察，并且在同等条件下分析不同控制策略的动态控制效果，搭建了实验室 BT 传输环境，通过数十台计算机以及运行其上的虚拟机模拟 P2P 节点下载过程，为了与实际环境更加逼真，考虑节点加入的日周期特性和下载停止时自动退出机制。使用 3 台计算机作为种子节点进行文件上传，并使用主动监测模型收集受众信息。在传播网络经过瞬时上升阶段，达到平稳传播阶段后，分别使用随机控制策略和目标控制策略对传播网络进行控制，比较其控制效果。由于传播网络的日周期性，比较的起始时间和结束时间相同。图 7. 13 显示了控制概率设置为 10%，经过 2 种控制策略后传播网络上的节点数量变化情况，其中横轴为时间，每个时间单位为“10 分钟”，纵轴为节点数量，单位为“个”。从图中可以看出，随机控制策略的实际控制效果较差，实时在线节点数量与未控制前相差不大，并且经过对节点的资源拥有情况进行分析，发现节点中的资源在不断地进行变化，网络中的感染节点也保持在一定水平，说明随机控制策略并没有明显抑制 P2P 特定信息的传播。经过目标控制后，传播网络中的在线节点数量变化较大，达到了一定的抑制作用。但是网络中的在线节点数量并没有减少为 0，而是保持在较低的水平。通过对在线节点的状态分析后发现，这些节点大都属于新增节点，资源拥有率较低、在线时间较短、更新频率较快，说明传播网络已不具备完整的特定信息传播能力，这些节点在等待一段时间后自动放弃特定信息下载，转而寻求其他获取方式。经过上述分析说明，目标控制策略确实可以达到抑制 P2P 特定信息传播的效果。

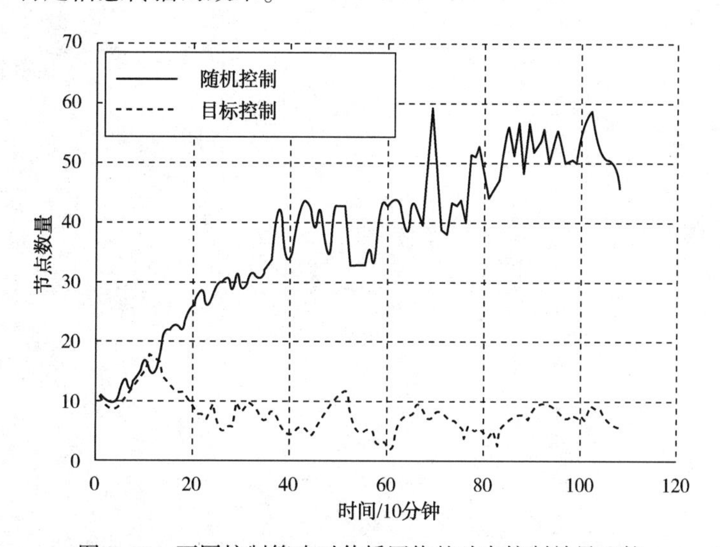

图 7. 13　不同控制策略对传播网络的动态控制效果比较

在目标控制策略实施一段时间后，种子节点很少与其他节点建立连接并传输数据，在获取的受众信息中也没有发现种子节点的 IP 地址。说明设置的种子节点已从传播网络中有效移出，提出的节点控制方法是实际有效的，可以对 P2P 特定信息传播网络进行精细化控制。

7.6　本章小结

由于 P2P 文件共享系统中存在着大量不良信息。为了对这些不良信息的传播进行有针对性的精确控制，需要在掌握 P2P 特定信息传播规律的基础上，对其进行监测和分析。传统的 P2P 传播控制手段使用的都是节点封堵、信令过滤等整体控制技术，缺乏对特定信息传播的精细化控制手段。本章在掌握特定信息传播规律以及传播网络拓扑特性的基础上，介绍了一种基于“元信息”的 P2P 特定信息传播控制模型。该模型首先通过“元信息”分类辨别需要被监测的不良信息，并根据监测模型获取的受众信息判断传播网络状态，选择需要被控制的传播网络；其次根据传播网络控制策略选择需要被控制的目标节点；最后根据 P2P 节点控制方法对目标节点进行控制。

“元信息”分类是辨别不良信息的基础，传统的分类算法进行“元信息”分类时准确率较低。本章在分析“元信息”分类特点的基础上，使用改进的支持向量机算法对“元信息”进行分类，算法改进内容包括：在加权最小二乘支持向量机的基础上加入对数据偏斜的处理；增加词条之间的组合关系处理；增加对词条权值和语义属性的处理；使用基于粗糙集的属性规约方法进行特征向量选择。实验结果表明，与传统算法相比，改进算法能够有效提高“元信息”分类准确率。

传播动力学是本书研究 P2P 特定信息传播规律的重要手段，而免疫策略也是对传染病控制的有效手段。因此，本章参考免疫策略思想，以前文介绍的 SEInR 模型为基础，研究随机控制策略与目标控制策略对传播网络的控制效果，并选择目标控制策略作为主要控制手段。根据 P2P 特定信息传播规律，给出了目标节点的标识及选择算法。由于传统的 P2P 节点控制技术存在各种不足，难以满足精细化节点控制要求，本章根据 P2P 特定信息传播特点，介绍了一种基于 P2P 协议的节点控制方法。最后通过仿真和实验对控制效果进行了验证。

8　P2P 版本污染

基于流量识别的传统 P2P 文件共享控制方法通过识别互联网中的 P2P 网络流量，并对其进行封堵达到控制 P2P 文件共享的目的。该方法存在诸多限制，例如无法识别新出现的 P2P 网络流量，难以对特定内容的 P2P 文件传播进行控制，无差别的流量封堵会导致用户体验下降等。为了解决这些问题，工业界和学术界提出了一种被称为 P2P 污染的文件传播控制方法，该方法通过建立虚假的 P2P 文件共享任务吸引用户下载来实现对 P2P 文件共享的控制，具有实施隐蔽，控制效果好，针对性强，不影响合法文件传输等特点。

本章 8.1 小节首先详细介绍了 P2P 污染技术中最常见的版本污染的发展历程和基本概念。为了更好地了解版本污染中污染文件的扩散规律，需要对版本污染建立数学模型。本章 8.2 小节介绍了一种基于离散事件的版本污染扩散模型。模型中以离散的概率事件发生与否来模拟 P2P 文件系统中的文件下载、节点退出等行为。通过仿真实验对该模型中的版本污染传播过程和效果进行了评估和分析。

8.1　P2P 版本污染的概念和相关研究

基于流量识别的 P2P 文件共享控制方法存在诸如难以精确识别未知协议的 P2P 流量、基于行为和数学方法的流量识别应用场景受限、被动的流量识别方式无法主动对非法 P2P 文件共享任务进行控制等缺陷，而 P2P 文件系统的出现使盗版数字作品的传播变得简单快捷，导致互联网中盗版泛滥，在这种情况下，迫切需要采用新的思路对 P2P 文件共享过程进行控制。

21 世纪初期，美国数字出版工业面临着愈演愈烈的网络盗版问题，严重影响了诸如唱片、电影、游戏等公司的合法权益。为了应对互联网上盗版泛滥带来的挑战，美国数字出版工业开始雇佣 P2P 污染公司对互联网中的盗版数字作品进行文件污染，以达到控制盗版数字作品通过 P2P 文件系统进行传播的目的。其中比较著名的是 Overpeer 公司，该公司曾经成功地使 FastTrack 系统中一半的共享文件都变成了被污染的文件版本。为了与后来出现的 P2P 文件污染方法相区分，本文将这种 P2P 文件污染称为版本污染。

在 P2P 文件系统中，被共享的文件资源通过“主题”来进行描述，文件的元数据(如文件名、文件大小、各种描述性的文件标识符等)及其他相关的关键词构成了文件的主题。用户通过搜索一个或多个关键词来查询他们感兴趣的共享文件。一个主题对应的文件可能存在多个不同的版本，例如，一部热门的电影，可能存在 AVI、RMVB、MKV 等种不同格式的版本；每种格式中，有可能存在不同编码率的版本。P2P 版本污染正是利用了版本与主题的这种对应关系。

工业界对互联网中盗版数字作品的污染行为随后引起了学术界的注意，Liang 等人在其论文中首先对当时已发现的 P2P 版本污染进行了描述：针对受到版权保护的特定主题的某个文件版本，污染者首先篡改该版本的内容，使其不可用。具体的篡改方法包括将文件替换为内容与之无关的文件、在文件中加入噪声、将文件替换为低品质的体验版等。接下来将篡改过的文件在 P2P 网络中大量发布，这个过程被称之为“污染”。下载者使用 P2P 文件系统下载文件时无法区分下载内容的真实性，若下载的是受到污染的文件，在下载完成后才能知道该文件并非其所期望的非法文件。一方面消耗了下载者的下载时间，另一方面也降低了下载者直接获取盗版文件的概率，从而延缓了非法文件在 P2P 文件系统中的传播。

在对版本污染的研究中，最常见的研究方法是通过建立数学模型，分析版本污染的过程和影响污染效果的因素。以下是这方面的一些研究成果。

用于反映版本污染扩散过程的流动模型：模型建立在非线性微分方程的基础上，覆盖了多种用户行为，包括对流行版本的偏好、获取正常版本失败时放弃下载、只上传不下载、本地黑名单等。模型为污染者，同时也包括寻求恢复节点的下载节点，提供了一种在大规模 P2P 文件系统中搜索正常文件版本的智能策略。

基于古典概率模型创建的版本污染的模型，在分析了 P2P 版本污染的原因、污染手段、传播途径以及产生的后果，通过该模型对用户动态行为在版本污染中所起的决定性的作用进行研究。仿真实验显示，用户在选择版本时的错判概率越高，对系统的污染程度影响越大，且随着时间的推移污染程度趋于稳定；平均负载随错判概率的增加而减少并趋于 1；用户共享比例对系统污染程度的影响小于错判概率。

此外，方群等人还建立基于马尔科夫生灭过程的版本污染传播模型：通过该模型推导出产生率、污染水平和网络负载公式，得出信誉系统对污染水平与网络负载有抑制作用。仿真实验表明，模型对污染机制具有较强的描述能力；污染水平与网络负载具有较强的相关性；用户对污染文件的识别能力在污染传播过程中起着决定性的作用，判别能力越强则越能够限制污染传播；共享率和信誉系统利用水平对控制污染的效果不明显。

由于版本污染的扩散过程与流行病传播过程类似，因此许多学者使用流行病学模型对 P2P 版本污染进行建模。

例如，有学者通过已有的流行病学模型研究 P2P 文件系统中版本污染的传播。模拟实验证明，除了节点的变化，该模型对于模拟 P2P 文件共享系统中的行为也是精确的。该研究阐述了模型如何被用于估计计算的有效行为，以及对象声誉方案在阻止版本污染传播方面的效果。

Leibnitz 等人提出了一种基于生物流行病的模型，用于分析 eDonkey 类 P2P 文件系统中的文件扩散过程。作者认为 P2P 文件系统中用户下载与传播文件的过程，与生物学中流行病传播的过程类似，而后者的数学模型在数学生物学中已经得到了充分的研究，但是将其直接用于模拟版本污染不够准确。作者在模拟过程中发现单独考虑下载某一部分文件的节点的数量可以提高模型的准确度。最终，作者设计的模型描绘了节点同时从合法节点与恶意节点下载数据的状态，同时还考虑了用户在下载到污染版本后的耐心程度。通过模拟实验，作者对版本污染后文件传播的网络动力学特性进行了分析，实验结果表明，一小部分版本污染节点就可以极大地影响文件的扩散；在初始分享率足够大的情况下，提高用户在完成下载后继续分享文件的意愿可以降低退出下载的节点数量。

国内学者借鉴医学中的传染病模型，为受到版本污染的 P2P 文件系统中的文件传播和污染扩散过程建立了一个离散时间状态转移模型。通过对模型进行极限情况下的数学推导和一般情况下的仿真分析，揭示出用户群的统计属性、污染者实施污染的策略，以及通过影响用户的选择策略来发挥作用的系统辅助措施等因素对文件传播和污染扩散规律的影响。实验结果表明，过低的用户慷慨度可能导致正常版本的种子过早退出；较高的用户警觉度将使版本污染的效率降低；污染者控制资源能力高时，初期突发业务量阶段大部分下载者都会遭遇污染版本，且这些节点会成为污染版本的资源提供者，使污染版本扩散加快，甚至远远超过正常版本的传播速度；版本选择策略对文件污染效果有决定性影响，若大部分用户都采用比随机选择更为谨慎的选择策略则污染成功的可能性会降低。

为了了解P2P系统遭受版本污染后的状态，一些学者从统计测量的角度，对P2P网络中的污染程度和用户影响展开研究。

例如，通过调查用户在下载完受版本污染的文件后，是否意识到文件受到污染，是否标注文件受到污染以提醒其他用户注意等行为，对P2P文件共享系统的网络动力学特点展开研究。研究显示用户对版本污染的意识度，以及用户在发现污染后相互提醒的协作度是对用户行为建模的关键因素。用户从完成下载到进行污染检查的时间间隔服从双峰分布。在最恶劣的情况下，版本污染使网络中的P2P流量提升至无污染的四倍，严重的加大了网络的负担。

通过网络爬虫对FastTrack系统中的P2P污染性质和污染程度进行测量研究。研发中使用的网络爬虫软件，可以在不到60分钟的时间内爬行FastTrack系统中的大部分超级节点(超过20000个)。从爬取的流行音乐的原始数据中，获得了24小时内可用文件的原始版本和副本的统计数据，并设计了一个检测算法来判断某个版本是否被污染。实验结果显示，该检测算法具有较高的检测精度。此外，通过对几首新歌和老歌的分析发现，最近流行的歌曲普遍存在版本污染现象。

随着P2P流媒体技术的兴起，学者们也将P2P版本污染的研究扩展到了流媒体领域。为了研究在各种网络设置和配置下，P2P流媒体模型中版本污染攻击对数据传输的影响，学术界提出了许多用于仿真和测量的模型和系统。

例如，用于对污染攻击下的真实P2P流媒体系统进行仿真的SPoIM模型显示：P2P版本污染对流媒体系统攻击的影响和有效性不依赖于网络大小，而是高度依赖于网络的稳定性和可用带宽。

有学者设计与实现了一种P2P流媒体测量体系结构，该体系结构不仅接收被污染的视频块，而且将其转发给其他对等端，以测量视频流的版本污染攻击。通过专用的爬虫程序对PPLive上直播视频流受到的污染攻击进行评估，实验结果显示：一个污染源就能够破坏整个系统，其破坏性是严重的。

对一个应用于P2P流媒体的污染损害模型的研究表明，即使在污染源数量很少的系统中，P2P污染攻击也是有害的。在这种情况下，P2P网络的带宽必须比无污攻击的情况下多出3倍才能达到与无污染环境下近似的性能表现。

P2P污染的出现，还带来了一些衍生问题，例如降低网络整体性能，使得P2P网络中的下载节点需要花费更多的时间才能完成数据下载的任务，从而耗费更多的电力。针对这个现象，有学者建立了一个数学模型以反映版本污染、用户行为参数(如对等用户流失、污染检测率和连接要求等)对系统总能源消耗的影响。

P2P版本污染具有良好的污染效果，但是存在两个缺点。首先，为了引诱普通用户下载，需要在P2P文件系统中配置大量拥有高网络带宽的污染版本发布者；在普通节点发现其下载的版本是污染版本后会停止继续共享该版本，为了保持污染版本的健壮度，发布者需要持续上传污染版本，这将占用攻击者大量的时间和网络带宽。其次，在一些P2P文件共享系统中，P2P文件共享任务的“元信息”(如BT的种子文件)必须通过诸如BBS、网页等形式发布以吸引用户下载。但是下载者完成下载后，发现是篡改过的内容，可以通过留言，举报等方式，阻止其他用户下载该元数据，从而影响到污染的效果。近年来，对于 P2P 污染的研究热点主要集中在污染的检测和防治上，由于不是本书重点，这里不做详细讨论，有兴趣的读者可以阅读相关参考文献。

8.2 基于离散事件的版本污染扩散模型

8.2.1 模型描述

为了研究版本污染效果随时间变化的规律，分析影响版本污染效果的因素，本节介绍了一种基于离散事件的版本污染扩散模型。模型中以离散的概率事件发生与否来模拟 P2P 文件系统中的文件下载、节点退出等行为。模型以时间顺序进行模拟，每一个时间单位为一轮模拟周期，每轮模拟周期中对系统内的所有节点依次进行模拟。以“文件检测等待时间”表示用户的警觉度，即某个节点从完成文件下载到用户检测文件版本正确性之间的时间间隔，若用户发现下载的是污染版本，则退出 P2P 文件系统。文件检测等待时间的倒数即为节点退出系统的退出率。以“最大等待时间”表示用户下载的耐心程度，若用户节点在 P2P 文件系统内等待下载开始的时间超过最大等待时间，用户将退出系统。为了简化模型，假设每个节点都具有相同的网络带宽，下载文件所用时间也是相同的。

出于便于描述的目的，首先对模型中涉及的变量做如下定义。令 P2P 文件系统中的进行版本污染的污染节点数量为 $PSeed$，第 t 个时间单位结束时完成污染文件下载的节点总数为 $N(t)$；第 t 个时间单位中，新增的完成污染文件下载的节点数为 $QCplt(t)$；第 t 个时间单位中，第一个节点开始模拟时，系统内尚未开始下载的资源请求节点总数为 $Q(t)$；资源请求节点到达文件共享系统的到达率服从参数为 λ 的泊松分布，即在每个时间单位开始的时刻有 λ 个新的资源请求节点加入系统。

模型中的主要变量的满足以下关系。

① 将模型中第 t 个时间单位内，第一个节点开始模拟时，系统内尚未开始下载的资源请求节点总数记为 $Q(t)$，则有：

$$Q(t)=\begin{cases}\lambda & ,\ t=0\\ Q(t-1)+\lambda-EXT(t-1)-EXP(t-1) & ,\ t>0\end{cases}\tag{8-1}$$

式中　资源请求节点到达文件共享系统的到达率服从参数为 λ 的泊松分布，即在每个时间单位开始的时刻有 λ 个新的资源请求节点加入系统；

$EXT(t-1)$ 为第 $t-1$ 个时间单位中，完成文件下载后用户检查文件内容，发现是受到污染的版本而退出系统的节点数量；

$EXP(t-1)$ 为第 $t-1$ 个时间单位中，因为超出用户所能忍耐的最大等待时间而退出系统的节点数。

② 因为发现是污染版本而退出系统的节点数量 $EXT(t)$ 定义为：

$$EXT(t)=\sum_{i=0}^{QDone(t)} happened\left(\frac{1}{CWTime}\right)\tag{8-2}$$

式中　$happened(P)$ 为概率事件发生函数，其中 P 为事件发生的概率，若事件发生则函数值为 1，若事件未发生则函数值为 0；

$QDone(t)$ 为第 t 个时间单位中，所有节点的模拟完成后，已经完成下载且尚未退出系统的节点总数；

$CWTime$ 为系统中文件检测等待时间的平均值。

③ 因为超出用户所能忍耐的最大等待时间而退出系统的节点数量 $EXP(t)$ 的定义为：

$$EXP(t) = \sum_{i=1}^{Q(t)} happened(\frac{1}{EXTime}) \tag{8-3}$$

式中 $happened(P)$ 为概率事件发生函数，其中 P 为事件发生的概率，若事件发生则函数值为 1，若事件未发生则函数值为 0；

$EXTime$ 为系统中资源请求节点的最大等待时间(即用户的耐心度)的平均值；

$Q(t)$ 为第 t 个时间单位中第一个节点开始模拟时，系统内尚未开始下载的资源请求节点总数。

④ 第 t 个时间单位中，所有节点的模拟完成后，已经完成下载且尚未退出系统的节点总数 $QDone(t)$ 定义为：

$$QDone(t)=\begin{cases} 0 & ,\ t=0 \\ QDone(t-1)-EXT(t-1)+QCplt(t) & ,\ t>0 \end{cases} \tag{8-4}$$

式中 $QCplt(t)$ 为第 t 个时间单位中，新增的完成污染文件下载的节点数；

$EXT(t-1)$ 为第 $t-1$ 个时间单位中，完成文件下载后用户检查文件内容，发现是受到污染的版本而退出系统的节点数量。

⑤ 第 t 个时间单位中新增的完成被污染文件下载的节点数 $QCplt(t)$ 定义为：

$$QCplt(t) = \begin{cases} 0 & ,\ t <= DLTime \\ \sum_{i=1}^{M(t)} happened(PDL_i(t - DLTime)) & ,\ t > DLTime \\ M(t) = Q(t - DLTime) - Qcplt(t - DLTime) & \end{cases} \tag{8-5}$$

式中 $DLTime$ 为系统中资源请求节点下载文件所用时间的平均值；

$PDL_i(t-DLTime)$ 为第 $t-DLTime$ 个时间单位中，第 i 个下载节点成功开始下载污染文件的概率；

$happened(P)$ 为概率事件发生函数，其中 P 为事件发生的概率，若事件发生则函数值为 1，若事件未发生则函数值为 0；

$M(t)$ 为第 t 个时间单位开始时，进行资源下载的节点总数；

$Q(t-DLTime)$ 为第 $t-DLTime$ 个时间单位中，第一个节点开始模拟时，系统内尚未开始下载的资源请求节点总数；

$QCplt(t-DLTime)$ 为第 $t-DLTime$ 个时间单位中，新增的完成污染文件下载的节点数。

⑥ 第 t 个时间单位中，第 i 个下载节点成功开始下载污染文件的概率 $PDL_i(t)$ 定义为：

$$PDL_i(t)=\begin{cases} \dfrac{Q(t)}{PSeed+Q(t)} & ,\ t=0 \\ \dfrac{Q(t)}{PSeed+Q(t)+QDone(t-1)} & ,\ t>0 \end{cases} \tag{8-6}$$

式中 $Q(t)$ 为第 t 个时间单位中，第一个节点开始模拟时，系统内尚未开始下载的资源请求节点总数；

$PSeed$ 为 P2P 文件系统中进行版本污染的污染节点数量；

$QDone(t-1)$为第 $t-1$ 个时间单位中，所有节点的模拟完成后，已经完成下载且尚未退出系统的节点总数。

8.2.2 仿真实验与污染效果分析

实验中涉及的软硬件环境与默认参数设置如下：

① 实验的硬件环境：AMD 双核速龙 3800+处理器，2Gb 内存，1Tb 硬盘；

② 实验的软件环境：Windows XP SP3，Matlab7.0，Visual C++6.0；

③ 实验中资源请求节点下载文件所用的平均下载时间 *DLTime* 为 10 个时间单位，整个模拟过程为 200 个时间单位。

在用户耐心度 *EXTime* 为 100 个时间单位，用户的警觉度 *CWTime* 为 10 个时间单位的状态下，污染节点的数量对污染效果的影响如图 8.1 所示。

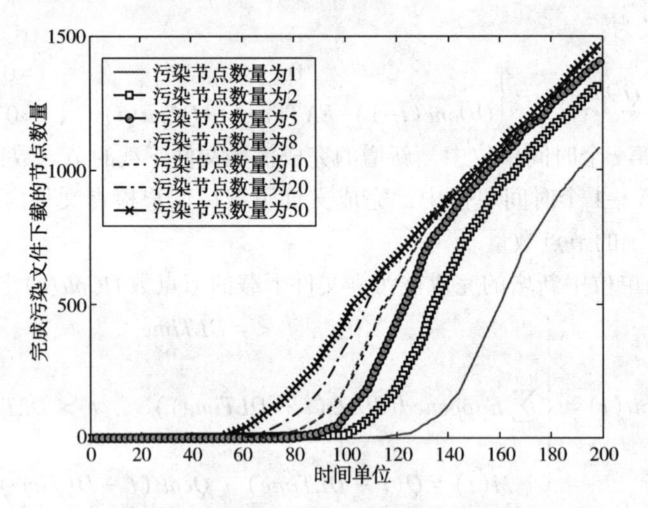

图 8.1 污染节点的数量对污染效果的影响

在用户的耐心度 *EXTime* 为 100 个时间单位，污染节点的数量为 10 个节点的状态下，用户警觉度对污染效果的影响如图 8.2 所示。

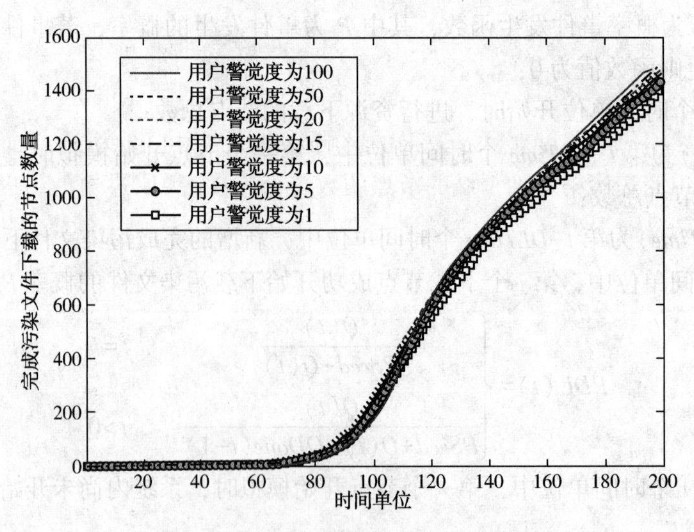

图 8.2 用户警觉度对污染效果的影响

在用户的警觉度 *CWTime* 为 10 个时间单位，污染节点的数量为 10 个节点的状态下，用户耐心度对污染效果的影响如图 8.3 所示。

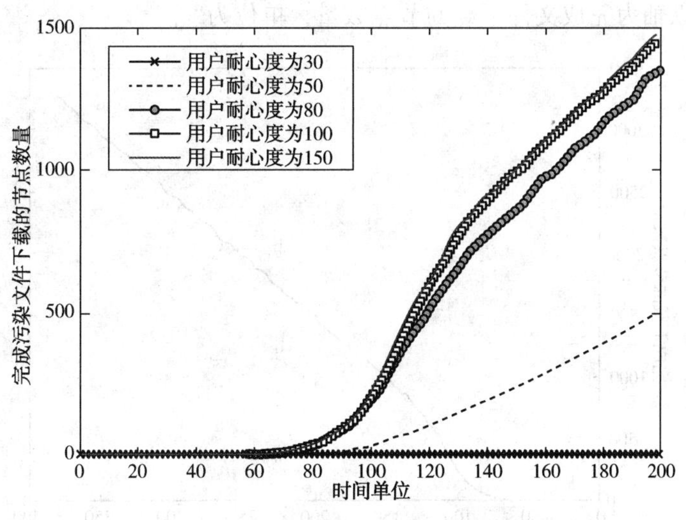

图 8.3　用户耐心度对污染效果的影响

在图 8.1~图 8.3 中，横轴为模型模拟的时间单位，每个时间单位为模型运行一轮；纵轴为完成污染文件下载的节点数量，单位为“个”。

由图 8.1 可知，污染节点的数量越大，完成污染文件下载的节点数量开始增长的时刻越早，增长速度越快。当污染节点数量为 50 时，完成污染文件下载的节点的数量在模拟进行到大约第 60 个时间单位时就开始快速增长，而当污染节点的数量为 1 时，完成污染文件下载的节点的数量要在模拟进行到超过 120 个时间单位后才开始快速增长。在快速增长一段时间后，各条曲线的斜率近似相等，说明版本污染扩散在进行到一定程度后，扩散速度将保持稳定。污染节点数量高的情况下，扩散速度进入稳定状态的发生时刻要早于污染节点数量低的情况。

由图 8.2 可知，在不同的用户警觉度设置下，各条曲线的位置都非常接近，说明用户警觉度对污染的扩散速度影响不显著，属于影响污染扩散速度的次要因素。但是随着模拟时间的增加，各条曲线有相互发散的趋势，说明用户警觉对污染扩散速度的影响，需要在文件传播一定的时间后才会明显的显现出来。

图 8.3 反映了用户耐心度对污染效果的影响。当用户耐心度为 30 个时间单位，模拟过程中大部分时间内完成污染文件下载的节点的数量都为 0，说明过短的用户耐心度使节点尚未完成下载时，就已经退出了系统，导致污染文件长时间处于无法传播的状态。当用户耐心度提高至 50 和 80 后，污染文件的传播速度明显增加。但是当用户耐心度提高至 100 和 150 后，两条曲线基本重合，说明当用户耐心度大到一定程度后，大多数节点都能在用户容忍的时间范围内完成污染文件的下载，用户的耐心度不再是制约污染扩散速度的因素。

对比图 8.1、图 8.2 和图 8.3 可知，用户耐心度对版本污染效果影响最大，当用户耐心度过小时，会严重影响污染文件的传播速度；污染节点的数量对版本污染效果的影响次之，污染节点的数量越多，污染文件的传播速度越快，但当下载到污染文件的节点数量达到一定规模后，文件传播速度将趋于稳定；用户警觉度对版本污染效果的影响最小。

将模拟的时间长度扩展至 400 个时间单位，在用户的警觉度 *CWTime* 为 10 个时间单位，污染文件提供节点的数量为10个节点，用户耐心度为100个时间单位的状态下，污染的扩散数量随时间变化的情况如图8.4所示，其中横轴为模型模拟的时间单位，每个时间单位为模型运行一轮；纵轴为完成文件下载的节点数量，单位为“个”。

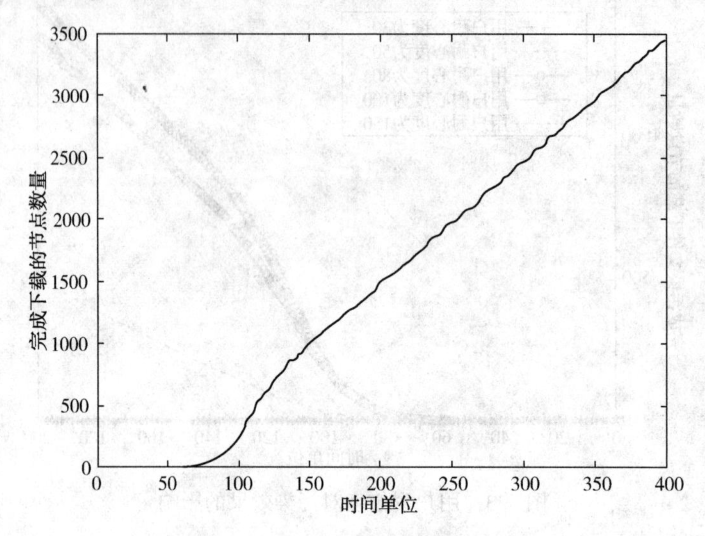

图8.4　延长模拟时间对污染效果的影响

由图8.4可发现，随着文件共享任务的进行，完成污染文件下载的节点的数量随时间变化的图形近似一条直线，再次证明版本污染的扩散速度在进行到一定程度后将趋于稳定。

8.3　本章小结

本章首先介绍了P2P版本污染的基本概念，特点和发展历程。为了研究版本污染效果随时间变化的规律，分析影响版本污染效果的因素，本章介绍了一种基于离散事件的版本污染扩散模型，通过仿真实验对版本污染的效果进行了分析。实验结果显示，在影响版本污染的因素中，用户耐心度对版本污染效果的影响最大，其次是污染节点数量，用户警觉度对污染效果的影响最小。此外，版本污染的扩散速度在进行到一定程度后将趋于稳定。

9 P2P数据块污染

P2P版本污染是一种被动的P2P控制方法，类似于蜜罐技术，只有用户主动下载被污染的文件，污染才能发挥作用。其控制效果取决于污染文件在P2P网络中的扩散程度。如何对P2P文件共享进行主动地、精确地控制成为学术界继P2P版本污染之后关注的问题。

版本污染仅仅将错误的资源版本伪装成真实资源发布在P2P系统，被动等待其他节点加入该资源的数据传输中，以达到浪费P2P网络中节点带宽的目的。还有一些P2P污染方法，直接对P2P系统的数据传输过程发起主动攻击，通过向P2P系统中的合法节点精确发送虚假数据块来延缓其文件下载进度，此类污染攻击在本书中统称为P2P数据块污染。本章9.1节介绍了与数据块污染相关的研究工作。为了帮助读者更清楚地理解数据块污染的原理，本章9.2节介绍了BT系统的基本概念和工作过程。在此基础上，9.3节介绍了一种BT系统中的数据块污染方法，并对其效果进行了评估。此外，由于攻击客户端可能因为发送虚假数据块而被加入黑名单，导致污染效果减弱，9.3节还介绍了一种基于反黑名单机制的BT数据块污染方法。为了便于读者理解eMule系统中数据块污染的原理，9.4节介绍了eMule系统的基本概念和工作原理。在此基础上，9.5节对一种面向eMule系统的数据块污染方法展开讨论，介绍了污染方法的基本原理和eMule系统中特殊的文件错误修复机制，并对污染效果进行了分析。P2P文件系统中将文件分割成文件片段进行传输的特点，使参与P2P文件共享任务的节点在下载文件时需要考虑文件片段选择的问题。针对这个特点，9.6节以BT系统为例，介绍了一种面向文件片段选择策略的数据块污染方法，该方法主要通过影响P2P文件共享任务中文件片段的副本数量来达到降低文件传播速度的目的。对该方法建立了数学模型，并通过仿真实验分析了该方法的效果和特点。

9.1 P2P数据块污染的相关研究工作

P2P数据块污染包括多种类型的攻击方法，其核心思想是通过发送有问题的数据，影响整个P2P系统的正常运行。Sybil Attack是P2P系统中某个实体将自己伪装成多个虚假的实体，以控制P2P系统中某一部分，进而对系统的完整性进行破坏的P2P攻击方法。

在Sybil Attack的基础上，衍生出了被称为Eclipse Attack的攻击方法。Eclipse Attack的思想是：一组恶意的节点伪装成合法节点，联合起来向其他合法节点提供服务。在理想的情况下，恶意节点可以获得合法节点大部分或全部的通信流量。Konrath等学者研究了BT系统上的Eclipse Attack，通过离散事件模拟器评估了Eclipse Attack在BT系统中的控制效果，并讨论了影响Eclipse Attack控制效果的因素。实验结果表明Eclipse Attack可以有效地延缓正常节点的下载速度，或使下载失效。

另外一种著名的P2P数据块污染是Fake-Block Attack。Dhungel等学者将该方法的核心思想阐述为：通过浪费下载者的网络带宽来延长文件下载的时间，降低用户体验进而达到对P2P文件共享进行控制的目的。后来，Dhungel等又在此基础上提出了一种被称为Piece Attack的P2P文件污染方法，该方法通过发送虚假数据使下载者在进行散列值校验时频繁出错，进而浪费下载者的网络带宽，使其下载时间被延长。在理想情况下，污染者只需要使用很少的网络带宽即可使下载者获得的大量数据失效。对 Piece Attack 污染效果的评估产生了许多研究成果。例如，通过建立简化的系统随机模型得出 PieceAttack 污染效果所能达到的理论上限，分析影响污染效果的主要因素；采用主动和被动两种方法对污染进行测量，被动方法捕获 P2P 文件共享产生的数据包，并将数据包的 IP 地址与记录着污染公司 IP 地址的黑名单做比较，以确定污染者在 P2P 节点中的比例，主动方法通过网络爬虫从互联网上抓取 P2P 节点的 IP 地址并与黑名单比较，以确定 P2P 节点是否为污染者；通过测量 PieceAttack 对 BT 系统中数据传播的影响，揭示攻击者如何成功地利用少量资源来阻止 BT 系统中非法的分发文件等。

9.2 BT 的文件共享过程

9.2.1 BT 系统的基本概念

为了更好地理解 P2P 数据块污染的工作原理，本节首先介绍 BT 系统中的若干基本概念。典型的 BT 文件共享系统涉及以下几个实体：

① 共享的资源文件：通过 BT 系统在互联网中传播的文件，可以是文本、音频、视频、压缩包等任意文件格式；

② BT 节点：运行 BT 客户端的网络节点，可以是共享资源的上传者，也可以是下载者，更多的情况是同时具有这两种身份。BT 节点是组成 BT 系统的最基本单位；

③ Tracker 服务器：Tracker 服务器是一个中央索引服务器，负责收集和统计参与文件共享任务的 BT 结点的状态，并向资源请求节点提供索引服务；

④ Peer List：Peer List 是一个节点列表，上面记录着参与文件共享任务的节点信息。每个文件共享任务在 Tracker 上都对应着一个 Peer List；

⑤ SHA1 算法：SHA1 算法是一种安全散列算法，能计算出一个数字信息所对应的，长度固定的字符串(又称为信息摘要)。使用该算法，由信息摘要反推原输入信息从计算理论上讲难度很大；想要找到两组不同的信息对应到相同的信息摘要，从计算理论上来说也是很困难的，因此该算法被称作安全散列算法；

⑥ 元信息文件(metainfo file)：俗称“种子文件”，使用 BEncoding(B 编码)描述，记录了 BT 文件共享任务的各种相关信息。其中最重要的信息包括 Tracker 的 URL 地址、文件的目录结构、文件名、对文件片段使用 SHA1 算法处理后得到的信息摘要(记为 Info Hash)；

⑦ 发布者：发布者分初始资源发布者和种子文件发布者。初始资源发布者即文件最初的上传者。种子文件发布者是将种子文件发布到互联网上的人，可以是初始资源发布者，也可以是将已有种子文件再发布的传播者。种子文件的发布形式多种多样，可以通过网络论坛、电子邮件、FTP 服务器等方式发布。近年来采用分布式散列表技术的种子文件发布也开始增多；

⑧ Piece 与 Slice：在 BT 协议中，资源文件被分割成若干个文件块(Piece)进行传输，每个文件块又被细分为若干个文件片(Slice)。Slice 是 BT 系统中最小的数据传输单位；

⑨ Seeder：拥有文件的全部 Piece 并在线的 BT 节点，不下载，只负责向其他节点上传数据；

⑩ 冗余度：BT 文件共享任务中，所有在线节点所拥有的各 Piece 的副本相对于组成一个完成文件所需的 Piece 的冗余程度。若冗余度小于 100%，说明当前所有在线节点拥有的 Piece 不足以组成一份完整的文件副本，无法保证参与任务的每一个下载节点都能完成文件下载。

9.2.2 BT 系统的工作过程

(1) 种子发布过程

当资源初始发布者想要通过 BT 系统共享某个资源(一个文件或一组文件)时，首先使用 BT 客户端软件为这个资源制作一个种子文件。在制作种子文件时，发布者需要为文件指定 Piece 的大小、Tracker 的地址、DHT 网络初始节点的节点列表等信息。BT 客户端根据用户指定的信息生成一个 . Torrent 文件，即为种子文件。种子文件中记录的内容，以及种子文件与 Tracker 之间的交互信息都采用 BEncoding 进行描述。BEncoding 的具体编码规则参见文献《The BitTorrent Protocol Specification》。

种子文件制作完成后，初始资源发布者将种子文件发布到互联网上供用户下载。最常见的发布形式是将种子文件作为附件发布到网络论坛上。由于网络论坛的用户群体广泛、内容便于搜索而且主题性明确，特别适合种子文件的广泛快速传播。除了通过网络论坛，还可以将种子文件通过电子邮件、FTP 等方式发布。获得某一文件资源的种子文件是下载该文件资源的前提。只有得到种子文件后，下载者才能根据种子文件中记录的相关内容从 BT 系统中寻找到资源提供节点。

(2) 索引查询过程

BT 系统的文件共享过程可分为两个步骤，一个是索引查询过程，另一个是 BT 节点之间的通信过程。BT 文件共享过程的序列图如图 9. 1 所示。

索引查询过程在 Tracker 与 BT 节点之间进行。Tracker 是 BT 网络中的资源索引服务器，负责对 BT 节点发送的 HTTP GET 请求提供 HTTP/HTTPS 服务。无论 BT 节点是资源的上传者还是资源的下载者，在开始或结束某个 BT 文件共享任务时要向 Tracker 发送一份状态报告，在参与文件共享的过程中每隔一段时间也要向 Tracker 发送状态报告，将自己的相关信息注册到 Tracker 上。BT 客户端发送的状态报告即为 HTTP GET 请求。状态报告中包括 Info Hash、节点 IP、端口号、节点上传与下载的数据、完成任务前节点仍需下载的数据等参数。其中 Info Hash 为对种子文件中“Info”键的值进行 SHA1 散列运算得到的 20 字节散列值，用于唯一地标识一个 BT 文件共享任务。

Tracker 在收到客户端发送的状态报告后，以 B 编码格式对客户端进行应答。应答消息中的主要参数包括：错误原因、警告信息、时间间隔、完成文件下载的节点数量、未完成文件下载的节点数量、节点列表。其中的节点列表记录着参与某个文件共享任务的节点信息，内容为节点的 IP 地址与端口号。

当一个 BT 客户端启动某个文件共享任务时，根据种子文件中 Tracker 的 URL，每隔一段时间向 Tracker 发送状态报告。Tracker 通过客户端发送的状态报告来统计当前文件共享任务的进展情况并更新目录查询服务的索引信息。同时，Tracker 对客户端的状态报告进行应答，应答中的节点列表参数包含了当前参与该文件共享任务的部分节点的地址信息。客户端收到 Tracker 的应答后，根据节点列表的内容向列表中的节点发出建立连接请求，连接建立后即可从这些节点下载所需的数据。

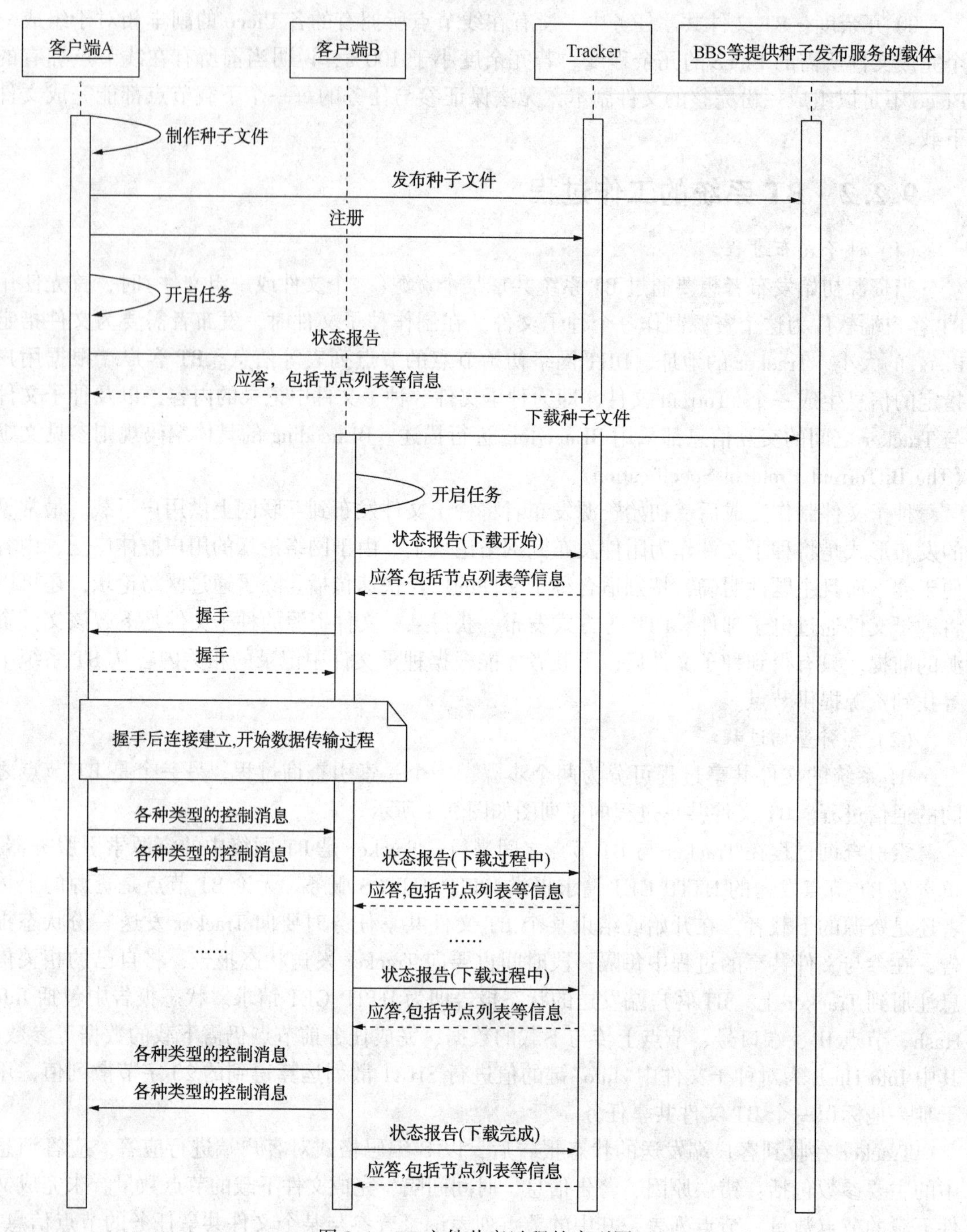

图 9.1　BT 文件共享过程的序列图

(3) 文件传输过程

BT 中节点与节点之间的通信协议被称作 Peer wire protocol，节点之间的通信通过 TCP 连接进行。当 BT 节点从 Tracker 获得节点列表后，向节点列表中的记录的节点发送握手请求。握手请求中包括协议长度、协议名、Info Hash、节点 ID 等字段，其中“Info Hash”字段的值与节点向 Tracker 提交的状态报告中的 Info Hash 值相同，用于标识文件共享任务。“节点 ID”字段的值与节点向 Tracker 提交的状态报告中的节点 ID 值相同。节点列表中的节点收到握手请求后，返回一个相同格式的握手请求，节点之间的连接随之建立起来。

连接建立后，发起资源请求的节点与节点列表中的节点开始数据传输过程。为了对数据传输过程进行维护，BT 定义了十种不同的控制消息，消息的具体内容参见文献《The BitTorrent Protocol Specification》。

两个节点建立起连接后，双方默认处于阻塞状态。双方首先相互通知对方自己当前拥有哪些 Piece。若一个节点发现对方拥有自己需要的 Piece，则向对方发出解除阻塞请求，在对方解除阻塞后，立刻向对方请求自己需要的数据内容。对方收到数据请求后，开始向请求者发送文件数据。在 BT 中，一个连接的双方是对等的，建立起连接的两个节点都可以同时进行数据的收发。

9.3 面向 BT 的数据块污染方法

9.3.1 BT 数据块污染原理

数据块污染通过浪费网络带宽和破坏 P2P 系统的鲁棒性来延长普通节点下载文件的时间。在 BT 系统中，污染者伪装成一个或若干个合法节点加入文件共享任务，将自己的节点信息注册到 Tracker 上并声称自己拥有文件全部的 Piece。一旦合法的下载节点在进行索引查询时从 Tracker 获得了污染者的节点信息，下载节点将向污染者发出文件数据请求。不同于合法节点，污染者向下载者发送虚假的文件数据内容。下载节点获得的数据可能来自污染者，也可能来自系统中其他的合法节点，更可能两者皆有。获得一个 Piece 中所有的 Slice 后，下载节点将这些 Slice 组成对应的 Piece 并进行正确性验证——通过 SHA1 算法计算该 Piece 的散列值，并与种子文件中 Piece 键对应的内容相比较。若一致，则说明该 Piece 的数据正确，否则丢弃整个 Piece 的数据，重新进行下载。如前文所述，在 BT 中文件被分割成若干个 Piece，每个 Piece 的大小默认为 256KB，每个 Piece 又被分割为若干个大小为 16KB 的 Slice。在一个 Piece 中，只要存在一个 Slice 的数据不正确，则无法通过正确性验证，使下载的 Piece 被丢弃，从而起到浪费下载节点网络带宽，延长其下载时间的效果。理论上讲，在理想情况下污染者只需发送 16KB 的数据即可浪费下载者 256KB 的网络带宽。同时，由于污染者声称自己拥有全部的文件数据内容，使参与文件共享任务的其他合法用户高估了系统中文件数据内容的冗余度。一些 Seeder 会认为即使自己不提供上传，系统中文件数据内容的冗余度也足够高，进而退出 BT 系统。Seeder 的退出使系统中实际的冗余度降低，当冗余度低于 100%时，系统内的下载节点将无法获得完整的文件数据内容。

9.3.2 BT 数据块污染效果分析

由于受到实验条件的限制，学术界对 BT 数据块污染效果的研究更多是通过数学建模方法分析污染效果，对真实 BT 系统中数据块污染效果的研究相对较少。Dhungel 等对互联网中 BT 数据块污染的污染程度进行了被动式测量，但被动式测量基于已知的污染节点黑名单，对于未被列入黑名单的节点无能为力，因此测量结果的准确性有待商榷。

为了研究真实 BT 系统中数据块污染的效果，作者设计了 BT 数据块污染客户端并将其引入真实的 BT 系统中进行实验。实验在校园网中进行，实验中使用的工具与默认参数设置如下：

① BT 客户端：BitComet 1.0 stable release for Windows；

② Tracker 服务器：BitComet Tracker 0.5 for Windows；

③ 实验中被用于共享的文件大小为 174.82MB，在文件共享任务开始时，系统内设置了 8 个 Seeder；系统中共有 30 个正常下载节点，并从中随机选择 8 个节点作为观测节点，统计观测节点完成文件下载所用的时间。

为了反映系统内数据块污染的强度，以“污染程度”来表示系统中污染者与 Seeder 的数量之比。客户端使用 BitComet1.0 时，下载文件所耗费时间如表 9.1 所示。

表 9.1 BitComet1.0 的数据块污染效果

污染程度	观测节点 1	观测节点 2	观测节点 3	观测节点 4	观测节点 5	观测节点 6	观测节点 7	观测节点 8	标准差
无污染	981	1090	922	930	920	947	932	891	N/A
污染程度为 1：1	1141	1092	1081	1062	1021	1210	1136	1402	119.23
污染程度为 2：1	1120	1101	1082	2720	1041	1060	1080	1071	580.58

注：时间单位为秒。

设观测节点 i 在无污染状态下完成下载所用时间为 $T_{n(i)}$，在污染程度为 1：1 和 2：1 的状态下完成下载所用时间为 $T_{p1(i)}$ 和 $T_{p2(i)}$，则相对于在无污染状态下的下载时间，观测节点 i 在受到不同程度的数据块污染后，下载时间的延迟率 $R_{p1(i)}$ 和 $R_{p2(i)}$ 分别为：

$$R_{p1}(i)=\frac{T_{p1}(i)-T_n(i)}{T_n(i)} \tag{9-1}$$

$$R_{p2}(i)=\frac{T_{p2}(i)-T_n(i)}{T_n(i)} \tag{9-2}$$

则观测节点下载时间的平均延迟率 R_{p1_avr} 和 R_{p2_avr} 分别为：

$$R_{p1\_avr}=\frac{1}{8}\sum_{i=1}^{8}R_{p1}(i)=20.74\% \tag{9-3}$$

$$R_{p2\_avr}=\frac{1}{8}\sum_{i=1}^{8}R_{p2}(i)=35.77\% \tag{9-4}$$

Dhungel 等的研究中数据块污染在 BT 客户端 Azureus 上的延迟率为 35.2%（以太网环境下）与 29.5%（DSL 网络环境下）。本小节实验得出的 BT 数据块污染的延迟率与其实验结果处于同一个数量级。由此可见，单纯的数据块污染对 BT 文件共享的延迟效果有限，30%左右的延迟率不足以使用户因为用户体验大幅度降低而放弃下载。对比公式（9.3）和公式（9.4）可知，污染程度的提升可以提高平均延迟率，但是通过分析表 9.1 的数据可知，污染程度为 1：1 时各观测节点下载时间的标准差远小于污染程度为 2：1 时的标准差。即随着污染强度的提高，大部分观测节点的下载时间并未有明显的提升，只有观测节点 4 在污染强度提升后其下载时间延长了 156.12%。由此可见，数据块污染存在污染效果分布不均的问题。这一现象是由于污染者拥有全部的 Piece，先加入 BT 网络的少数正常下载节点无论是采用随机选择策略还是最少优先策略，都将污染者视为一个 Seeder 而与之建立连接，使污染者将虚假数据集中发送至这些节点；其后加入 BT 网络的多数节点则由于污染者都正在进行数据传输而进入等待队列，因此发送至这些节点的虚假数据数量少于先加入网络的节点，对下载时间的延长效果也要弱于先加入网络的节点。解决这一问题可采用分时分批将污染者加入

BT 网络，使正常下载节点相对“均匀”地与污染者建立连接，但这样使污染者的操作过程变得复杂。当污染者数量巨大时，工作量十分庞大。

9.3.3 基于反黑名单机制的数据块污染

随着 P2P 文件系统的开发者对 P2P 文件污染技术的认识不断加深，一些反污染的措施开始被引入 P2P 文件系统。对于数据块污染，BT 客户端纷纷采用一种基于黑名单的反污染机制来降低数据块污染对 BT 文件共享的影响。基于黑名单的反污染机制的主要思想是：当客户端在下载某个 Piece 时，会优先从某一节点下载该 Piece 对应的全部 Slice，若下载的 Piece 无法成功通过正确性校验的次数超过了设定的阈值，则认为该节点是恶意的数据块污染者，进而将该节点列入黑名单，断开与其的连接，并在后续的数据传输中也不与该节点建立连接。

为了消除黑名单机制对数据块污染的影响，本章介绍了一种基于反黑名单机制的 BT 数据块污染方法，该方法的主要思路如下。

污染者在收到正常下载节点发送的 request 消息请求后，并不完全满足其下载请求。例如若一个下载节点一次请求 n 个 Slice，则污染者只向其返回 1 个虚假的 Slice，迫使下载节点从其他正常节点处获取剩余的 $n-1$ 个 Slice。当某一个 Piece 对应的 Slice 全部下载完，下载节点使用 SHA1 算法计算该 Piece 对应的散列值。若这个 Piece 中包含有污染者发送的虚假 Slice，则计算出的散列值与种子文件中 Piece 键记录的散列值不相等，导致正确性校验失败。而上传这些 Slice 的节点，除了污染者之外还包括至少一个正常节点。这种情况下 BT 客户端的黑名单机制会因为无法判断到底是哪个节点发送的虚假数据而失效，BT 客户端会将这些节点全部加入黑名单，从而使正常的上传节点也被禁止连接。随着被禁止连接的正常节点数量的增加，该 BT 任务的文件完整性会受到影响，不仅使普通节点的下载速率降低，还可能由于 Seeder 被列入黑名单而导致 BT 任务的文件冗余度低于 100%，使正常的下载节点无法完成文件下载。

为了便于和 9.3.2 节中的实验结果做比较，采用与 9.3.2 节实验相同的实验环境与配置，即共享的文件大小为 174.82MB，在文件共享任务开始时，系统内设置了 8 个 Seeder。系统中共有 30 个正常下载节点，并从中随机选择 10 个节点作为观测节点，统计观测节点完成文件下载所用的时间。不同之处在于实验所用的 BT 客户端被替换为 BitComet1.11 stable release for Windows，该客户端引入了基于黑名单的反污染机制。实验结果如表 9.2 所示。

表 9.2 BitComet1.1 的数据块污染效果

	无污染		污染程度为 1：1		污染程度为 2：1	
	下载时间	完成进度	下载时间	完成进度	下载时间	完成进度
观测节点 1	1018	100%	1025	100%	大于 3600	66.30%
观测节点 2	945	100%	1028	100%	大于 3600	52.20%
观测节点 3	987	100%	1060	100%	1184	100%
观测节点 4	912	100%	1045	100%	大于 3600	23.90%
观测节点 5	891	100%	1042	100%	大于 3600	11.30%
观测节点 6	933	100%	1005	100%	大于 3600	66.60%
观测节点 7	880	100%	1048	100%	大于 3600	70.50%
观测节点 8	906	100%	大于 3600	76.40%	1652	100%

注：时间单位为秒。

由表 9.2 可得出，在无污染状态下，8 个观测节点的平均下载时间 T_{n_avr} 为 934 秒，8 个观测节点均成功完成下载。而在污染程度为 1：1 时，有 7 个观测节点成功完成下载，这 7 个观测节点的平均下载时间 T_{p1_avr} 为 1036.14 秒；有 1 个节点在 3600 秒的实验统计时间内未能完成下载，下载的完成进度停滞在 76.4%。将污染程度提高至 2：1 时，只有 2 个观测节点成功完成下载，2 个节点的平均下载时间 T_{p2_avr} 为 1418 秒；有 6 个节点在 3600 秒的实验统计时间内未能完成下载，下载的平均完成进度 C_{p2_avr} 为 48.47%。

对比两组数据可以看出，污染程度为 1：1 时，平均下载时间相对于无污染状态的平均下载时间增量仅为 10.94%。但是随着污染程度的提高，无法完成下载的节点数量从污染程度为 1：1 时的 1 个节点提升到污染程度为 2：1 时的 6 个节点。当污染程度为 2：1 时，平均完成进度 C_{p2_avr} 为 48.47%。这意味着如果节点下载的是二进制应用程序，则该应用程序无法执行；如果节点下载的是流媒体文件，则该流媒体文件将因为完成度低而影响到回放质量，出现断音、马赛克、画面不连贯等现象，直接影响到下载者的用户体验。由此可见，反黑名单机制对 BT 文件共享的控制不是通过延长用户的下载时间，而是通过使用户无法正常完成下载而实现的，其污染效果随着污染程度的提高而提高。

9.4 eMule 的文件共享过程

9.4.1 eMule 系统的基本概念

eMule 文件共享系统涉及的基本概念如下：

① eD2k 网络：由 eMule 客户端组成的文件共享网络被称为 eD2k 网络，全称是 eDonkey2000network，是一种分布式的、非结构化的、基于服务器的 P2P 文件共享网络；

② 客户端 ID：客户端 ID 是服务器在与客户端连接握手时分配给客户端的一个 4 字节标识符，仅在客户端与服务器的 TCP 连接的生命期内有效。客户端 ID 分为低 ID 号和高 ID 号。允许其他客户端自由地连接到其本机的客户端会被分配一个高 ID 号。高 ID 号的客户端在使用 eD2k 网络时不受连接限制。当一个客户端不能接收服务器的输入连接时，eMule 服务器分配给该客户端一个低 ID 号，例如位于内网中的 eMule 客户端的 ID 号都是低 ID 号；

③ 块 Hash 和文件 Hash：文件 Hash 是由 eMule 客户端采用 MD4 算法基于文件内容计算出来的 128 位散列值。文件被分成若干个大小为 9.28MB 的文件块(位于文件尾部的最后一个文件块可能小于 9.28MB)，对每个文件块使用 MD4 算法计算出一个散列值，该散列值被称作块 Hash。将所有文件块对应的块 Hash 组合起来即为一个唯一的文件 Hash；

④MD4 算法：MD4 算法的全称为 Message-Digest Algorithm4，是麻省理工学院教授 Ronald Rivest 于 1990 年设计的一种信息摘要算法，该算法将一个任意长度的消息压缩成 128 位的 Hash 函数值。由于信息摘要算法具有不可逆性和唯一性，因此该算法可用于测试大容量信息在传输过程中的完整性，也可以用于对特定信息生成唯一的身份标识；

⑤ eD2k 链接：eD2k 链接是一种超链接，用于指示在 eD2k 网络上存储的文件。eMule 客户端通过加载 eD2k 链接来启动某一文件共享任务。典型的 eD2k 链接只包含必要的三种信息：文件名、文件大小、文件 Hash。此外，eD2k 链接中还可以包含更多的参数，以实现不同的功能。详细的 eD2k 链接格式信息参见文献《The eMule Protocol Specification》；

⑥ 源节点：eMule 系统中的资源提供节点。

9.4.2 eMule 系统的工作原理

eMule 系统通过 eD2k 网络进行文件共享的过程与 BT 系统类似，也可分为元信息的发布与获取、客户端与服务器之间的交互、客户端与客户端之间的交互三个过程。

(1) 元信息的发布与获取过程

eMule 客户端在开始下载某个文件之前，首先要获取该文件的元信息，根据元信息加入对应的文件共享任务中。在 eMule 系统中，文件的元信息被记录在 eD2k 链接中。元信息除了文件的文件名、文件大小、文件 Hash 以外，还可以附加一些辅助性的属性以实现诸如数据错误恢复、辅助获取资源节点信息等功能。其中文件 Hash 是 eD2k 链接的关键内容，用于唯一的标识一个文件共享任务。在不同的客户端上，可能存在某些内容相同但文件名不一致的文件副本，只要其文件 Hash 是一致的，eMule 服务器便将其视为同一个文件，并加入同一个文件共享任务中。

资源拥有者通过 eD2k 网络发布文件资源，首先将文件放入 eMule 客户端指定的共享目录中，随后 eMule 客户端会根据文件的内容自动生成对应的 eD2k 链接，也可以由用户自定义生成带有辅助属性的 eD2k 链接。获得 eD2k 链接后，将 eD2k 链接发布到互联网上。发布可通过 BBS、电子邮件、即时通信软件等多种方式进行，资源的下载者获得 eD2k 链接后，将链接复制到 eMule 客户端即可加入对应的文件共享任务。

(2) 客户端与服务器之间的交互过程

资源下载者从互联网获得文件的 eD2k 链接后，将 eD2k 链接复制到 eMule 客户端中，即可将链接对应的文件下载任务加入 eMule 客户端的下载列表。eMule 客户端运行后，自动以 TCP 方式连接到一个 eMule 服务器。eMule 客户端不能同时与多个 eMule 服务器保持连接，也不能在没有用户干预的情况下动态地更换服务器。连接建立时，服务器给客户端提供一个客户端 ID，该 ID 仅在客户端服务器连接的生命周期内有效。客户端 ID 可以是高 ID 或者低 ID，低 ID 客户端大多是由于受到防火墙的影响阻止了输入连接，或位于 NAT、代理服务器之后使连接能力受限。连接建立后，eMule 客户端将其共享的文件列表发送给服务器。服务器把这个列表保存至它的内部数据库，这个数据库通常包括了数十万可用文件和在线客户端。eMule 客户端向服务器发送共享文件列表的消息中包括文件 Hash、客户端 ID、客户端端口号、文件数目、文件名、文件大小等信息。

随后，eMule 客户端向服务器发送更新服务器列表请求。收到更新服务器列表请求后，服务器向 eMule 客户端返回其已知的 eMule 服务器列表信息。在发生当前服务器无响应等情况时，eMule 客户端可以重新连接到服务器列表中的服务器上。服务器发送的服务器列表中包括服务器描述、服务器 IP 地址、服务器端口号等信息。最后，eMule 客户端向服务器请求源节点，服务器收到请求后将对应的源节点列表发送至客户端。eMule 客户端根据源节点列表中的节点信息与资源提供节点建立起连接。

(3) 客户端与客户端之间的交互过程

在 eMule 客户端获得源之后，为了下载文件，eMule 客户端需要与源节点握手，建立起专用的 TCP 连接以进行数据传输。握手是对称的，双方都相互发送相同的信息给对方，信息内容包括身份认证、版本和容量等。连接建立后，eMule 客户端与源节点之间进行的基本消息交换过程由 4 种消息组成。客户端向源节点发送一个文件请求消息后，立即发送文件 Hash 请求消息；源节点用文件请求应答消息回应文件请求，用文件状态消息来回应文件 Hash 请求消息。

客户端与源节点之间的数据传输过程在基本消息交换完成后开始。传输的数据块大小在 5000~15000Bit 之间。传输过程中的控制消息在单独的 TCP 包中发送，有时和其他消息共享。数据消息被分成几个 TCP 数据包，第一个数据包内包含文件块消息头部，剩下的数据包中包含文件数据。进行数据传输时，客户端首先向源节点发送一个"开始上传请求"，源节点以“接收上传请求”消息进行回应。客户端收到回应后，向源节点发送文件块请求消息。源节点收到请求，发送被请求的文件块的数据进行回应。

本节中所涉及消息格式的详细内容，参见文献《The eMule Protocol Specification》。

9.5 面向 eMule 的数据块污染方法

9.5.1 eMule 数据块污染的基本原理

eMule 数据块污染与 BT 数据块污染类似，同样是利用 P2P 文件共享系统将文件分割成块进行传输并进行正确性校验的特性，通过向正常下载节点发送虚假数据，使其获得的数据无法通过正确性校验，从而迫使下载者丢弃错误数据块以达到浪费下载者下载带宽的目的。

如前文所述，eMule 系统中文件被分为若干个大小为 9.28MB 的文件块进行传输。数据传输时，每个 9.28MB 的文件块又被分成 53 个片，每个片的大小为 180KB。这些片是文件传输的最小单位。上传节点在提供数据上传时，还向下载节点提供其数据片对应的块 Hash。当下载者将该文件块内所有的 53 个数据片全部得到后，使用 MD4 算法重新计算该文件块的散列值并与从上传者处得到的块 Hash 相比较，若两者一致则认为数据下载正确，否则说明数据传输过程中出现错误。进行污染时，在 eMule 系统内设置若干个污染节点，污染节点被伪装成合法的 eMule 节点加入文件共享任务，与正常下载节点建立连接并向其发送虚假数据。在 eMule 中，用于传输文件块的数据包的大小可以是 5000 ~15000Bit 之间，因此从理论上讲，最少只需要发送 5000Bit 的虚假数据即可造成 9.28MB 的文件块被丢弃。

9.5.2 eMule 的文件错误修复机制

不同于 BT 系统中直接抛弃错误文件块并重新下载的办法，eMule 中设计了两种文件错误修复机制，分别称为智能型损坏处理(ICH，Intelligent Corruption Handling)与高级智能型损坏处理(AICH，Advanced Intelligent Corruption Handling)，用以修复错误的数据片。

在 ICH 中，若某一文件块的正确性验证出错，则从头开始逐一重新下载该文件块内的数据片。每重新下载一个数据片，则替换原有数据片并重新计算文件块的哈希值以进行正确性验证。若验证失败，则下载下一个数据片，直到该数据块通过验证为止。在最佳情况下，ICH 只需下载一个数据片即可修复错误，而在最差情况下，需要下载全部的 53 个数据片。相对于丢弃整个数据块并重新传输的办法，ICH 平均可节省 50%的数据下载。但是若一个文件块中有多个数据片都存在错误，或者有恶意客户端不断地上传错误数据，ICH 的作用就会变得有限，而上述情况在数据块污染中是常见现象，因此在 0.44 版之后的 eMule 客户端中又加入了 AICH 功能。

在 AICH 中，eMule 客户端对文件块中的 53 个数据片也要使用 SHA1 算法计算各数据片的散列值，这些散列值被称作片 Hash(Block Hash)。一个文件对应的所有片 Hash 组成一个被称为 AICH Hashset 的二叉树，文件所有的片 Hash 是该二叉树最底层的叶子结点。在该二叉树中，父节点的散列值可由其孩子结点计算出。二叉树的根节点的散列值被称为根 Hash(Root Hash)，可以用来校验该二叉树上所有的分支。

当某个文件块的正确性验证失败，eMule 客户端首先检查本地是否保存有当前下载文件的根 Hash，若有则启动 AICH，若无则按一定的规则从其他节点处获取根哈希。AICH 启动后，随机地向拥有该文件完整 AICH Hashset 的其他客户端请求一个恢复包(Recovery Packet)，恢复包中包括该出错文件块中所有 53 个数据片的片 Hash 和若干个用于验证二叉树正确性的校验散列值。校验散列值的数量是由该文件包含的文件块的数量决定的。设 x 为校验散列值的数量，y 为文件包含的文件块的数量，则满足关系 $2^x \geqslant y$。一个包含 4 个文件块的 Hashset 如图 9.2 所示，假设某客户端申请的恢复包是第三个数据块的恢复包，则恢复包中包括第三个数据块的 53 个片 Hash，以及 2 个校验散列值。这两个校验散列值分别位于二叉树第一层的 1 号节点和第二层的 4 号节点。客户端在收到验证包后，根据 53 个片 Hash 经过多次计算可得到第二层 3 号节点的散列值，根据二叉树的结构不难看出，拥有了第二层 3 号节点，以及两个校验散列值——第二层 4 号节点和第一层 1 号节点，即可通过两次计算得到根 Hash 的值。因此，收到恢复包后下载者即可通过恢复包的内容计算出文件对应的二叉树的根 Hash 值，再与本地的根 Hash 比较，即可确定恢复包的正确性。在恢复包无误的情况下，下载者可根据片 Hash 对出错文件块中的每一个数据片的正确性进行精确的验证，从而只需重新下载出错的数据片即可，无须重新下载 9.28MB 的整个数据块。

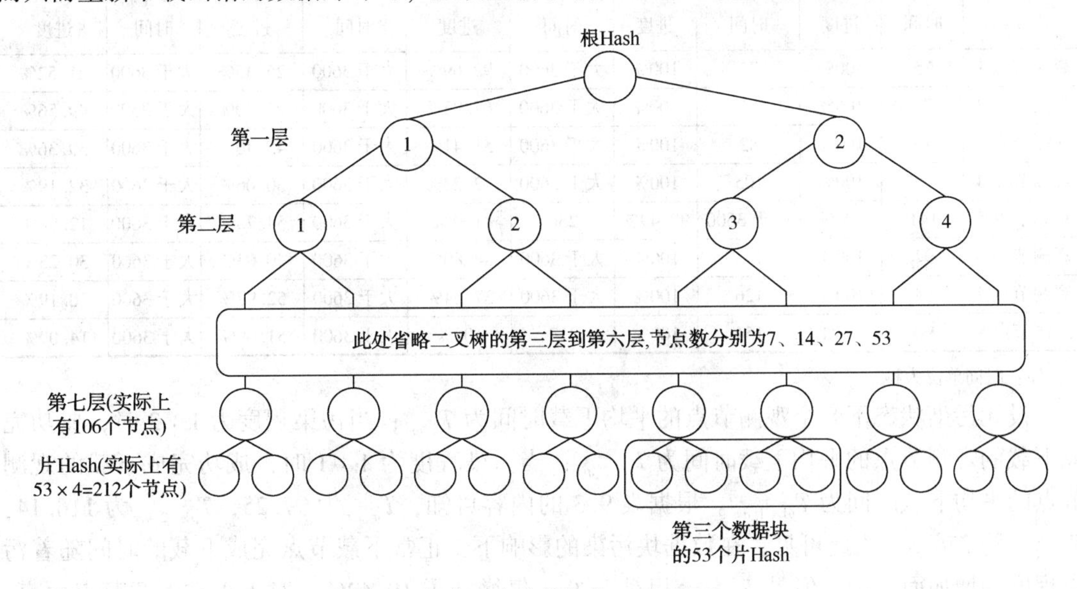

图 9.2　包含四个文件块的 AICH Hashset

9.5.3　eMule 数据块污染效果分析

学术界对 eMule 及其类似系统中的 P2P 污染防治问题已产生许多研究成果，但是在污染原理和污染效果分析方面的文献相对较少。Christin 等人对其在 eDonkey/Overnet 网络中加入的虚假文件进行查询，通过查询返回的文件数、查询响应时间、文件稳定性、文件复制率、下载完成时间等因素对污染效果进行分析。Nash 对 eMule 系统中数据块污染的原理及防治措施进行了阐述。Wang 和 Chiu 通过 FalsePieces 攻击实现了一种面向 eMule 的数据块污染系统，从而对版权文件在 P2P 网络上的非法传播进行保护。作者通过仿真模型对该系统的性能进行了评估。Wang 等对 KAD 网络中 Sybil 攻击的效果进行了测量和分析。

但是，上述文献有的未对数据块污染在实际 eMule 系统中的污染效果进行分析，有的没有考虑到 eMule 系统中文件错误修复机制对数据块污染的影响。针对这些问题，本节将数据块污染应用到实际的 eMule 系统中，分析文件错误修复机制对数据块污染效果的影响。

本小节根据数据块污染的基本原理设计了数据块污染客户端，并将其引入 eMule 系统中进行实验。受到网络条件的限制，实验在校园网中进行，实验中使用的工具与默认参数设置如下：

① eMule 客户端：eMule0. 49c for Windows；

② eMule 服务器：eServer 17. 15 for Linux；

③ 实验中被用于共享的文件大小为 139. 2MB；系统中共有 30 个正常下载节点，并从中随机选择 8 个节点作为观测节点；在文件共享任务开始时，系统内设置了 4 个拥有完整文件数据的源节点进行数据上传。

以“污染程度”来表示系统中污染者与拥有完整文件数据的源节点的数量之比，统计观测节点在不同的污染程度下完成文件下载所用的时间，实验结果如表 9. 3 所示。

表 9. 3　eMule 系统中数据块污染的效果

观测节点	无污染		污染程度为 1：2		污染程度为 1：1		污染程度为 2：1		污染程度为 4：1	
	下载时间	完成进度	下载时间	完成进度	下载时间	完成进度	下载时间	完成进度	下载时间	完成进度
观测节点 1	75	100%	72	100%	大于 3600	92. 69%	大于 3600	25. 45%	大于 3600	21. 52%
观测节点 2	79	100%	81	100%	大于 3600	67. 93%	大于 3600	25. 20%	大于 3600	49. 56%
观测节点 3	76	100%	82	100%	大于 3600	51. 41%	大于 3600	45. 40%	大于 3600	39. 36%
观测节点 4	139	100%	105	100%	大于 3600	72. 23%	大于 3600	30. 06%	大于 3600	32. 19%
观测节点 5	141	100%	大于 3600	99. 49%	236	100%	大于 3600	54. 73%	大于 3600	12. 86%
观测节点 6	94	100%	193	100%	大于 3600	84. 80%	大于 3600	40. 03%	大于 3600	30. 23%
观测节点 7	84	100%	126	100%	大于 3600	37. 64%	大于 3600	52. 97%	大于 3600	30. 19%
观测节点 8	90	100%	154	100%	317	100%	大于 3600	51. 09%	大于 3600	14. 09%

注：时间单位为秒。

设无污染状态下 8 个观测节点的平均下载时间为 T_{n_avr}；当污染程度为 1：2 时，成功完成下载的观测节点的平均下载时间为 $T_{p1:2\_avr}$；当污染程度为 1：1 时，成功完成下载的观测节点的平均下载时间为 $T_{p1:1\_avr}$。根据表 9. 3 的内容可知，T_{n_avr} 为 97. 25，$T_{p1:2\_avr}$ 为 116. 14，$T_{p1:1\_avr}$ 为 276. 5。由此可见，在数据块污染的影响下，正常下载节点完成下载的时间随着污染程度的增加而增加。但是 $T_{p1:2\_avr}$ 相对于 T_{n_avr} 仅增加了 19. 42%，对于正常下载节点而言，下载时间延长 19. 42%起不到大幅降低用户体验的作用。此外在观测节点上可以看到某些数据块被 AICH 恢复的提示，因此本文认为在污染程度为 1：2 时，数据块污染的效果受到文件错误修复机制的影响，并未起到实质性的作用。

当污染程度提高至 1：1 时，8 个观测节点中有 6 个在 3600 秒的实验统计时间无法完成下载，这 6 个观测节点的平均完成进度 $C_{p1:1\_avr}$ 为 66. 78%；当污染程度为 2：1 与 4：1 时，所有的观测节点在 3600 秒的实验统计时间内均未能完成下载，污染程度为 2：1 时的平均完成进度 $C_{p2:1\_avr}$ 为 40. 62%，污染程度为 4：1 时的平均完成进度 $C_{p4:1\_avr}$ 为 28. 75%。由此可见，当污染程度提高至 1：1 时，数据块污染的作用开始显现，出现了节点无法完成下载的现象。随着污染程度提高至 2：1 和 4：1，所有的观测节点都无法在 3600 秒的观测时间内完成下载，相对于无污染状态下观测节点平均 97. 25 秒的下载完成时间，数据块污染对下载完成时间的影响非常明显。观测节点的平均完成进度从污染程度为 1：1 时的 66. 78%降至污染程度为 4：1 时的 28. 75%，说明随着污染程度的提高，eMule 系统内的节点在数据块污染的影响下能够获得的文件数据在减少。对于音频、视频文件，低于 70%的完成率意味着即使文件可以强行回放，也会出现大量马赛克、缺帧、影音不同步等现象，严重影响到用户收听与收看的用户体验。因此，当污染程度大于 1：1 时，eMule 文件系统中数据块污染的效果足以达到降低用户体验，延长文件下载时间的目的。

此外，在实验中还出现下列现象：

① 某些下载节点在获取最后一个 9.28MB 的文件块时，突然断开所有与其连接的节点，并停止在这个状态无法完成下载，即使与其连接的节点中没有污染客户端；

② 某些下载节点在下载过程中只与一个正常节点相连接，在进行文件传输的过程中突然断开连接，并停止在这个状态无法完成下载；

③ 某些下载节点在获得虚假数据后，客户端显示 AICH 在工作并恢复一定的数据，但是在进行一段时间后，AICH 会在恢复某一个 9.28MB 的文件块时，停滞在该阶段，一直重复尝试恢复该文件块。该现象出现的频率随着污染强度的增加而增大。

由于在实验中并未涉及上传节点在提供数据上传一段时间后退出 eMule 网络的情况，实验中文件的充足率总是大于 100%，因此不存在因文件冗余度小于 100%而使节点无法完成下载的可能性。对照表 9.3 中无法完成下载的次数随着污染程度增加而增加的情况，由上述现象 1 和现象 2 可以得出数据块污染不仅能够通过浪费带宽延长 eMule 系统中的文件下载时间，而且随着污染强度的增大，还会在文件充足率大于 100%的情况下使正常下载节点断开与其他节点之间的连接，破坏正常节点之间的互联互通，进而使其无法完成文件下载。AICH 在恢复数据时需要从其他节点获得恢复包，而数据块污染使 eMule 系统中正常节点之间的互联互通遭到破坏。现象 3 说明随着污染程度的提高，下载节点从其他节点成功获得所需恢复包的概率降低，若下载节点无法获得恢复某个数据块所需的恢复包，则下载过程会停止在这个数据块。由此可见，只要污染程度足够大，AICH 并不能完全消除数据块污染对 eMule 系统中文件传输带来的影响。

9.6 面向文件片段选择策略的数据块污染方法

由于建立真实的大规模 P2P 污染实验环境需要花费大量的人力物力，而在现有的 P2P 网络中进行污染实验又会涉及法律和道德问题，因此许多学者采用数学建模方法对 P2P 污染及其效果进行研究。例如，Mao 等人通过建模分析了资源流行度和传播时间对污染效果的影响。Dhungel 等通过数学建模方法分析了当 BT 网络中存在数据块污染时，一个节点的邻居节点中污染者的比例与该节点获得正确的 Piece 之间的关系。史建焘等对 BT 系统建立了数据块污染的随机模型，从单节点和共享网络两个角度给出了数据块污染攻击的评判指标，并通过仿真实验分析了影响数据块污染效果的因素。

本节设计了一种面向文件片段选择策略的数据块污染方法(简称文件片数据块污染)，该方法主要通过影响 P2P 文件共享任务中文件片段的副本数量来达到降低文件传播速度的目的。通过对其建立数学模型，评估和分析了该方法的特点和效果。

9.6.1 文件片数据块污染的工作原理

P2P 文件系统中将文件分割成文件片段进行传输的特点使参与 P2P 文件共享任务的节点在下载文件时需要考虑文件片段选择问题，即在每次向资源提供者发送下载请求时，选择哪个文件片段进行下载。

以 BT 系统为例，BT 系统中基本的文件片段选择策略为“最少优先”策略。下载者在选择文件片段时，通常选择的是当前系统中副本数量最少的文件片段。“最少优先”策略确保了每个结点都拥有其他结点最希望得到的文件片段，也确保了将副本数量较多的文件片段安排在最后下传，从而减少了“某个节点当前提供上载，而随后却不拥有任何的被别人感兴趣的文件片段”这种事件发生的概率。在 eMule 系统中，也优先采用类似的文件片段选择策略。

也就是说，每个节点都优先选择下载整个 P2P 文件系统中副本数最少的文件片段，将副本数相对较多的片段放在后面下载，从而使文件共享任务中各文件片段的副本数量处于一种均衡的状态。若不采用“最少优先”策略，随着文件共享任务的进行，会导致系统中文件片段的副本数分布不均，某些文件片段被大量扩散到各节点上，而另一些文件片段只有少部分节点拥有，大部分节点的下载兴趣集中在少部分节点上，使系统中参与上传的节点数减少，影响到整个系统的文件传播效率。

在 P2P 文件共享过程中，初始的资源提供节点上传了文件的所有片段，系统内的资源请求节点才有可能完成整个文件的下载。当文件共享任务的文件冗余度小于 100%，即系统内某个文件片段的副本数为 0 时，资源请求节点无法完成整个文件的下载。面向文件片段选择策略的污染(简称文件片段污染)正是利用“最少优先”策略来影响文件充足率，使资源请求节点无法完成文件下载。其污染过程的序列图如图 9.3 所示。

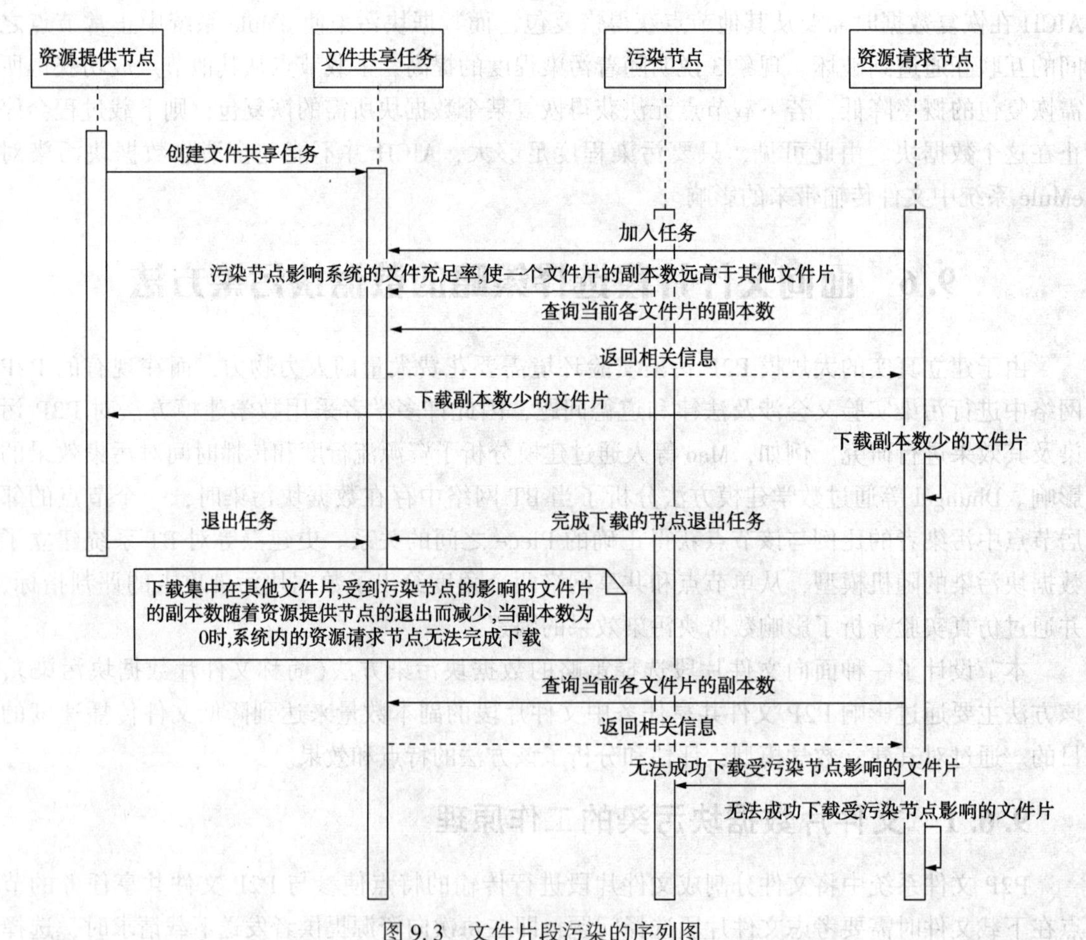

图 9.3 文件片段污染的序列图

正常节点在加入文件共享系统时，会向系统声明自己拥有的文件片段。而在文件片段污染中，污染节点加入文件共享任务时，向 P2P 文件共享系统声明自己只拥有一个文件片段。重复加入若干个拥有相同文件片段的污染节点使文件共享任务中该文件片段的副本数远大于其他文件片段，这个过程本文称作对该文件片段的副本数进行干扰。可将文件共享任务中文件片段 i 的副本数 $Piece_i$ 定义为：

$$Piece_i = \begin{cases} M_s + N_{ri} & , i \neq j \\ M_s + N_{ri} + N_{pj} & , i = j \end{cases} \tag{9-5}$$

式中 M_s——拥有全部文件片段的正常资源提供节点的数量；

N_{ri}——P2P 文件共享系统中拥有文件片段 i 的资源请求节点的数量；

N_{pj}——对文件片段 j 进行干扰的污染节点数量。

根据“最少优先”策略，加入文件共享任务的其他资源请求节点将优先下载未受到污染节点干扰的文件片段。BT 协议还规定，一旦请求了某个文件片段的一部分，那么该片段剩下的部分下一次请求时被优先选择，以尽快获得一个完整的文件片段。因此，在一段时间内，文件共享任务中只有未受到污染干扰的文件片段的数据被各资源请求节点复制。

P2P 文件系统中存在着一种被称为“搭便车”(Free-Riding)的现象，即由于 P2P 系统中不存在对节点行为的监控或统计机制，随着用户数的增加，在人类自私和利己心里的作用下，存在某些只下载不上传或在下载完成后很快退出系统，不继续作为资源提供者向其他节点分享数据的节点。学术界对“搭便车”现象的研究表明，该现象在 P2P 文件共享系统中广泛存在。因此在实际的 P2P 文件共享任务中，资源提供节点——无论是创建文件共享任务的初始资源提供节点还是资源请求节点完成下载后转变成的资源提供节点，都存在一定的退出率，并且退出率随着时间的增加而增加。由于污染节点对文件片段副本数的干扰，在一段时间内数据的复制集中在未受干扰的文件片段，而受到干扰的文件片段的副本数并未增加，即 $N_{rj}=0$。在这段时间内，若资源提供节点按照一定的退出率全部退出文件共享任务，即 $M_s=0$。由于污染节点的副本数是虚假的，不可用，因此对于片段 j，可用的副本数 $Piece_j = M_s+N_{rj}=0$，文件共享系统内的其他资源请求节点将无法完成文件下载。若在这段时间内资源提供节点并未全部退出，随着其他节点的副本数增加到与受到干扰的文件片段的副本数相同的程度，污染节点对文件片段副本数的干扰效果消失，数据的复制将重新在所有文件片段上进行。这种情况下，文件片数据块污染中的污染节点将向对其请求文件片段 j 的资源请求节点发送虚假的数据块，以延缓其文件下载速度，该过程是标准的数据块污染过程。文件片数据块污染正是文件片段污染与数据块污染的结合，数据块污染用于在文件片段污染失效时对 P2P 文件共享过程进行控制。

9.6.2 文件片数据块污染的数学模型

模型通过对 P2P 文件系统内各节点状态在不同轮次的模拟来反映污染的变化过程，在某一时间单位(即某一轮的模拟过程)内各节点以顺序方式执行模拟，模拟方式如图 9.4 所示。模型内的节点分为三种类型：污染节点、资源请求节点、资源提供节点。资源请求节点在完成所有的文件片段下载后将转为资源提供节点。资源提供节点会以某一退出率退出系统，而污染节点加入系统后一直存在。对节点行为进行模拟的流程图如图 9.5 所示。

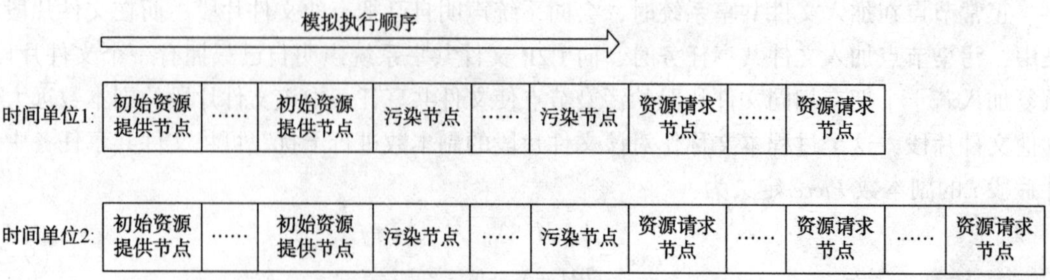

模拟执行顺序 ⟹

时间单位1:	初始资源提供节点	……	初始资源提供节点	污染节点	……	污染节点	资源请求节点	……	资源请求节点		
时间单位2:	初始资源提供节点	……	初始资源提供节点	污染节点	……	污染节点	资源请求节点	……	资源请求节点	……	资源请求节点

图 9.4　模拟方式示意图

为了便于描述，首先对模型中涉及的变量做如下定义。设将要通过 P2P 文件共享系统共享的特定文件为 F，假设文件 F 由 M 个文件片段组成，文件片段为 P2P 文件系统进行完整性校验的最小单位，令 F_i 表示文件 F 的第 i 个文件片段，则有 $F=F_1\cup F_2\cup\cdots\cup F_M$。文件共享任务开始时系统内初始的资源提供节点记为 SI，由资源请求节点转变成的资源提供节点记为 ST，模拟开始时 SI 的初值记为 si。为了便于模拟，模型假设所有节点具有相同的网络带宽，下载一个文件片段所需的时间都是 T，系统内节点完成整个文件下载所用的平均时间为 T_{avr}。

SI 和 ST 的平均退出率分别为 PQ_{si} 和 PQ_{st}。资源请求节点在下载任务进行 T_{ep} 个时间单位后以概率 PQ_{ep} 退出文件共享系统，以模拟用户因下载时间过长失去耐心而退出文件共享系统的行为。数量为 P 的污染节点在文件共享任务开始时加入系统。资源请求节点到达文件共享系统的到达率服从参数为 λ 的泊松分布，即在每个时间单位开始的时刻有 λ 个新的资源请求节点加入文件共享任务。

以下为模型中重要变量的推导：

① 第 t 个时间单位的第 j 个节点执行模拟时，系统内节点的总数 $N_j(t)$ 满足公式(9-6)。

$$N_j(t)=Nreq_j(t)+SI(t)+ST_j(t)+P \tag{9-6}$$

式中　$Nreq_j(t)$——第 t 个时间单位的第 j 个资源请求节点进行模拟时，系统内所有的资源请求节点的总数；

$SI(t)$——第 t 个时间单位中初始资源提供节点的数量；

$ST_j(t)$——时刻 t 的第 j 个资源请求节点进行模拟时，由资源请求节点转变成的资源提供节点的数量；

P——在文件共享任务开始时加入系统的污染节点的数量。

② 第 t 个时间单位中，初始资源提供节点的数量 $SI(t)$ 满足公式(9-7)。

$$SI(t)=\begin{cases} si &, t=0 \\ SI(t-1)-\sum\limits_{k=1}^{SI(t-1)} Happened(PQ_{si}) &, t>0 \end{cases} \tag{9-7}$$

式中　si——模拟开始时系统内资源提供节点的初始数量；

$Happened(pb)$——概率事件发生函数，其中 pb 为事件发生的概率，事件发生则函数值为 1，事件未发生则函数值为 0；

PQ_{si}——初始资源提供节点在每一轮模拟中退出系统的平均退出率。

③ 第 t 个时间单位的第 j 个资源请求节点进行模拟时，文件片段 i 的真实副本数 $C_{i,j}(t)$ 满足公式(9-8)。

$$C_{i,j}(t)=SI(t)+ST_j(t)+CR_{i,j}(t) \tag{9-8}$$

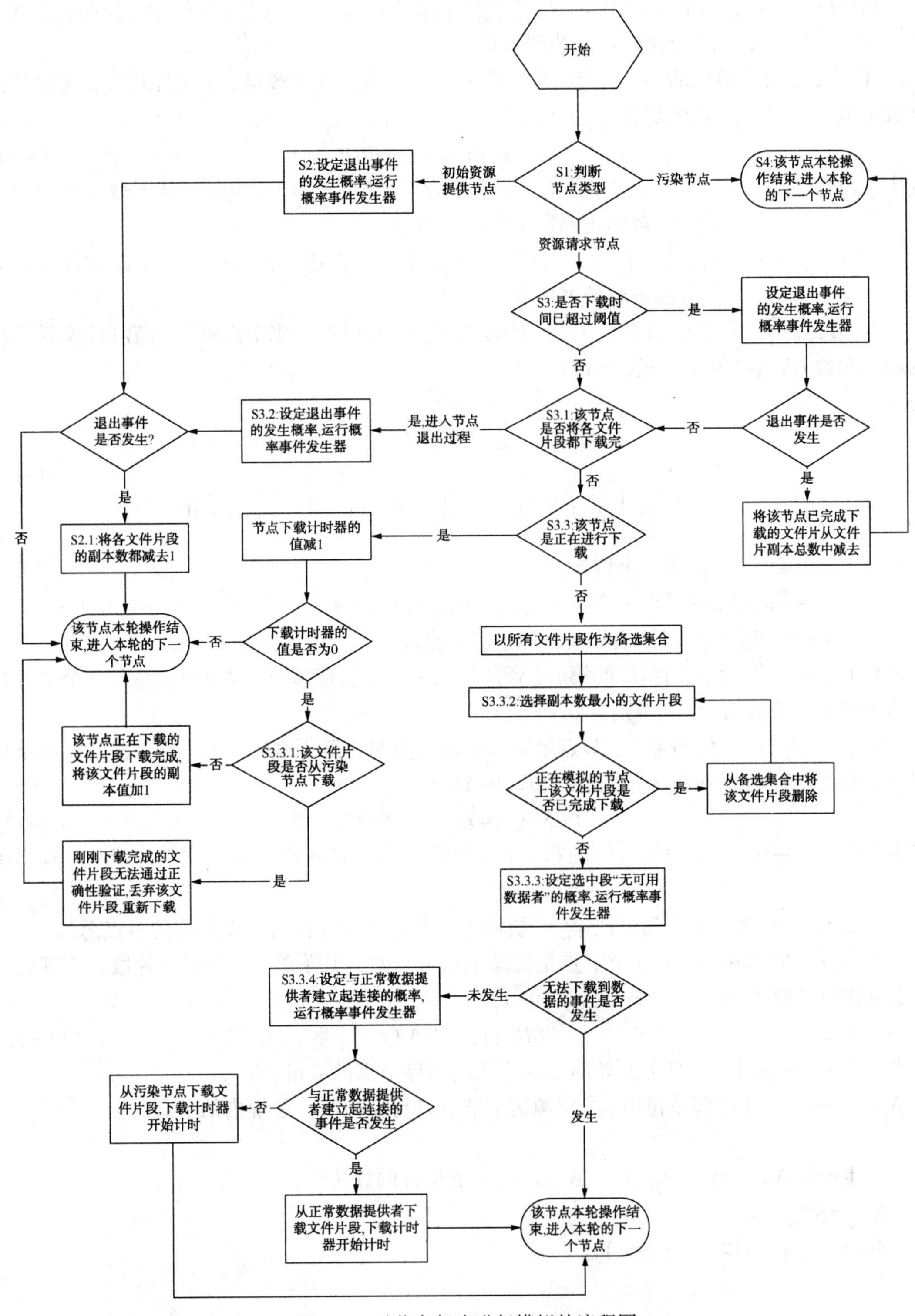

图 9.5　对节点行为进行模拟的流程图

式中　$SI(t)$——第 t 个时间单位中初始资源提供节点的数量；

$ST_j(t)$——时刻 t 的第 j 个资源请求节点进行模拟时，由资源请求节点转变成的资源提供节点的数量；

$CR_{i,j}(t)$——第 t 个时间单位的第 j 个资源请求节点进行模拟时，所有资源请求节点拥有的第 i 个文件片段的副本总数。

④ 第 t 个时间单位的第 j 个节点是资源请求节点时，其下载第 i 个文件片段，无法下载到数据的概率 $PCF_{i,j}(t)$ 满足公式(9-9)。

$$PCF_{i,j}(t)=1-PCS_{i,j}(t)-PCP_{i,j}(t) \tag{9-9}$$

式中 $PCS_{i,j}(t)$——第 t 个时间单位的第 j 个资源请求节点进行模拟时，其下载文件片段 i，能够下载到正确数据内容的概率；

$PCP_{i,j}(t)$——第 t 个时间单位的第 j 个资源请求节点进行模拟时，其下载文件片段 i，下载到虚假数据内容的概率。

⑤ 第 t 个时间单位的第 j 个节点执行模拟时，所有资源请求节点拥有的第 i 个文件片段的副本总数 $CR_{i,j}(t)$ 满足公式(9-10)。

$$CR_{i,j}(t)=\begin{cases}\sum\limits_{j=start}^{J-1} CN_{i,j}(t), & t=0\\ \sum\limits_{j=start}^{J-1} CN_{i,j}(t)+\sum\limits_{j=J+1}^{end} CN_{i,j}(t-1), & t>0\end{cases} \tag{9-10}$$

式中 $start$——时刻 t 的第一个资源请求节点编号；

end——时刻 t 的最后一个资源请求节点编号；

J——当前正在进行模拟的资源请求节点编号；

$CN_{i,j}(t)$——第 t 个时间单位的第 j 个资源请求节点进行模拟时，若 j 已完成第 i 个文件片段的下载，下载成功为1，否则为0。

⑥ 第 t 个时间单位的第 j 个节点是资源请求节点时，其下载第 i 个文件片段，能够下载到正确数据内容的概率 $PCS_{ij}(t)$ 满足公式(9-11)。

$$PCS_{i,j}(t)=C_{i,j}(t)/N_j(t) \tag{9-11}$$

式中 $C_{i,j}(t)$——第 t 个时间单位的第 j 个资源请求节点进行模拟时，文件片段 i 的真实副本数；

$N_j(t)$——第 t 个时间单位第 j 个资源请求节点进行模拟时，系统内的节点总数

⑦ 第 t 个时间单位的第 j 个节点是资源请求节点时，其下载第 i 个文件片段，下载到虚假数据内容的概率 $PCP_{i,j}(t)$ 满足公式(9-12)。

$$PCP_{i,j}(t)=P/N_j(t) \tag{9-12}$$

式中 P——在文件共享任务开始时加入系统的污染节点的数量；

$N_j(t)$——第 t 个时间单位第 j 个资源请求节点进行模拟时，系统内的节点总数。

产生变量 $Nreq_j(t)$、$ST_j(t)$、$CN_{i,j}(t)$ 的离散事件的算法伪代码如下：

```
N_temp = ST_temp = 0;
for(t=0; t<模拟时间; t++)
{
    N_temp = N_temp + λ;
    for(j=0; j<N_temp; j++)
    {
        if(节点模拟时间超过 T_ep)
```

```
    if(Happened(PQ_ep))
    节点退出系统；
  if(已完成全部文件片段下载)
  {
    ST_temp = ST_temp + 1; ST_j(t) = ST_temp;
    N_temp = N_temp - 1; Nreq_j(t) = N_temp;
    if(Happened(PQ_st))
      {ST_temp = ST_temp - 1; ST_j(t) = ST_temp;}
  }
  else if(节点处于下载状态)
  {
    下载计时器自减 1;
    if(计时器为 0)
    {
      if(下载的数据中包含虚假数据)
        丢弃该文件片段，将节点置于空闲状态；
  else
    将节点置于空闲状态；CN_{i,j}(t) = 1;
    }
  }
  else
  {
  选择未完成下载的文件片段中副本数最少的片段；
  if(Happened(1-PCS_{i,j}(t)-PCP_{i,j}(t)))
    结束该节点本时间片段的模拟；
  else if(Happened(PCS_{i,j}(t)))
      {
        将节点置于下载状态；
        将下载计时器置为 T;
        开始下载真实数据；
      }
    else
      {
        将节点置于下载状态；
        将下载计时器置为 T;
        开始下载虚假数据；
      }
    }
  }
}
```

其中，N_{temp}、ST_{temp}为存放 $Nreq_j(t)$、$CN_{i,j}(t)$值的临时变量。

9.6.3 仿真实验与污染效果分析

实验中涉及的软硬件环境与默认参数设置如下：

① 实验的硬件环境：AMD 双核速龙 3800+处理器，2Gb 内存，1Tb 硬盘；

② 实验的软件环境：Windows XP SP3，Matlab 7.0，Visual C++ 6.0；

③ 实验中参数 λ 的取值为 10，即在每个时间单位开始的时刻有 10 个新的资源请求节点加入文件共享任务；实验迭代的次数为 200 轮，即实验模拟的时间长度为 200 个时间单位；系统内初始的资源提供节点的数量 si 为 10，污染节点的数量 P 为 100；出于缩短实验时间的考虑，令组成共享文件 F 的文件片段数 M 为 4；污染节点对文件片段的干扰集中在文件片段 F_1，即第一个文件片段；节点下载一个文件片段所需的时间 T 为 10 个时间单位；资源请求节点因为用户失去耐心而开始退出系统的时间阈值 T_{ep} 为 100 个时间单位；资源请求节点因为用户失去耐心而退出系统的概率 PQ_{ep} 为 10%；由资源请求节点转变成的资源提供节点退出系统的退出率 PQ_{st} 为 10%。

当 P2P 文件共享系统中不存在污染时，初始资源提供节点的退出率 PQ_{si} 对各文件片段的副本数的影响如图 9.6 所示，其中横轴为模型模拟的时间单位，每个时间单位为模型运行一轮；纵轴为文件片段的数量，单位为“个”。

由图 9.6 可知，在“最少优先”文件片段选择策略的作用下，四个文件片段的副本数随着时间的推移交替增加，当一个文件片段的副本数明显超过其他文件片段的副本数时，在接下来一段时间内下载将集中于其他文件片段，使这些文件片段的副本数快速增加，从而使系统内各文件片段的副本数保持基本均衡。

当 PQ_{si} 的取值分别为 10%、5%、1%时，整个实验过程中分别有 1093、1403、1368 个资源请求节点完成整个文件的下载。这些资源请求节点的平均下载时间 T_{avr} 分别为 69.52、64.19、66.03 个时间单位。对比图 9.6 可知，在无污染状况下不同的 PQ_{si} 值对系统内资源请求节点的下载状况影响不显著。

当 P2P 文件系统中仅有文件片段污染时，初始资源提供节点的退出率 PQ_{si} 对系统中各文件片段副本数的影响如图 9.7 所示，其中横轴为模型模拟的时间单位，每个时间单位为模型运行一轮；纵轴为文件片段的数量，单位为“个”。

图 9.7(a)~图 9.7(c)显示了在污染节点的作用下，系统内文件片段 1 的副本数受到干扰，使系统中资源请求节点无法正常完成下载的过程。在实验开始时刻，文件片段 1 的副本数为 110，其中属于污染节点的副本数为 100，属于初始资源提供节点的副本数为 10。实验开始后，初始资源提供节点以概率 PQ_{si} 退出系统。由于受到污染节点的干扰，在文件片段 2、3、4 的副本数与文件片段 1 的副本数持平之前，系统内的资源请求节点在“最少优先”策略的作用下，下载请求都集中于文件片段 2、3、4，而初始资源提供节点在这段时间内全部退出文件共享系统，接下来的时间中文件片段 1 全部由污染节点提供，导致在文件片段 2、3、4 的副本数与文件片段 1 的副本数持平之后，资源请求节点无法获得文件片段 1 的数据，从而使文件片段 1 的副本数始终保持在 100。在这三种情况下，整个实验过程中完成全部文件片段下载的资源请求节点的数量都为 0。此外，由图 9.7(a)~图 9.7(c)还可看出随着 PQ_{si} 的减少，初始资源提供节点全部退出系统的时刻越来越晚。

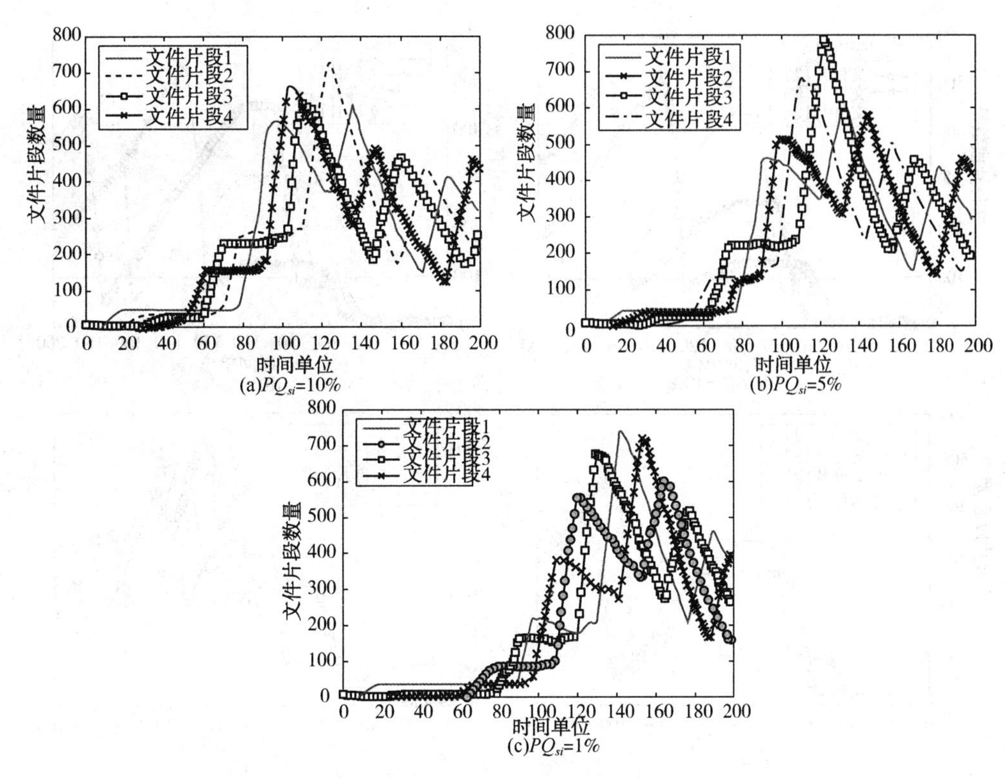

图 9.6　无污染时 PQ_{si} 对文件片段副本数的影响

图 9.7(d)和图 9.7(e)显示了污染失效的情况。为了便于表述，将未受到污染干扰的文件片段记为 NormalPiece，将受到污染干扰的文件片段记为 PollutedPiece。在图 9.7(d)和图 9.7(e)中，文件片段 1 的副本数尚未降到 100，即所有的初始资源提供节点尚未全部退出系统时，文件片段 4、2、3 的副本数就依次超过文件片段 1 的副本数，系统中的资源请求节点在“最少优先”策略的作用下对文件片段 1 发出下载请求，从而使文件片段 1 的副本数在第 80 到第 100 个时间单位内迅速增加。此时，污染节点只能降低资源请求节点与文件片段 1 的资源提供节点成功建立连接的概率，而无法完全阻止资源请求节点与资源提供节点建立起连接，因此对文件片段 1 的干扰失效。对比图 9.7(a)至图 9.7(e)可发现，初始资源提供节点的退出率 PQ_{si} 对污染结果起着决定性的影响。PQ_{si} 的值越低，初始资源提供节点全部退出文件共享系统所需的时间越长，从而给系统内的资源请求节点更多的时间去增加 NormalPiece 的副本数。资源请求节点若在这段时间内使 NormalPiece 的副本数超过 Polluted-Piece 的副本数，则文件片段污染失效。

在图 9.7(d)对应的实验环境中，共有 1347 个资源请求节点完成整个文件的下载，平均下载时间 T_{avr} 为 66.58 个时间单位；而在图 9.7(e)对应的实验环境中，共有 1370 个资源请求节点完成整个文件的下载，平均下载时间 T_{avr} 为 65.89 个时间单位。

图 9.7(f)和图 9.7(g)反映了提高污染节点数量对污染效果的影响。在图 9.7(f)中，污染节点的数量 P 被提高至 200，初始资源提供节点的退出率 PQ_{si} 为 2%。从图中可知，在初始资源提供节点全部退出系统之前，文件片段 2、3、4 的副本数没有超过文件片段 1 的副本数，污染成功，没有资源请求节点能够完成整个文件的下载。对比图 9.7(d)可知，提高污染节点的数量使文件片段 3 的副本数超过文件片段 1 发生的时刻推迟了超过 20 个时间单位，

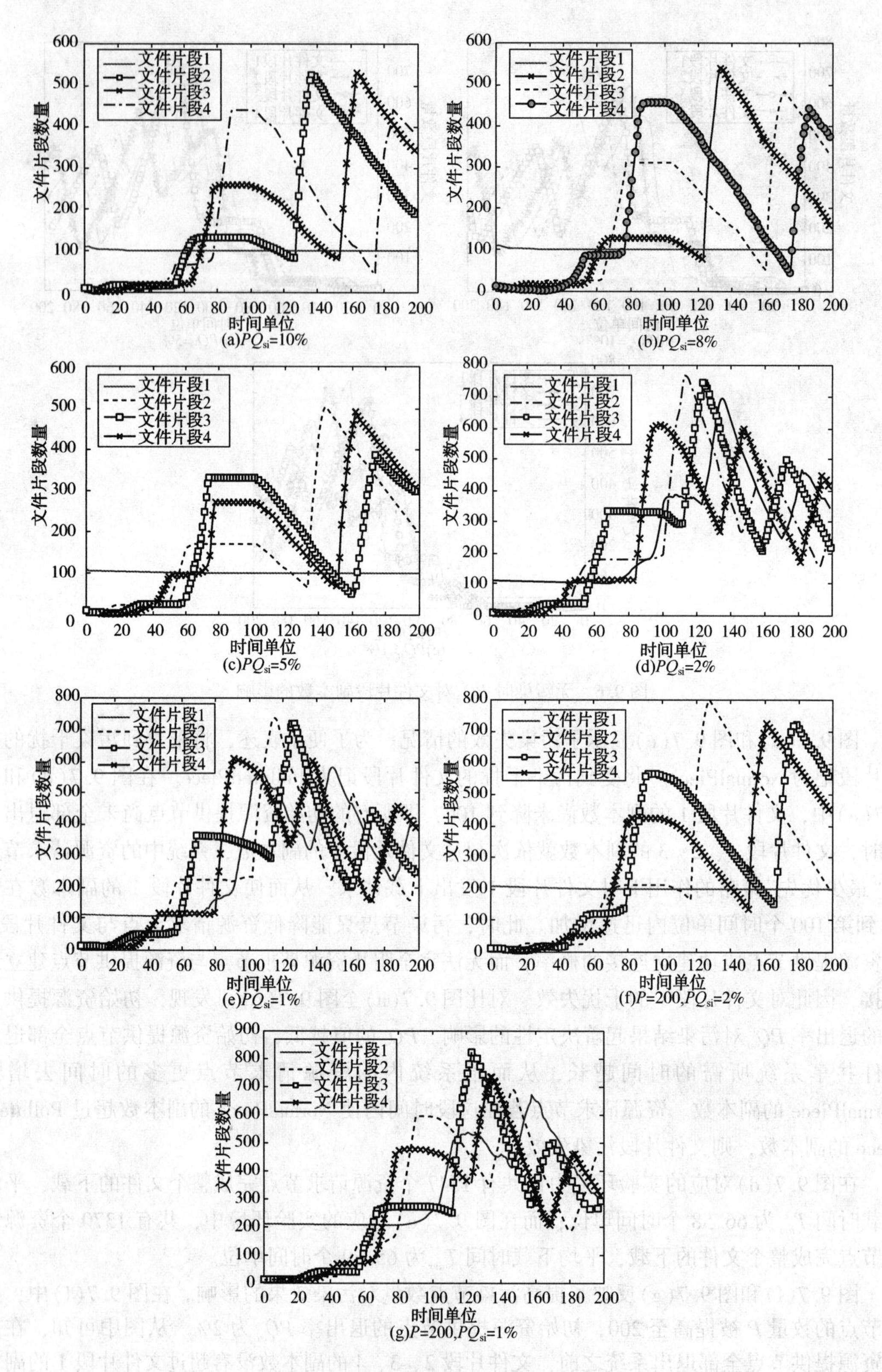

图 9.7 文件片段污染对副本数的影响

在这段时间内所有的初始资源提供节点全部退出系统。由此可见，资源请求节点使 NormalPiece 的副本数超过 PollutedPiece 的副本数这一过程所耗费的时间，在提高污染节点数量的情况下将被延长。在图 9.7(g) 中，对比图 9.7(e) 可知，虽然提高污染节点的数量推迟了 NormalPiece 的副本数超过 PollutedPiece 的副本数发生的时刻，但由于 PQ_{si} 的取值的影响，使 PollutedPiece 的副本数超过 PollutedPiece 的副本数时，初始资源提供节点仍然没有全部退出系统，导致污染失效。

在图 9.7(g) 对应的实验环境中，共有 1223 个资源请求节点完成整个文件的下载，平均下载时间 T_{avr} 为 72.10 个时间单位。

综合图 9.7(a) 至图 9.7(g) 的实验结果可以得出，当 P2P 文件系统中仅有文件片段污染时，在其他参数一定的情况下，污染成功与否是由初始资源提供节点退出 P2P 文件共享系统的概率 PQ_{si} 和系统内污染节点的数量 P 相互作用决定的。PQ_{si} 和 P 的取值越高，对文件片段的干扰越容易成功。

在图 9.7(d) 和图 9.7(e) 中，成功完成全部文件片段下载的资源请求节点，其下载所用时间的直方图如图 9.8(a) 和图 9.8(b) 所示。根据直方图的形状可判断资源请求节点完成全部文件片段下载所用时间近似服从 2 型极值分布 (Type II The Generalized Extreme Value Distribution)，即 Frechet 分布。Frechet 分布的概率密度函数如公式 (9-13) 所示。

$$\begin{cases} f(x) = \dfrac{k}{\sigma}\left(\dfrac{\sigma}{x}\right)^{k+1}\exp\left(-\left(\dfrac{\sigma}{x}\right)^{k}\right), & (k > 0) \\ 0, & (k \leqslant 0) \end{cases} \tag{9-13}$$

式中　参数 k——形状参数；

σ——尺度参数；

μ——位置参数。

分别对图 9.7(d) 和 9.7(e) 的实验结果进行参数估计，得到图 9.7(d) 的参数为 $k=0.3181$，$\sigma=10.7469$，$\mu=56.7017$；图 9.7(e) 的参数为 $k=0.3283$，$\sigma=10.2915$，$\mu=56.2914$。根据上述参数描绘出的概率密度函数图形如图 9.8(a) 和图 9.8(b) 中曲线所示，其中横轴为节点完成文件下载所花费的时间单位，每个时间单位为模型运行一轮；纵轴为花费某个时间完成文件下载的节点的概率密度。

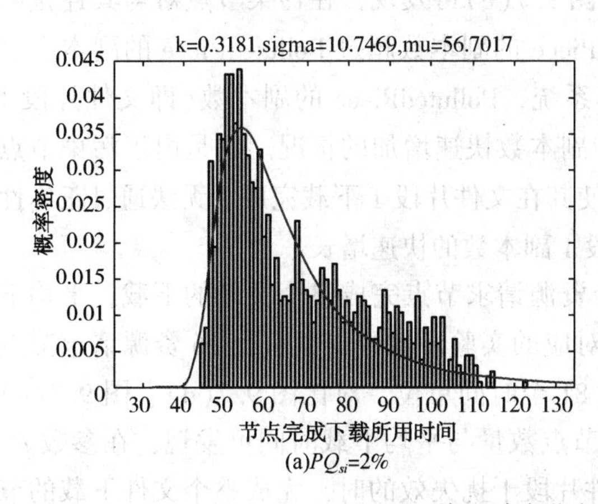

(a)PQ_{si}=2%

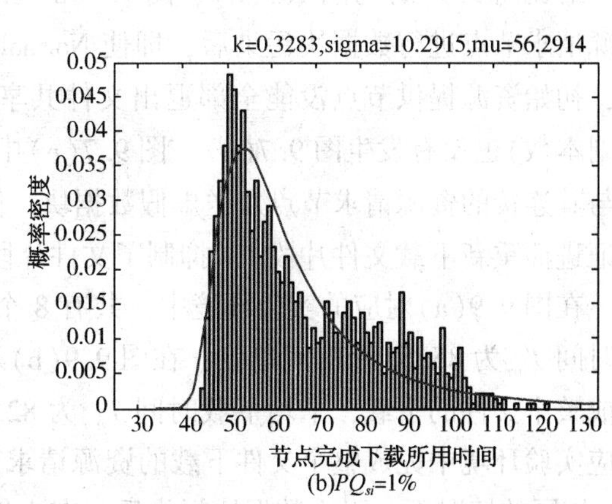

(b)PQ_{si}=1%

图 9.8　资源请求节点下载文件用时的直方图

如图 9.7 所示，当仅有文件片段污染时，若对文件片段的干扰成功则系统内没有节点能够完成整个文件的下载；若干扰失效，则能够完成整个文件下载的资源请求节点的数量与其

平均下载时间 T_{avr} 在不同的实验参数下，结果都相差不大。由此可知，若污染节点仅负责干扰文件片段的副本数，当干扰失效时对文件共享的阻碍效果可以忽略不计。为了在干扰失效时，污染节点依旧能够对 P2P 文件共享过程起到阻碍效果，引入文件片数据块污染，实验结果如图 9.9 所示，其中横轴为模型模拟的时间单位，每个时间单位为模型运行一轮；纵轴为文件片段的数量，单位为“个”。

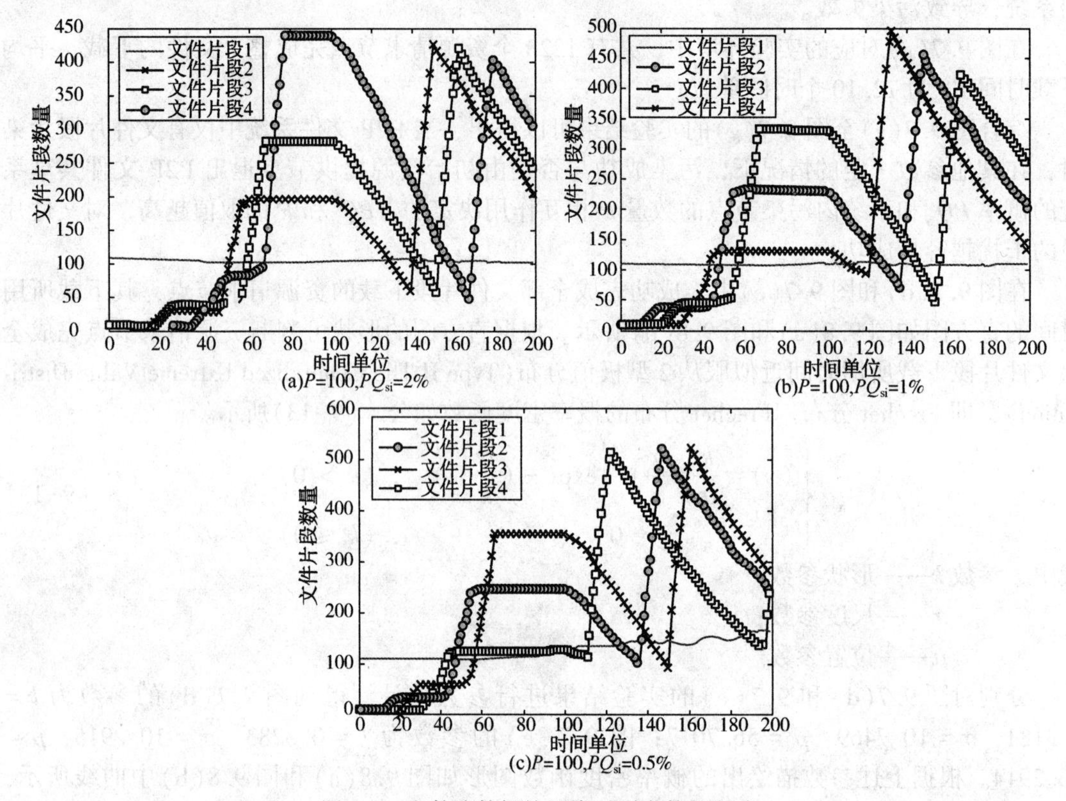

图 9.9　文件片数据块污染对副本数的影响

对比图 9.9(a)与图 9.7(d)、图 9.9(b)与图 9.7(e)可发现，在污染节点对与其连接的资源请求节点进行数据块污染后，即使 NormalPiece 的副本数超过 PollutedPiece 的副本数之前，初始资源提供节点没能全部退出文件共享系统，PollutedPiece 的副本数(即文件片段 1 的副本数)也没有发生图 9.7(d)、图 9.7(e)中副本数快速增加的情况。这是由于污染节点向与其连接的资源请求节点发送虚假数据块，使其在文件片段 1 下载完成后无法通过正确性验证进而重新下载文件片段 1，抑制了文件片段 1 副本数的快速增长。

在图 9.9(a)对应的实验环境中，共有 8 个资源请求节点完成整个文件的下载，平均下载时间 T_{avr} 为 85.63 个时间单位；在图 9.9(b)对应的实验环境中，共有个 16 资源请求节点完成整个文件的下载，平均下载时间 T_{avr} 为 82.81 个时间单位。对比图 9.7(d)、图 9.7(e)对应实验环境中完成整个文件下载的资源请求节点数量与平均下载时间可发现，在参数 P、PQ_{si} 相同的情况下，引入数据块污染后，在文件片段干扰失效的时，完成整个文件下载的节点数大幅减少，平均下载时间分别延长了 28.61%和 25.68%。

图 9.9(c)反映了在初始资源提供节点退出率 PQ_{si} 进一步下降至 0.5%时，系统中不同时刻各文件片段的副本数的情况。由图可知，由于 PQ_{si} 的降低使资源请求节点在请求文件片段

1 的数据时与正常数据提供者建立连接的概率提高，从而使文件片段 1 的副本数逐渐增加，但相比于图 9.7(d)、图 9.7(e)中快速增加的情况，图 9.9(c)中文件片段 1 的副本数增加速度相对要缓慢得多。

图 9.9(c)对应的资源请求节点成功完成整个文件下载所用时间的直方图如图 9.10 所示。根据直方图的形状判断资源请求节点成功完成整个文件下载所用时间近似服从正态分布。对实验结果进行参数估计，得到下载时间对应正态分布的参数为：$\sigma = 16.3108$，$\mu = 81.6000$。图 9.10 中曲线为根据上述参数描绘出的概率密度函数图形，其中横轴为节点完成文件下载所花费的时间单位，每个时间单位为模型运行一轮；纵轴为花费某个时间完成文件下载的节点数量，单位为“个”。对比图 9.10 和图 9.8 可知，文件片数据块污染中资源请求节点完成整个文件下载所用时间服从的分布与文件片段污染的分布不同。

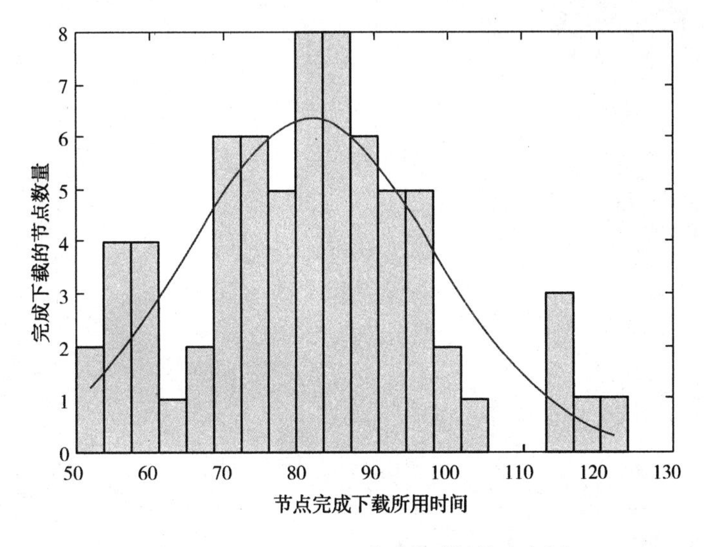

图 9.10 $PQ_{si}=0.5\%$时下载时间的直方图

综合以上实验结论可知，在文件片段污染对文件片段副本数的干扰失效时，通过对资源请求节点进行数据块污染，可以有效抑制被干扰文件片段副本数的增加速度，从而降低完成整个文件下载的资源请求节点数量，延长其下载所用时间，起到控制文件通过 P2P 文件系统传播的作用。

9.7 本章小结

本章首先介绍了与数据块污染相关的研究工作，然后以两种常见的 P2P 文件系统——BT 和 eMule 作为对象，对这两种系统中的数据块污染效果展开讨论。分别介绍了 BT 和 eMule 的文件共享过程，以及数据块污染的基本原理。针对 BT 系统，介绍了一种基于反黑名单机制的 BT 数据块污染方法，并分析了该方法的污染效果。实验结果表明，该方法不仅可以实现普通数据块污染浪费下载节点网络带宽的效果，还能破坏 P2P 文件系统的鲁棒性，使任务提前终止。针对 eMule 系统，分析了数据块污染在真实的 eMule 系统中的污染效果。实验结果表明，eMule 系统的 AICH 机制并不能完全消除数据块污染的影响。最后介绍了一种面向文件片段选择策略的数据块污染方法，该方法利用 P2P 文件系统中“最少优先”策略的缺陷，通过干扰文件片段的副本数并进行数据块污染达到控制文件传播的目的。对该方法建立了基于概率事件的数学模型，并比较了在无污染、文件片段污染、文件片数据块污染的条件下文件片段的扩散状况。仿真实验表明，在文件片段污染中，初始资源提供节点的退出率对污染结果起着决定性的影响，资源请求节点完成全部文件片段下载所用时间近似服从2型极值分布，但是污染失效时对文件共享的阻碍效果可以忽略不计。在文件片数据块污染中，资源请求节点成功完成整个文件下载所用时间近似服从正态分布。在污染节点对文件片段副本数的干扰失效时，通过对资源请求节点进行数据块污染，可以有效抑制被干扰文件片段副本数的增加速度，延长资源请求节点下载所用时间，起到控制文件传播的作用。

10　P2P 索引污染

P2P 文件污染技术被在工业界的广泛应用，使其成为学术界研究的一个热点问题。在 Liang 等人关于 P2P 版本污染的研究发表之后，学术界又发现和提出了多种不同类型的 P2P 污染技术，其中通过攻击 P2P 系统的资源索引功能，使 P2P 系统中的正常节点无法获得系统中其他节点的地址、资源等信息的攻击方式被称为索引污染。本章将对集中目录式 P2P 文件系统和全分布结构化 P2P 文件系统中的索引污染展开讨论。

10.1 小节首先介绍了索引污染的相关研究工作。10.2 小节对集中目录式的 BT 系统中的索引污染展开分析，首先介绍了 BT 系统索引污染的基本原理，然后在此基础上，建立了 BT 索引污染的概率模型，并对实际网络环境中的 BT 索引污染效果进行了讨论。早期的 P2P 系统多采用集中式目录式资源查询，即将提供资源的节点信息放在索引服务器上。但是如果索引服务器出现故障，会引起系统的单点失效问题，跟 P2P 网络的设计初衷相违背。为了解决此问题，基于分布式散列表（DHT，Distributed Hash Table）的 Kademlia 算法被引入到 P2P 系统中。本章 10.3 小节对 eDonkey/eMule 系统中的分布式散列表实现——Kad 网络展开讨论，首先介绍了 Kad 网络中的资源发布与查询机制，然后介绍了面向 Kad 网络的两种索引污染思路。在此基础上，10.4 小节将两种 Kad 索引污染结合起来，通过分析受到索引污染时的用户状态转移过程，给出了一种 Kad 网络的联合索引污染模型，并通过仿真实验分析了联合索引污染的污染效果与影响污染效果的因素。

10.1　P2P 索引污染的相关研究工作

在发表关于 P2P 版本污染的研究论文之后，Liang 等人又发现了一种相对于版本污染更为隐蔽的 P2P 污染方法，作者将其命名为 P2P 索引污染（index poisoning attack）。大多数 P2P 文件共享都拥有索引机制，用户通过索引机制获得参与文件共享任务的其他用户的网络地址信息，或是查询其需要的文件资源。P2P 索引污染正是针对用户的索引查询过程，通过技术手段使用户难以通过索引查询获得需要的信息，以达到降低 P2P 文件共享系统中的用户体验，实现对 P2P 文件共享进行控制的目的。与版本污染和数据块污染相比，索引污染对污染者的硬件要求更少，不需要大量的网络带宽和污染客户端等资源。在版本污染中，为了吸引用户下载被污染的文件版本，污染文件的发布节点需要具有较高的网络带宽。此外，由于污染文件的发布节点在污染过程中将要对大量的连接请求进行响应，版本污染的文件发布节点还需要具有强大的计算能力。与版本污染类似，为了达到良好的污染效果，数据块污染节点也需要高网络带宽和高计算性能。而在索引污染中，污染者既不需要发送文件数据也不需要响应系统中其他节点的请求，只需要向索引系统中加入大量的虚假文件信息或节点信息，即可妨碍系统中的其他节点正确地查询到所需的资源信息。Liang 等人对 P2P 索引污染的研究成果显示，无论是结构化的 P2P 文件共享系统还是非结构化的 P2P 文件共享系统都易于受到 P2P 索引污染的影响。通过对结构化的 Overnet 系统和非结构化的 FastTrack 系统进行数据收集并进行分析，发现索引污染在两种系统中都广泛存在。

对索引污染的效果评估是索引污染研究的一个主要内容。日本学者将 P2P 索引污染应用到日本最流行的 P2P 文件系统——Winny 之中，以控制文件通过 Winny 系统进行传播。作者的实验环境由超过 100000 个动态节点组成，实验结果表明，使用作者设计的 P2P 索引污染方法可以将查询的命中率降至无污染情况下的 0.004%。尽管索引污染能够有效控制 P2P 网络中的数据共享，但是同时也会造成 P2P 网络内流量增加的问题。为了解决此问题，动态聚类的方法被用于限制索引污染的范围，同时保持控制功能的有效性。还有一些学者将索引污染应用在不同类型的 P2P 系统中，如 DHT 路由表，并对其效果和性能进行分析评估。

对 P2P 版本污染和索引污染效果的比较研究显示，用户行为对污染效果有着重要的影响。影响 P2P 文件传播的决定性因素是未受到污染的文件在系统中的持续性、P2P 系统的网络安全措施的误判率以及文件共享任务的初始状态。根据这些结论，可以给出对大规模 P2P 系统中污染者的最佳污染策略。

10.2 面向 BT 系统的索引污染

10.2.1 BT 索引污染的基本原理

BT 是典型的集中目录式 P2P 文件系统，本节主要讨论面向 BT 系统的索引污染(简称 BT 索引污染)。

在 BT 系统中，由 Tracker 服务器负责提供资源索引服务，使参与文件共享任务的用户节点能够找到其所需文件资源的提供者。当一个用户节点开始某个 BT 文件共享任务，它首先将自己的 IP 地址、端口号、Info Hash、文件下载进度等与文件共享任务相关的信息注册到 Tracker 上，接下来该用户节点向 Tracker 请求参与文件共享任务的其他节点的节点信息，Tracker 以节点列表(PeerList)的形式将信息返回给该用户节点。获得节点列表后，该用户节点根据节点列表中的节点信息与资源提供节点(简称为 Seeder)建立连接，开始数据传输。在文件共享过程中，用户节点每隔 30 分钟将自己的信息在 Tracker 上重新注册一次，以便 Tracker 更新其状态；另一方面，用户节点仅在其获得的 Seeder 数量不足的情况下才会向 Tracker 查询新的 Seeder。

但是，这种集中式的资源查询机制有一个内在的缺点。用户节点在向 Tracker 注册其节点信息时，出于效率等因素的考虑，Tracker 并不对信息的真实性进行验证，尤其是 Tracker 不检测用户节点发布的如 IP 地址、端口号这样的地址信息，索引污染正是利用了这点。在索引污染中，污染者将大量错误的节点信息注册到 Tracker 上。错误的节点信息可以是并不与任何实际文件关联的随机内容标识符，也可以是不指向文件共享系统中任何真实节点的虚假 IP 地址，或是不可用的服务端口号。

当索引污染完成后，Tracker 中记录的节点信息中大部分都是污染者加入的错误节点信息。当资源请求节点尝试去下载文件时，由于从 Tracker 中获得正确的 Seeder 信息的概率远小于获得错误节点信息的概率，导致其在与 Seeder 建立连接时持续发生错误，无法成功建立连接。资源请求节点将大量的时间消耗在同无效的节点建立连接的过程中，从而使整个文件共享系统的平均文件下载速度降低，延迟和阻碍了文件的传播。索引污染过程的序列图如图 10.1 所示。

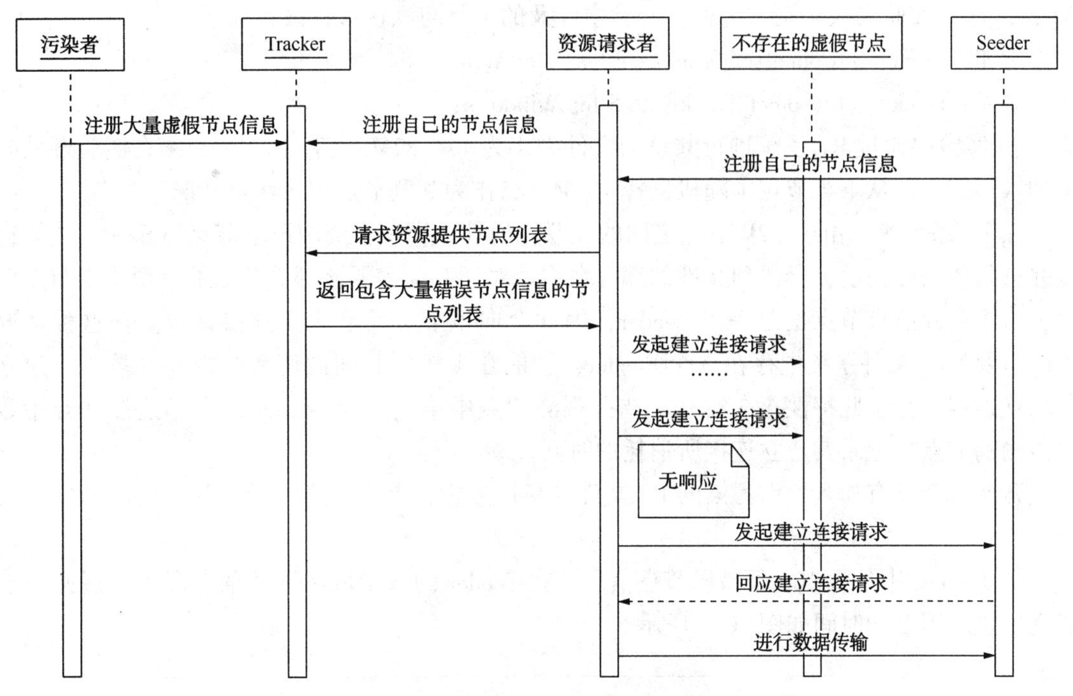

图 10.1　P2P 索引污染过程的序列图

10.2.2　BT 索引污染的概率模型

在索引污染过程中，污染的效果取决于“连接成功率”，即资源请求节点从 Tracker 得到 Seeder 的信息后，与 Seeder 成功的建立起连接的概率。连接成功率越低，资源请求节点花费在建立连接过程的时间就越长。索引污染的目标正是降低正确的节点信息数量在 Tracker 中所占的比例，以降低资源请求节点的连接成功率，本书将这个过程称为对正确节点信息的“稀释”。当正确节点信息被“稀释”到一定程度，资源请求节点从 Tracker 中获得的节点列表中包含正确的 Seeder 信息的概率也会随之变得极低，使大多数资源请求节点在索引污染完成后不断地重复请求 Seeder 信息，无法进入数据传输阶段。

定义 I 为污染者在 Tracker 中注册的错误节点信息的数量，V 为 Tracker 中正确的节点信息数量。对于每一次资源请求节点向 Tracker 发送的节点请求，令 Tracker 应答的节点列表中节点信息的数量为 R(其中可能同时包括正确节点信息与错误节点信息)，则在一次请求中，资源请求节点获得的节点列表内包含正确节点信息的概率 P 如下所示。

$$P = \begin{cases} \sum_{n=1}^{R} \dfrac{C(V,\ n) \cdot C(I,\ R-n)}{C(I+V,\ R)} & ,\ R \leqslant I \\ 1 & ,\ R > I,\ V > 0 \\ 0 & ,\ R > I,\ V = 0 \end{cases} \tag{10-1}$$

式中　$C(x,\ y)$ ——从 y 个元素中取 x 个的组合数。

10.2.3　BT 索引污染的效果分析

为了分析 BT 索引污染的效果，本章设计了 BT 索引污染的客户端并将其配置在实际的

BT 网络中。实验在校园网中进行，实验中涉及的工具与默认参数设置如下：

① BT client：BitComet 0.99 stable release for Windows；

② BT Tracker：BitComet Tracker 0.5 for Windows；

③ 实验中通过 BT 系统进行共享的文件大小为 174.82MB，若干个 Seeder 在实验开始时被加入系统中；从下载节点中随机选择 10 个节点作为观测节点记录污染状况。

在 BT 系统中，由于 P2P 节点之间的互联互通性，当一个资源请求节点与 Seeder 建立连接并进行数据传输后，会得到文件的部分数据。对于其他需要该部分数据的资源请求节点而言，这个资源请求节点也是一个 Seeder，因此会向该节点发起建立连接请求。在这种情况下，只要 P2P 文件系统中存在一个 Seeder，就能在很短的时间内使系统内大多数节点建立起相互连接。鉴于此特性，在实验时选择观测节点中第一个与 Seeder 建立起连接并开始数据传输的节点，记录其建立连接所消耗的时间。

开始一个没有加入索引污染的 BT 文件共享任务。节点建立连接所用平均时间如图 10.2 所示。

向 Tracker 中加入 100 条错误节点信息，在 Seeder 的数量取不同值的情况下，观测节点建立连接所用平均时间如图 10.3 所示。

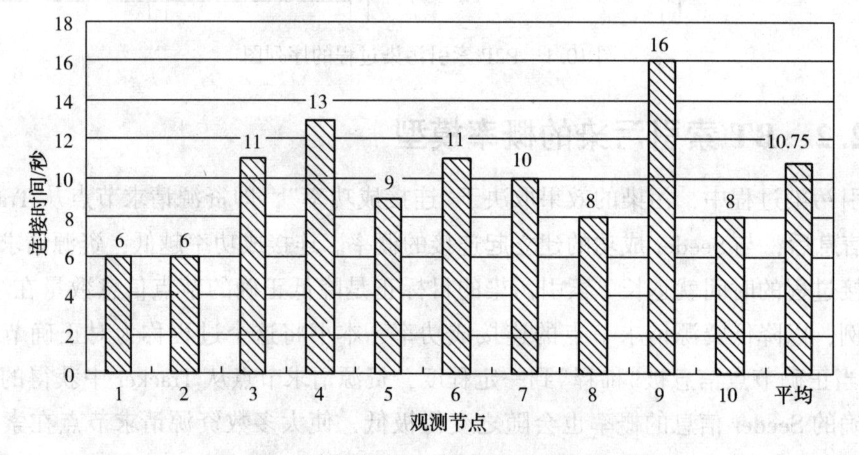

图 10.2 无索引污染时节点建立连接的时间

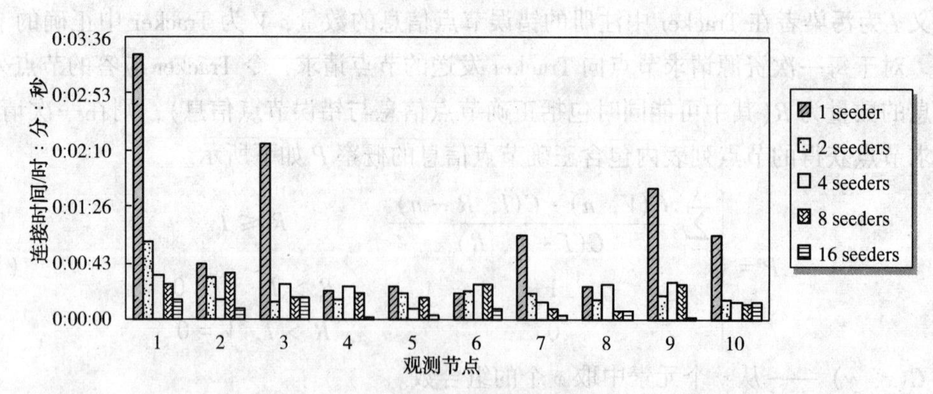

图 10.3 加入 100 条错误节点信息后节点建立连接的时间

对比图 10.2 和图 10.3 可知，索引污染有效地延长了 BT 系统中资源请求节点与 Seeder 建立连接的时间，且建立连接的所消耗的时间随着实验开始时系统内资源提供节点数量的降低而增加。这是由于进行索引污染后，Seeder 数量的减少使资源请求节点从 Tracker 中获得 Seeder 的节点信息的概率随之降低。

为了有效地评估 BT 系统中索引污染的程度，定义“污染倍数”来反映正确的 Seeder 信息与虚假节点信息之间的数量关系。令变量 I 表示 Tracker 中污染者注册的虚假节点信息的数量，变量 V 表示正确的 Seeder 信息的数量，则污染倍数 M 被定义为 $M = |I|/|V|$。表 10.1 显示了虚假节点信息数量为 100 时，不同的正确节点信息数量对应的污染倍数。对比表 10.1 和图 10.3 可发现，考虑到实验结果的随机性，资源请求节点的连接时间与污染倍数成正比。

表 10.1　正确节点信息数量与污染倍数的对应关系

	1 Seeder	2Seeders	4Seeders	8Seeders	16Seeders
污染倍数（M）	100	50	25	12.5	6.25

为了反映资源提供节点数量对索引污染的效果，分别在初始 Seeder 数量为 1 个、4 个、8 个的情况下根据不同的污染倍数向 Tracker 中加入相对应的错误节点信息。图 10.4 显示了固定的污染倍数下不同的 Seeder 数量对索引污染效果的影响。由图 10.4 可知，在相同的污染倍数设置下，无论开始进行模拟时系统内的资源提供节点是 1 个、4 个或是 8 个，观测节点的连接时间大多处于相同的取值区间，排除个别偶然因素，不同的初始 Seeder 数量对连接时间的影响，其差别并不明显。

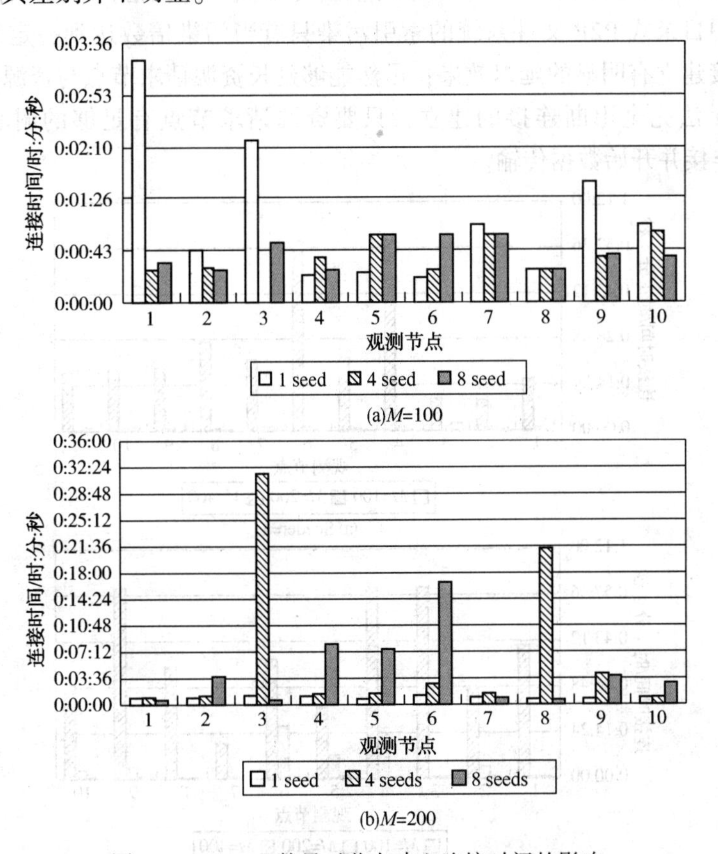

图 10.4　Seeder 数量对节点建立连接时间的影响

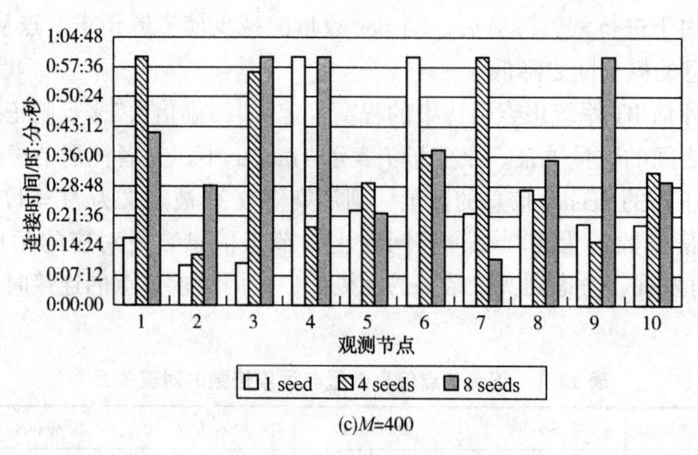

(c)M=400

图 10.4 Seeder 数量对节点建立连接时间的影响(续)

图 10.5 显示了在不同的 Seeder 数量下，污染倍数对索引污染效果的影响。由图 10.5 可知，污染倍数高的情况下资源请求节点建立连接所用时间明显高于污染倍数低的情况，这是由于污染倍数的增加意味着 Tracker 内正确的资源提供节点的比例被“稀释”，导致正确的 Seeder 被选中的概率减少，资源请求节点需要不断重复建立连接过程，延长了建立连接所耗费的时间。

对比图 10.4 和图 10.5 可知，影响索引污染效果的主要因素是污染倍数而非虚假节点信息的数量，即索引污染的效果是由 Seeder 的数量和虚假节点信息的数量共同决定。通过实验还可发现集中目录式 P2P 文件系统的索引污染只有当污染倍数达到一定程度时，才能对节点之间的连接建立有明显的延迟效果；虽然能够延长资源请求节点与资源提供节点建立连接的时间，但无法完全阻断连接的建立，只要资源请求节点有足够的耐心，最终仍将与 Seeder 建立起连接并开始数据传输。

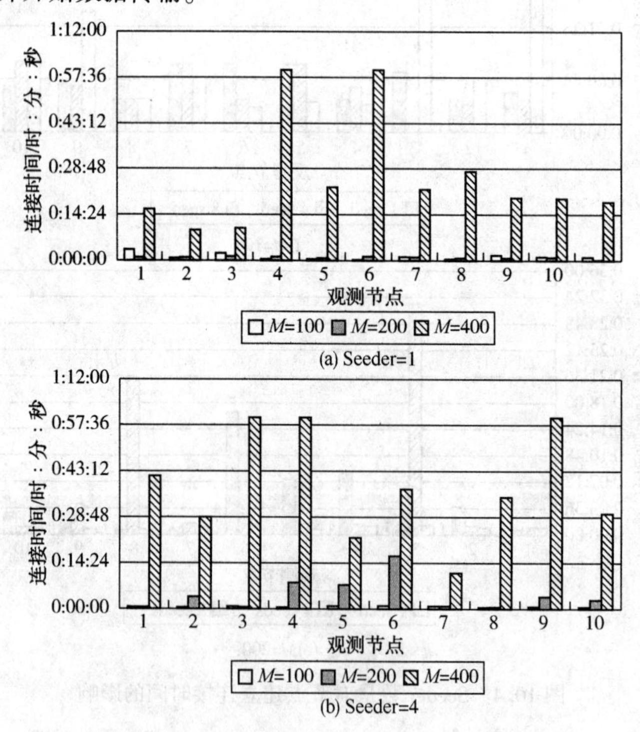

图 10.5 污染倍数对节点建立连接时间的影响

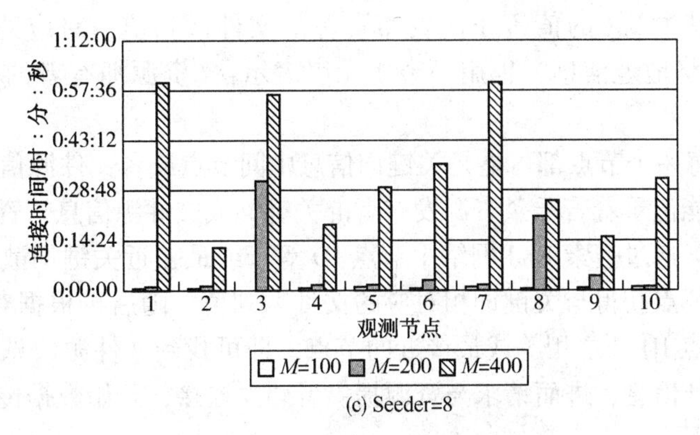

图 10.5　污染倍数对节点建立连接时间的影响(续)

10.3　面向 Kad 系统的索引污染方法

早期的 P2P 文件系统，如 BT、eMule 等都采用集中式拓扑。但是，集中式拓扑存在单点失效问题，一旦中心服务器无法正常工作，整个 P2P 网络都将瘫痪。为了提高系统的鲁棒性，基于 DHT 技术的 Kademlia 算法被引入到 P2P 文件共享系统中，使用户无须查询中心服务器即可找到资源的提供者。采用 Kademlia 算法构建的网络，其拓扑结构属于分布式结构化拓扑，在 eMule 系统中被称为 Kad 网络，在 BT 系统中被称为 DHT 网络。

随着 DHT 技术的广泛应用，针对分布式散列表的污染和攻击也成为学术界研究的热点问题。本节主要介绍面向 Kad 网络的索引污染(简称 Kad 索引污)方法。

10.3.1　Kad 网络的资源发布与查询机制

在 eMule 系统中，Kad 网络主要充当文件信息检索协议的角色，所有信息均以<key，value>的散列表条目的形式分散地存储在各个节点上，只要得到信息的 key 值，便可通过 Kademlia 协议来查询其所对应的 value 值。在 Kad 网络中，有 2 种重要的散列值：关键词散列值和文件散列值。对文件资源的描述信息进行分词，得到共享资源的关键词，再使用 SHA1 算法对关键词计算出的散列值被称为关键词散列值。对文件资源使用 SHA1 算法计算出的散列值被称为文件散列值。关键词散列值、文件散列值以及 Kad 网络中节点的 ID 都是 160 比特的二进制字符串。

每个 eMule 客户端在 Kad 网络连接后就开始发布文件的资源信息。首先进行关键词信息发布，客户端通过不断的迭代查询找到 Kad 网络中节点 ID 等于或最接近关键词散列值的若干个节点(具体查询过程可参阅文献《Kademlia：A peer-to-peer information system based on the xor metric》)，发布资源的客户端将关键词信息发布到这些节点上，本文将这些节点称为“关键词信息中间节点”。关键词信息是一个<key，value>的属性对，其中 key 的值等于关键词散列值，而其对应的 value 为一个列表，该列表给出了关键词对应的文件信息，这些信息用一个 3 元组条目表示：(文件名，文件长度，文件散列值)。

发布完关键词信息，eMule 客户端还需要发布文件源信息。客户端首先通过不断的迭代查询找到 Kad 网络中节点 ID 等于或最接近文件散列值的若干个节点，将文件源信息发布到这些节点上，这些节点被称为“文件源信息中间节点”。文件源信息也是一个<key，

value>的属性对，其中 key 的值等于所发布资源的文件散列值；对应的 value 值给出了拥有该文件节点的网络地址信息，也用一个 3 元组表示：(资源拥有者的 IP 地址，端口号，拥有者节点 ID)。

Kad 网络中的每一个节点都可能是关键词信息中间节点或者文件源信息中间节点。每一个中间节点上都可能记录着若干条资源发布者的关键词或文件源信息。资源请求者输入关键词进行资源查询时，通过搜索 Kad 网络中节点 ID 等于或最接近关键词散列值的节点，可以从关键词信息中间节点获得与关键词相对应的文件散列值。随后再根据获得的文件散列值，搜索 Kad 网络中节点 ID 与之相等或最接近的节点，即可找到文件源信息中间节点，得到资源提供者的网络地址信息，进而请求与资源提供者建立连接，开始数据传输。

10.3.2　Kad 网络的关键词污染与文件源污染

对 Kad 网络的索引污染可分为两种类型，分别对应 Kad 网络中的关键词查询阶段与文件源查询阶段。两者可以单独使用，也可以综合使用，通过干扰 Kad 网络的资源查询过程，使资源请求者无法正确查询到资源提供者，进而起到控制 P2P 文件传播的作用。本文将针对关键词查询阶段的索引污染称为关键词污染，将针对文件源查询阶段的索引污染称为文件源污染。

污染者进行关键词污染时，首先提取出文件的关键词信息，并计算出关键词散列值，根据关键词散列值查询到关键词信息中间节点。随后，污染者按照 Kad 协议规定的格式向这些节点发布大量虚假的关键词信息，即发布的(文件名，文件长度，文件散列值)三元组中文件散列值是无效的。由于在 Kad 网络的资源查询过程中，资源请求者从关键词信息中间节点获取正确的文件散列值是进行文件源查询的前提条件，因此关键词污染将导致资源请求节点无法找到正确的资源提供节点。

污染者进行文件源污染时，首先通过查询关键词或解析文件 eD2k 链接等方法获得文件的文件散列值，并根据文件散列值查询到文件源信息中间节点。随后，污染者按照 Kad 协议规定的格式向这些节点发布大量虚假的文件源信息，即将虚假的(资源拥有者的 IP 地址，端口号，节点 ID)三元组作为 value 值发布到文件源信息中间节点。文件源信息中间节点受到文件源污染后，即使资源请求者经过关键词查询能够获得正确的文件散列值，也无法由文件散列值得到正确的资源提供节点的地址信息。

10.4　Kad 网络的联合索引污染模型

根据前述 Kad 网络索引污染的基本原理，本小节介绍了一种 Kad 网络的联合索引污染(简称联合污染)模型，该模型同时考虑了 Kad 网络中关键词污染与文件源污染对查询结果带来的影响。模型从用户的角度进行建模，通过模拟用户在 Kad 查询过程中的状态转移来反映 Kad 索引污染的效果。

10.4.1　联合污染的状态转移分析

受到联合污染时，用户通过 Kad 网络查询资源的状态转移情况如图 10.6 所示。在不同状态之间转移所需的时间被标注在连接状态的线段上，没有标注数字的线段代表两个状态之间的转换时间可以忽略不计。

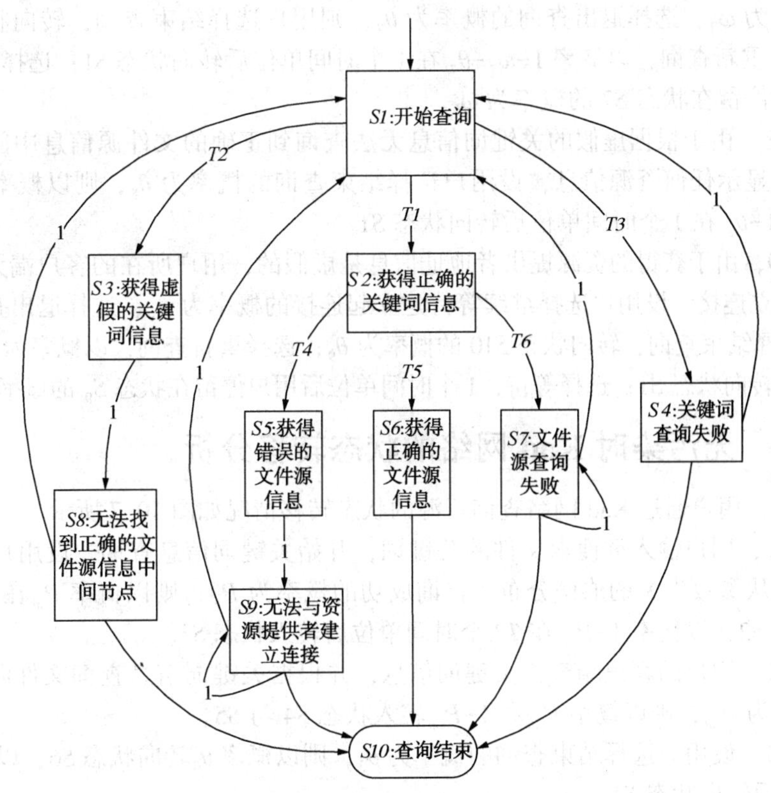

图 10.6 受联合污染时 Kad 网络的用户状态转移图

在状态 $S1$，设用户到达 Kad 网络的到达率服从参数为 λ 的泊松分布。用户输入欲搜索文件的关键词，开始关键词信息查询。设查询成功的概率为 P_c，查询到虚假关键词信息的概率为 P_f，以概率 P_c 在 T1 个时间单位后转入状态 $S2$；以概率 P_f 在 T2 个时间单位后转入状态 $S3$；以概率 $1 - P_c - P_f$ 在 T3 个时间单位后转入状态 $S4$。

在状态 $S2$，用户的客户端获得关键词信息，并根据关键词信息查询文件源信息。设查询成功的概率为 P_{ic}，查询到虚假文件源信息的概率为 P_{if}；以概率 P_{if} 在 T4 个时间单位后转入状态 $S5$；以概率 P_{ic} 在 T5 个时间单位后转入状态 S6；以概率 $1 - P_{ic} - P_{if}$ 在 T6 个时间单位后转入状态 S7。

在状态 $S3$，由于受到关键词污染的影响，用户的客户端获得虚假的关键词信息，并根据虚假的关键词信息查询对应的文件源信息，经过 1 个时间单位后转向状态 $S8$。

在状态 $S4$，由于关键词查询失败，用户的客户端将不显示任何与关键词相关的资源信息。设用户选择结束查询的概率为 θ_4，则以概率 θ_4 转向状态 $S10$；以概率 $1 - \theta_4$ 在 1 个时间单位后转向状态 $S1$。

在状态 $S5$，由于受到文件源污染的影响，用户的客户端获得虚假的文件源信息，并根据虚假的文件源信息查询资源提供者的地址信息，经过 1 个时间单位后转向状态 $S9$。

在状态 $S6$，文件源信息查询成功，用户的客户端获得资源提供者的地址信息，查询结束，转向状态 $S10$。

在状态 $S7$，文件源信息查询失败，用户的客户端会显示出资源的名称，但可用源数为 0。由于 Kad 网络的查询是一个逐渐逼近目标节点的过程，可用源信息的显示可能会存在延迟，因此当可用源数为 0 时用户可能选择等待，也可能选择结束查询或重新查询。设用户选

择等待的概率为 ω_7，选择退出查询的概率为 θ_7，则用户选择结束查询，转向状态 *S*10 的概率为 θ_7；选择重新查询，以概率 $1-\omega_7-\theta_7$ 在 1 个时间单位后转向状态 *S*1；选择等待，1 个时间单位后用户停留在状态 *S*7 的概率为 ω_7。

在状态 *S*8，由于根据虚假的关键词信息无法查询到正确的文件源信息中间节点，用户的客户端将不显示任何资源信息，设用户选择结束查询的概率为 θ_8，则以概率 θ_8 转向状态 *S*10；以概率 $1-\theta_8$ 在 1 个时间单位后转向状态 *S*1。

在状态 *S*9，由于获得的资源提供者地址信息是虚假的，用户所在的客户端无法与正确的资源提供者建立连接。设用户选择继续等待建立起连接的概率为 ω_9，选择退出查询的概率为 θ_9，则用户选择结束查询，转向状态 *S*10 的概率为 θ_9；选择重新查询，以概率为 $1-\omega_9-\theta_9$ 在 1 个时间单位后转向状态 *S*1；选择等待，1 个时间单位后用户停留在状态 S_9 的概率为 ω_9。

10.4.2 无污染时 Kad 网络的状态转移分析

无污染时，用户通过 Kad 网络查询资源的状态转移情况如图 10.7 所示。

在状态 *S*1，用户输入欲搜索文件的关键词，开始关键词信息查询。设用户到达 Kad 网络的到达率服从参数为 λ 的泊松分布，查询成功的概率为 P_m，则以概率 P_m 在 *T*1 个时间单位后转入状态 *S*2；以概率 $1-P_m$ 在 *T*2 个时间单位后转入状态 *S*3。

在状态 *S*2，用户的客户端获得关键词信息，并根据关键词信息查询文件源信息。设查询成功的概率为 P_{im}，则以概率 P_{im} 和 $1-P_{im}$ 转入状态 *S*4 与 *S*5。

在状态 *S*3，设用户选择结束查询的概率为 θ_3，则以概率 θ_3 转向状态 *S*6；以概率 $1-\theta_3$ 在 1 个时间单位后转向状态 *S*1。

在状态 *S*4，文件源信息查询成功，用户的客户端获得资源提供者的地址信息，查询结束，转向状态 *S*6。

在状态 *S*5，设用户选择等待的概率为 ω_5，选择退出查询的概率为 θ_5，则用户选择结束查询，转向状态 S6 的概率为 θ_5；选择重新查询，以概率 $1-\omega_5-\theta_5$ 在 1 个时间单位后转向状态 *S*1；选择等待，1 个时间单位后用户停留在状态 *S*5 的概率为 ω_5。

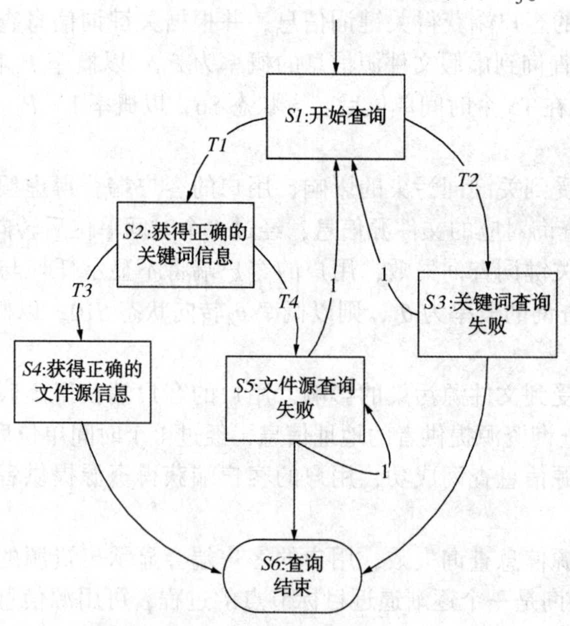

图 10.7 无污染时 Kad 网络的用户状态转移图

10.4.3 联合污染的数学模型

设 $X_n(t)$ 为 t 时刻状态 S_n 的用户数，$Y_s(t)$ 与 $Y_f(t)$ 分别为 t 时刻通过 Kad 网络查询资源成功与失败的用户数，根据马尔科夫链的知识，得到联合污染模型的数学表达式为：

$$X_1(t)=(1-\theta_7-\omega_7)\cdot X_7(t-1)+(1-\theta_8)\cdot X_8(t-1)+(1-\theta_9-\omega_9)\cdot X_9(t-1)+(1-\theta_4)\cdot X_4(t-1)+\lambda \tag{10-2}$$

$$X_2(t)=P_c\cdot X_1(t-T1) \tag{10-3}$$

$$X_3(t)=P_f\cdot X_1(t-T2) \tag{10-4}$$

$$X_4(t)=(1-P_c-P_f)\cdot X_1(t-T3) \tag{10-5}$$

$$X_5(t)=P_{if}\cdot X_2(t-T4) \tag{10-6}$$

$$X_6(t)=P_{ic}\cdot X_2(t-T5) \tag{10-7}$$

$$X_7(t)=(1-P_{ic}-P_{if})\cdot X_2(t-T6)+\omega_7\cdot X_7(t-1) \tag{10-8}$$

$$X_8(t)=X_3(t-1) \tag{10-9}$$

$$X_9(t)=X_5(t-1)+\omega_9\cdot X_9(t-1) \tag{10-10}$$

$$Y_s(t)=X_6(t) \tag{10-11}$$

$$Y_f(t)=X_5(t)+X_3(t) \tag{10-12}$$

设 $Y_g(t)$ 为无污染的 Kad 网络中 t 时刻查询资源成功的用户数，则 Kad 网络无污染时用户状态转移的数学表达式为：

$$X_1(t)=(1-\theta_5-\omega_5)\cdot X_5(t-1)+(1-\theta_3)\cdot X_3(t-1)+\lambda \tag{10-13}$$

$$X_2(t)=P_m\cdot X_1(t-T1) \tag{10-14}$$

$$X_3(t)=(1-P_m)\cdot X_1(t-T2) \tag{10-15}$$

$$X_4(t)=P_{im}\cdot X_2(t-T3) \tag{10-16}$$

$$X_5(t)=(1-P_{im})\cdot X_2(t-T4)+\omega_5\cdot X_5(t-1) \tag{10-17}$$

$$Y_g(t)=X_4(t) \tag{10-18}$$

10.4.4 仿真实验与污染效果分析

实验中涉及的软硬件环境和默认参数设置如下：

①实验的硬件环境：3.0GHzIntel 奔腾 4 处理器，1Gb 内存，80Gb 硬盘；

②实验的软件环境：WindowsXP SP3，Matlab 7.0，Visual C++ 6.0；

③实验的默认设置：$T1=T2=T3=T4=T5=T6=10$，$\lambda=100$，实验迭代的次数为 500 次，即实验模拟的时间长度为 500 个时间单位。

(1) 有无索引污染对 Kad 查询效果的影响

受到联合污染时，对于方程(10-1)~方程(10-11)，令 $\theta_4=\theta_7=\theta_8=\theta_9=0.2$，$\omega_7=\omega_9=0.6$，$P_c=P_{ic}=0.3$，$P_f=P_{if}=0.5$；对于方程(10-12)~方程(10-17)，令 $\theta_3=\theta_4=\theta_5=0.2$，$\omega_5=0.6$，$P_m=P_{im}=0.8$。仿真结果如图 10.8 所示，其中横轴为节点进行索引查询所花费的时间单位，每个时间单位为模型运行一轮；纵轴为进行索引查询的节点数量，单位为“个”。

在图 10.8 中，“有污染查询成功”“有污染查询失败”“无污染查询成功”分别是 $Y_s(t)$、$Y_f(t)$、$Y_g(t)$ 随时间变化的值。对比“有污染查询成功”和“无污染查询成功”可知，受到联合

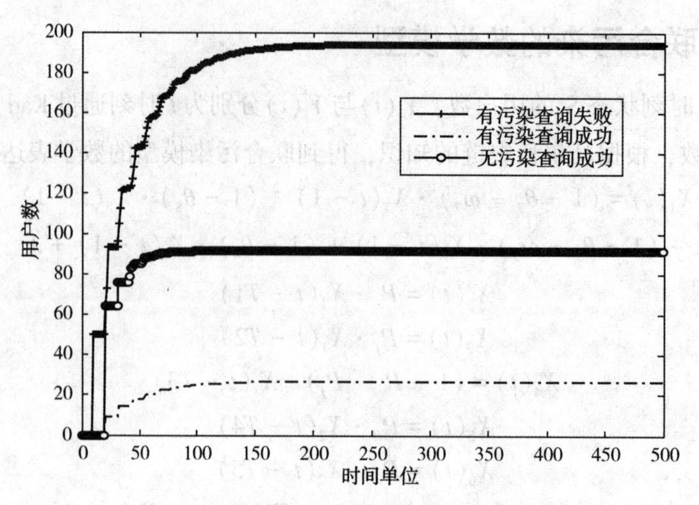

图 10.8　有无索引污染对查询结果的影响

污染的影响时，Kad 系统中查询资源成功的用户数要小于无污染状态下查询资源成功的用户数。对比“有污染查询失败”和“有污染查询成功”可知，在受到联合污染的影响时，相对于查询成功的用户，Kad 网络内多数用户查询资源失败。由图 10.8 还可知无论是否存在污染，Kad 网络内某个时刻查询成功的用户数与查询失败的用户数都将随着时间的增加趋向于稳定。对 $Y_s(t)$、$Y_f(t)$、$Y_g(t)$ 做回归分析，得到的回归方程如下。

$$Y_s(t) = -0.0060 \cdot t^2 + 0.6890 \cdot t - 4.8764 \tag{10-19}$$

$$Y_f(t) = 0.0004 \cdot t^3 - 0.0631 \cdot t^2 + 5.5480 \cdot t - 18.3700 \tag{10-20}$$

$$Y_g(t) = 0.0005 \cdot t^3 - 0.0648 \cdot t^2 + 4.5341 \cdot t - 25.8854 \tag{10-21}$$

（2）污染程度对联合污染效果的影响

在 Kad 污染中，污染程度的高低取决于污染者向关键词信息中间节点和文件源信息中间节点加入的虚假信息的数量，数量越多，资源查询者在查询关键词信息或文件源信息时获得正确信息的概率就越小。因此，以用户查询到虚假关键词信息的概率 P_f 和查询到虚假文件源信息的概率 P_{if} 来反映 Kad 网络中的污染程度。对于方程（10-1）~方程（10-11），令 $\theta_4=\theta_7=\theta_8=\theta_9=0.2$，$\omega_7=\omega_9=0.6$，$P_{ic}=0.3$，$P_{if}=0.5$，$P_c+P_f=0.8$，关键词污染的污染程度，即 P_f 的取值，对联合污染效果的影响如图 10.9 所示。图中“用户数”表示在一定条件下，系统中查询失败的节点数量，单位为“个”；“时间单位”表示模型运行的时间，每个时间单位为模型运行一轮；“P_f”为模型中关键词污染程度的取值。

令 $\theta_4=\theta_7=\theta_8=\theta_9=0.2$，$\omega_7=\omega_9=0.6$，$P_c=0.3$，$P_f=0.5$，$P_{ic}+P_{if}=0.8$，文件源污染的污染程度，即 P_{if} 的取值，对联合污染效果的影响如图 10.10 所示。图中“用户数”表示在一定条件下，系统中查询失败的节点数量，单位为“个”；“时间单位”表示模型运行的时间，每个时间单位为模型运行一轮；“P_{if}”为模型中文件源污染程度的取值。

由图 10.9 可知，当 P_{if} 取固定值时，查询失败的用户数趋向的稳定值随着 P_f 值的增加而快速增加；由图 10.10 可知，当 P_f 取固定值时，查询失败的用户数趋向的稳定值也随着 P_{if} 值的增加而增加，但是增加的速率要低于图 10.9 中 P_{if} 取固定值，以 P_f 为变量的情况。这说明相对于文件源污染，关键词污染的程度对联合污染的效果影响更大。

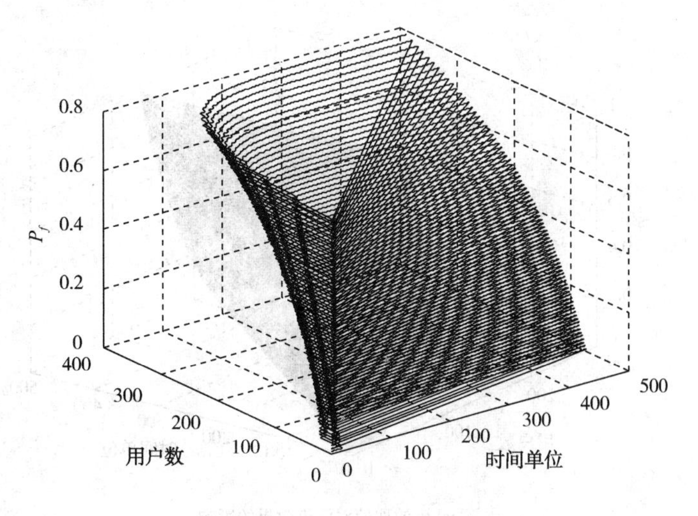

图 10.9　P_f取值对联合污染效果的影响

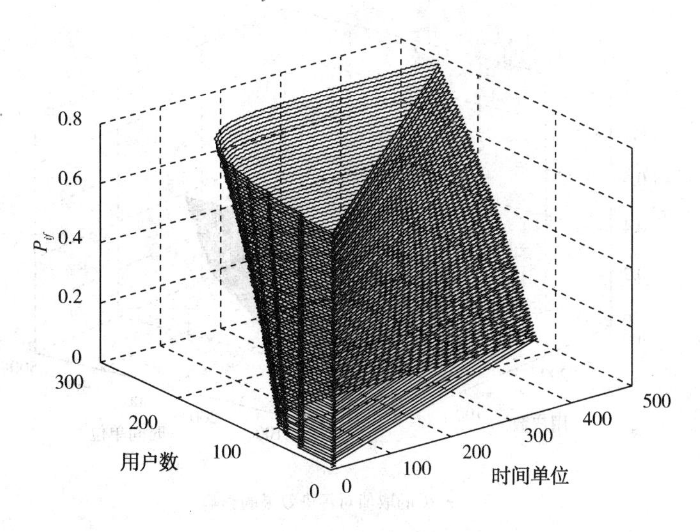

图 10.10　P_{if}取值对联合污染效果的影响

(3) 退出率对联合污染效果的影响

退出率即户选择结束查询的概率，反映在联合污染模型中为 θ_4、θ_7、θ_8、θ_9这四个参数。对于方程(10-1)~方程(10-11)，令 $\omega_7=\omega_9=0.6$，$P_c=P_{ic}=0.3$，$P_f=P_{if}=0.5$，$\theta_7=\theta_8=\theta_9=0.2$，则 θ_4的取值对联合污染效果的影响如图 10.11(a)所示。同理，当其他三个退出率的取值为 0.2 时，θ_7、θ_8、θ_9的取值对联合污染效果的影响分别如图 10.11(b)、图 10.11(c)、图 10.11(d)所示。图 10.11 中"用户数"表示在一定条件下，系统中查询失败的节点数量，单位为"个"；"时间单位"表示模型运行的时间，每个时间单位为模型运行一轮；"θ_4、θ_7、θ_8、θ_9"分别为模型中的节点在不同阶段退出系统的概率。

由于分别受到 ω_7与 ω_9取值的影响，θ_7与 θ_9的取值在 0.01~0.39 之间。由图 10.10 可知，随着退出率的增加，查询失败的用户数趋向的稳定值减少，这是由于停留在 Kad 网络中的资源请求者数量减少，导致查询失败的用户数随之减少。在四个退出率参数中，θ_8的取值变化对联合污染效果的影响最大——即因为受到关键词污染，无法找到正确的文件源信息中间节点而退出 Kad 网络的节点的退出率对联合污染效果的影响最大。

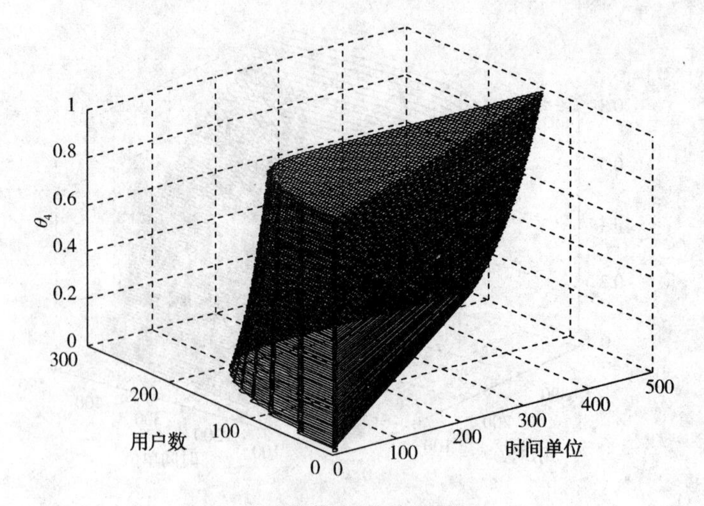

(a) θ_4 的取值对污染效果的影响

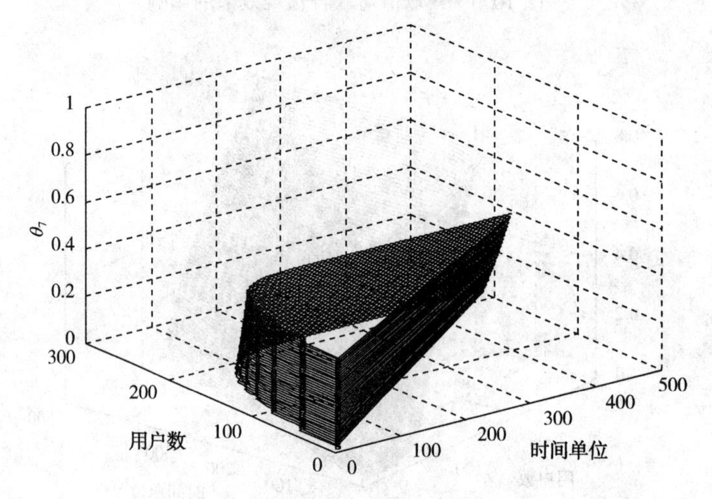

(b) θ_7 的取值对污染效果的影响

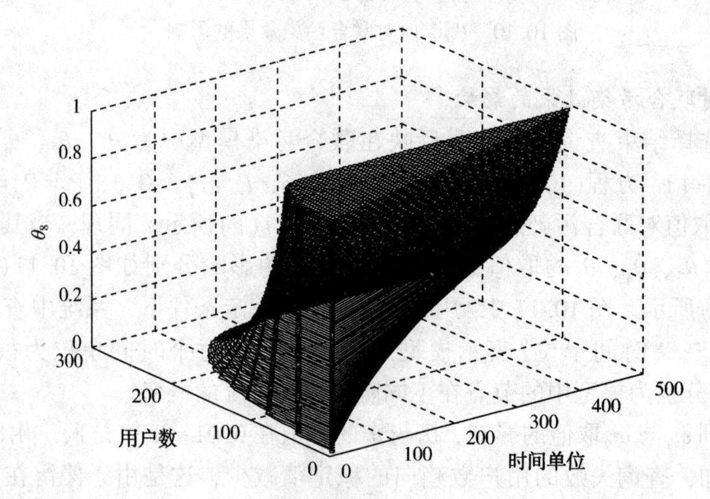

(c) θ_8 的取值对污染效果的影响

图 10.11　退出率对联合污染效果的影响

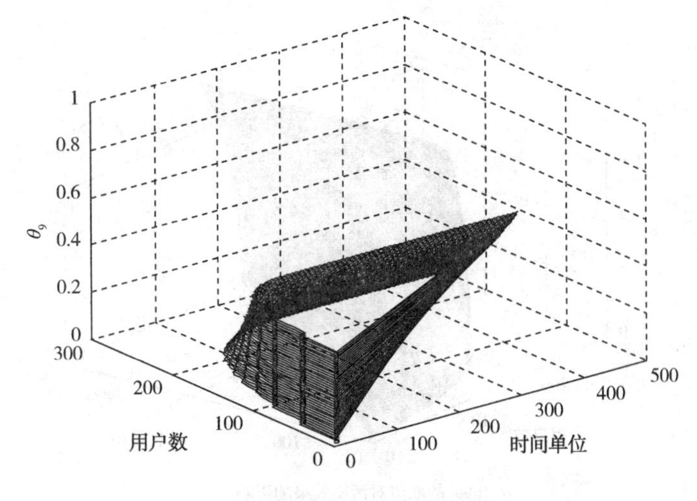

(d) θ_9 的取值对污染效果的影响

图 10. 11 退出率对联合污染效果的影响(续)

(4) 等待率对联合污染效果的影响

等待率即户选择停留在当前状态的概率，反映在联合污染模型中为参数 ω_7 和 ω_9。对于方程(10-1)~方程(10-11)，令 $P_c = P_{ic} = 0.3$，$P_f = P_{if} = 0.5$，$\theta_4 = \theta_7 = \theta_8 = \theta_9 = 0.2$。当 ω_9 为 0.6 时，ω_7 的取值对联合污染效果的影响如图 10. 12(a)所示；当 ω_7 为 0.6 时，ω_9 的取值对联合污染效果的影响如图 10. 12(b)所示。图 10. 12 中"用户数"表示在一定条件下，系统中查询失败的节点数量，单位为"个"；"时间单位"表示模型运行的时间，每个时间单位为模型运行一轮；"ω_7、ω_9"分别为模型中的节点在不同阶段留在系统中继续等待的概率。

由图 10. 12 可知，随着等待率的增加，Kad 网络内查询失败的用户数趋向的稳定值减少，但是 ω_7 取值的变化对污染效果的影响非常小几乎可以忽略不计。此外，对比图 10. 10、图 10. 11 可见，ω_7 和 ω_9 的取值对污染效果的影响要小于其他因素。因此，在联合污染模型中，等待率属于影响污染效果的次要因素。

实验表明，联合污染对 Kad 查询的控制从原理上是有效的，在影响联合污染效果的若干因素中，污染程度对联合污染的效果有决定性的影响，退出率的影响次之，等待率的影响最小。由此可见，提高污染效果的最好办法是提高关键词污染和文件源污染的污染程度。

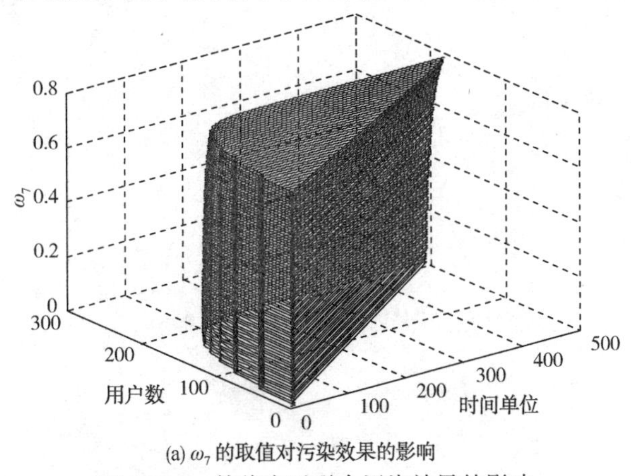

(a) ω_7 的取值对污染效果的影响

图 10. 12 等待率对联合污染效果的影响

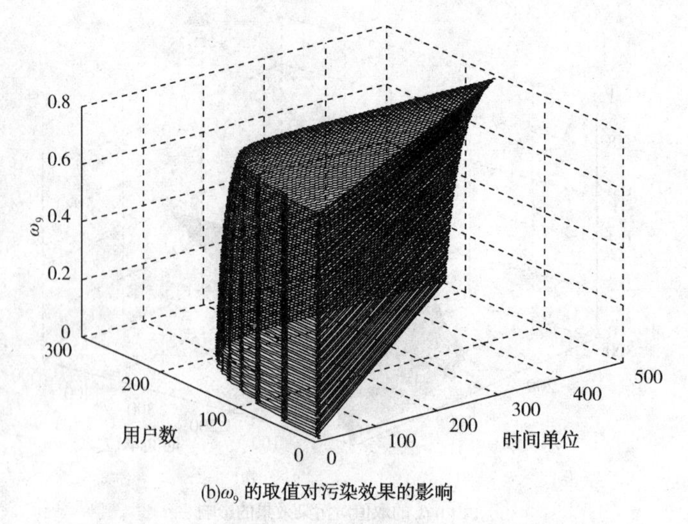

(b)ω_9 的取值对污染效果的影响

图 10.12　等待率对联合污染效果的影响(续)

10.5　本章小结

本章讨论了 P2P 文件系统中的索引污染问题。以 BT 系统为例，介绍了集中目录式 P2P 文件系统中索引污染的原理，给出了相关的概率模型，并对索引污染的效果进行了分析。实验结果表明，集中目录式 P2P 文件系统中，索引污染的效果是由资源提供节点的数量和虚假节点信息的数量共同决定的；只有当污染倍数达到一定程度，索引污染才能对节点间建立连接过程有明显的延迟效果；虽然索引污染能够延长资源请求节点与资源提供节点建立连接的时间，但无法完全阻断连接的建立。以 eDonkey/eMule 系统中的 Kad 网络为例，介绍了纯分布式结构化 P2P 文件系统中索引污染的原理，并介绍了一种 Kad 网络的联合污染模型，通过仿真实验对模型的污染效果进行了分析。实验结果表明，受到联合污染的影响时，相对于查询成功的用户，Kad 网络内多数用户查询资源失败；无论是否存在污染，Kad 网络内某个时刻查询成功的用户数与查询失败的用户数都将随着时间的增加而趋于稳定；在影响联合污染效果的若干因素中，污染程度对联合污染的效果有决定性的影响，退出率的影响次之，等待率的影响最小。

11 P2P 综合污染

以上章节中介绍的各种 P2P 污染方法，分别基于不同的污染思路，其特点各不相同，虽然都能起到控制 P2P 文件传播的作用，但是这些污染方法自身都存在着一定的局限性。

例如，版本污染对污染者的计算机和网络硬件要求很高，没有高性能、高网络带宽的硬件配置，污染者难以吸引到普通用户下载污染版本。版本污染还是一种被动的污染方法，只能被动地等待用户下载污染版本。

数据块污染对计算机和网络的性能要求低于版本污染，但仍然需要在 P2P 网络中配置大量的污染客户端以发送虚假数据。此外，数据块污染的污染行为比较明显，容易受到各种反污染检测机制和错误恢复机制的制约。

集中目录式 P2P 文件系统的索引污染不需要大量高性能的污染客户端，而且污染的过程隐蔽不易被发现，但是该方法只能延长节点之间建立连接所花费的时间，而无法完全阻止连接的建立，一旦连接建立，索引污染对于文件传播不再有控制效果。

分布式结构化 P2P 文件系统的索引污染能够对基于 Kademlia 协议的 P2P 文件系统的资源查询过程进行有效的控制，但是目前多数流行的 P2P 文件共享系统中同时拥有集中目录式索引系统和纯分布式结构化索引系统两套查询机制。纯分布式结构化索引系统在其中只起到辅助查询的作用，对其进行索引污染无法彻底控制 P2P 文件共享系统中的查询过程。

面向文件片段选择策略的污染方法与索引污染类似，也具有计算机和网络性能要求不高，污染过程隐蔽的特点，而且污染成功的情况下可以完全阻止 P2P 文件共享系统内文件的传播。但是一旦系统中存在长效的资源提供节点，污染将失效，而且在污染失效的情况下，对文件共享过程仅有少许的延迟作用，控制效果可以忽略不计。

鉴于上述情况，为了获得更好的控制效果，需要将现有的 P2P 污染方法进行综合运用，以弥补单一污染方法的不足。本章 11.1 小节首先介绍了几种 P2P 综合污染方法的原理。在此基础上，11.2 小节设计了一种索引与数据块污染相结合的综合污染系统，并在校园网环境下对其污染效果进行了分析。为了对该系统在大规模 P2P 网络环境下的污染效果进行分析，11.3 小节中建立了索引与数据块综合污染模型，并通过仿真实验对综合污染的效果以及影响污染效果的因素进行了探讨。

11.1 P2P 综合污染方法

11.1.1 面向文件片段选择策略的综合污染方法

在面向文件片段选择策略的污染方法中，令副本数受到污染干扰的文件片段为 *PollutedPiece*，副本数未受到污染干扰的文件片段为 $NormalPiece_i$，$i=(1, 2, \cdots, n)$，被共享的文件为 *File*，则有 $File = PollutedPiece \cup NormalPiece_1 \cup \cdots \cup NormalPiece_n$。面向文件片段选择策略的污染方法的核心思想是通过污染客户端使某个 P2P 文件共享任务中文件的 *PollutedPiece* 的副本数远高于该任务中其他 *NormalPiece* 的副本数，从而在“最少优先”策略的作用下使文件片段的下载集中在未受到污染干扰的 *NormalPiece*。若在这段时间内资源提供节点退出系统，则系统内受到污染干扰的 *PollutedPiece* 的副本数会随着资源提供节点的退出变为 0，使资源请求节点无法完整的获得整个文件的所有文件片段，导致文件下载失败。由此可见，面向文件片段选择策略的污染方法取决于资源提供节点退出系统的退出率，若系统内存在长效的资源提供节点，则该污染方法对于延缓和阻碍文件传播速度没有实质性的作用。

解决上述问题的一个思路为：在污染失效时依然能够对 P2P 文件共享起到延缓和阻碍的效果。出于此考虑，可将面向文件片段选择策略的污染与数据块污染结合起来。如果资源提供节点在面向文件片段选择策略的污染失效前全部退出系统，则资源请求节点无法完成整个文件的下载；若系统内存在长效的资源提供节点，则当未受到污染干扰的 *NormalPiece* 的副本数都超过受到污染干扰的 *PollutedPiece* 的副本数，在“最少优先”机制作用下文件片段的复制将集中于 *PollutedPiece* 时，数据块污染开始发挥作用。若资源请求节点向污染客户端请求 *PollutedPiece*，污染客户端向其发送虚假的文件数据块，使其无法完成 *PollutedPiece* 的下载，从而延缓 *PollutedPiece* 的副本增加速度，降低文件在 P2P 网络内的传播速度。该方法即本书第九章中介绍的一种针对文件片段择策略的数据块污染方法。

11.1.2 面向版本污染的综合污染方法

版本污染的优点在于，一旦用户开始下载受污染的文件版本，在其将文件数据全部下载到本地之前，很难发现下载的是受污染的版本，整个下载过程将会浪费用户大量的网络带宽和时间。但是，版本污染是一种被动的污染方法，只能通过高带宽、高响应速度来引诱资源请求节点下载受污染的文件版本，这使版本污染的传播范围受到限制，只有获得污染文件的元信息的资源请求者才有可能下载到受版本污染的文件。

为了扩大版本污染的传播范围，使版本污染可以主动对某个特定主题进行控制，可将版本污染与纯分布式结构化索引污染相结合。目前，如 BT、eMule 等国内流行的 P2P 文件共享系统为了加强其资源检索功能，都引入了基于 Kademlia 协议的纯分布式结构化索引机制，并提供了关键词查询功能，可以根据关键词查询到与关键词有关的文件共享任务。索引污染节点在发布关键词信息时，为了扩大版本污染的覆盖范围，可以将多个不同的关键词与版本污染文件的文件散列值相对应，使一个版本污染文件得以覆盖多个主题；在发布文件源信息时，将版本污染客户端的节点信息作为 value 值发布到文件源信息中间节点。这样版本污染可以主动地对多个主题进行覆盖，使资源请求节点在查询资源时更容易选中受版本污染的文件进行下载。

11.1.3 面向集中目录式索引污染的综合污染方法

集中目录式索引污染通过向 P2P 文件系统中的索引服务器加入大量的虚假节点信息来干扰节点的资源查询过程，具有污染过程隐蔽，对污染节点性能要求不高的优点。这种污染方法相当于降低资源请求节点获得正确的资源提供节点信息的概率。但是，只要真实的资源提供节点信息存在于 Tracker 中，就有可能被资源请求节点获得。随着查询次数的增加，资源请求节点获得正确节点信息的概率也随之增加。在资源请求节点足够耐心的情况下，经过多次尝试，最终将与资源提供节点建立起连接。集中目录式索引污染能够有效延长资源请求节点的资源查询时间，降低用户体验，但是一旦资源请求节点同资源提供节点建立起连，集中目录式索引污染就无法起到任何控制作用。

鉴于集中目录式索引污染的特点，提高其污染效果的一个方法为：使其在资源请求与资源提供节点建立连接后仍然能够对节点间数据传输过程进行控制。出于此考虑，可将集中目录式索引污染与数据块污染相结合。索引污染客户端在向 Tracker 注册虚假节点信息时，不仅注册大量的无效节点信息，还注册数据块污染客户端的节点信息。资源请求者向 Tracker 请求节点信息后，即使能够成功与资源提供节点建立起连接，与其建立连接的节点也可能是数据块污染客户端，而数据块污染客户端发送的虚假数据块将起到浪费资源请求节点下载带宽，破坏系统内文件副本鲁棒性的作用。

11.2 索引与数据块污染相结合的综合污染系统

为了提高索引污染与数据块污染的污染效果，按照本章 11.2.3 小节中所述的方法，设计了一种面向 BT 系统的索引与数据块污染相结合的综合污染(简称综合污染)系统，并将该系统应用到真实的 BT 系统中，对综合污染的效果进行分析。

11.2.1 系统的结构设计

索引与数据块综合污染系统由四个模块组成，分别为种子文件加载模块、种子文件解码模块、索引污染模块和数据块污染模块。其中种子文件加载模块按照用户的要求加载本地种子文件，并显示种子文件所包含的任务信息；种子文件解析模块根据 BT 协议，按照 B 编码对种子文件进行解析，获取进行污染所需的各种信息；索引污染模块根据 BT 客户端与 Tracker 之间的通信规则，在 Tracker 上注册虚假的节点索引信息，并从服务器上获取其他参与文件共享任务的节点信息；数据块污染模块根据 BT 协议的内容，将综合污染的客户端伪装成一个普通的 BT 客户端，参与到文件共享任务中，响应系统中资源请求节点发出的数据下载请求，并向这些节点发送虚假的文件数据。综合污染系统的结构图如图 11.1 所示。

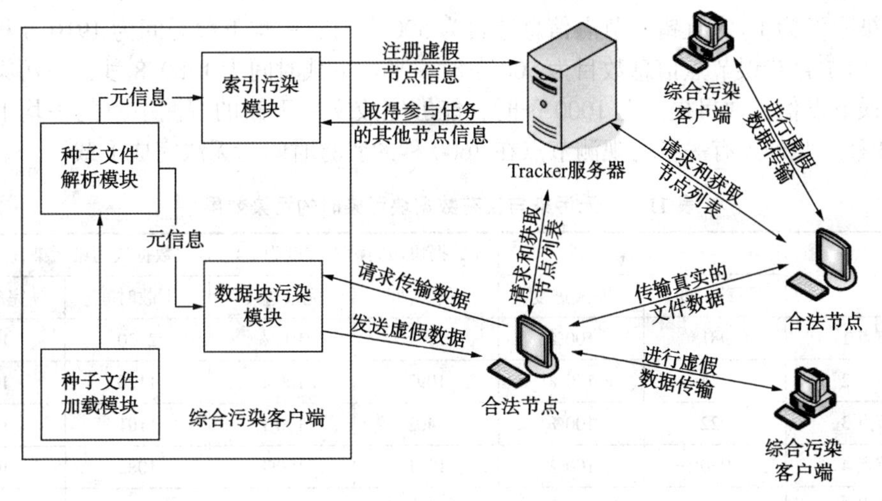

图 11.1　综合污染系统的结构图

在图 11.1 中，索引与数据块综合污染系统由若干个综合污染客户端组成，从 Tracker 和合法节点的视角看来，综合污染客户端也是一个合法的 BT 节点。每一个综合污染客户端在加载种子文件并解析出种子文件里的“元信息”后，由索引污染模块根据“元信息”中 Tracker

的地址，将综合污染客户端的节点信息连同大量的错误节点信息一起注册到 Tracker。合法节点从 Tracker 获得的节点信息分为 3 种：第一种是错误的节点信息，合法节点无法根据这种节点信息与系统内的其他节点建立起连接；第二种是指向综合污染客户端的节点信息，合法节点根据这种节点信息向综合污染客户端发出数据传输请求，由后者的数据块污染模块向合法节点发送虚假数据，进行数据块污染；第三种节点信息指向合法的节点，若该节点是资源提供节点，则合法节点之间建立起连接，传输真实的文件数据。

11.2.2 索引与数据块综合污染的污染效果分析

为了研究索引与数据块综合污染的污染效果，综合污染系统被配置到真实的 BT 系统中进行实验。实验在校园网中进行，实验中涉及的工具和默认参数设置如下：

（1）BT client：BitComet 0.99 stable release for Windows；

（2）BT Tracker：BitComet Tracker 0.5 for Windows；

（3）实验中通过文件共享系统进行共享的文件大小为 174.82MB，4 个资源提供节点在文件共享实验开始时被加入系统中，从资源请求节点中随机选择 8 个节点作为观测节点记录污染效果。

以第 9 章中定义的"污染程度"来表示系统中污染者与资源提供节点的数量之比，实验结果如表 11.1、表 11.2 和表 11.3 所示。由表中结果可知，无污染情况下的平均下载时间为 951.6 秒。在仅有数据块污染的情况下，污染程度为 1∶1 时平均下载时间为 1143.1 秒；污染程度为 1∶2 时平均下载时间为 1284.4 秒。在仅有索引污染的情况下，Tracker 中错误节点信息为 250 条时，观测节点建立连接的平均时间为 22.6 秒；Tracker 中错误节点信息为 500 条时，观测节点建立连接的平均时间为 36.8 秒；Tracker 中错误节点信息为 1000 条时，观测节点建立连接的平均时间为 506.4 秒。而在索引与数据块综合污染的情况下，当污染程度为 1∶1 且错误节点信息数目为 250 条时，平均下载时间为 1409.6 秒；当污染程度为 2∶1 且错误节点信息数目为 250 条时，能够完成文件下载的观测节点的平均下载时间为 1434.9 秒；当污染程度为 1∶1 且错误节点信息数目为 500 条时，平均下载时间为 1910.8 秒；当污染程度为 2∶1 且错误节点信息数目为 500 条时，平均下载时间为 1789.8 秒；当污染程度为 2∶1，错误节点信息数目提高至 1000 条时，能够完成文件下载的观测节点的平均下载时间为 1962.3 秒。此外还有一半的观测节点在 3600 秒的实验时间内无法完成下载。

表 11.1 无污染与仅有数据块污染时的污染效果

	无污染		仅数据块污染污染程度为 1∶1		仅数据块污染污染程度为 2∶1	
	下载时间	完成进度	下载时间	完成进度	下载时间	完成进度
观测节点 1	981	100%	1141	100%	2720	100%
观测节点 2	1090	100%	1092	100%	1120	100%
观测节点 3	922	100%	1402	100%	1101	100%
观测节点 4	930	100%	1081	100%	1082	100%
观测节点 5	920	100%	1062	100%	1041	100%
观测节点 6	947	100%	1021	100%	1060	100%
观测节点 7	932	100%	1210	100%	1080	100%
观测节点 8	891	100%	1136	100%	1071	100%

注：时间单位为秒。

表 11.2　仅有索引污染时节点建立连接时间

观测节点	250 条错误节点信息	500 条错误节点信息	1000 条错误节点信息
观测节点 1	34	31	60
观测节点 2	16	27	72
观测节点 3	27	45	90
观测节点 4	26	24	1120
观测节点 5	8	53	249
观测节点 6	27	37	1391
观测节点 7	29	49	977
观测节点 8	14	28	92

注：时间单位为秒。

表 11.3　索引与数据块综合污染的污染效果

观测节点	污染程度为 1∶1，250 条错误节点信息		污染程度为 2∶1，250 条错误节点信息		污染程度为 1∶1，500 条错误节点信息		污染程度为 2∶1，500 条错误节点信息		污染程度为 2∶1，1000 条错误节点信息	
	下载时间	完成进度	下载时间	完成进度	下载时间	完成进度	下载时间	完成进度	下载时间	完成进度
观测节点 1	2722	100%	1130	100%	1810	100%	1291	100%	1949	100%
观测节点 2	1241	100%	1150	100%	1501	100%	1551	100%	1966	100%
观测节点 3	1260	100%	大于 3600	6.2%	1870	100%	1562	100%	2114	100%
观测节点 4	1180	100%	1210	100%	1762	100%	1580	100%	1820	100%
观测节点 5	1072	100%	1342	100%	1511	100%	1790	100%	大于 3600	85.5%
观测节点 6	1411	100%	1440	100%	1891	100%	2020	100%	大于 3600	85.2%
观测节点 7	1131	100%	1670	100%	2331	100%	1923	100%	大于 3600	93.5%
观测节点 8	1260	100%	2102	100%	2610	100%	2601	100%	大于 3600	50.8%

注：时间单位为秒。

通过以上数据可以看出，索引与数据块综合污染对用户下载过程的延长效果不仅优于相同污染程度下的数据块污染、相同错误节点数量下的索引污染，也要优于两者延长效果的简单叠加。随着综合污染客户端向 Tracker 中加入错误节点信息数量的增加，用户下载文件所花费的平均时间也随之增加。当索引污染加入的错误节点信息数量增加到一定程度，系统中部分节点将花费大量的时间在与资源提供节点建立连接的过程中，而后续的数据块污染又使节点的下载带宽被浪费，导致其在整个实验过程中都无法完成文件的下载。相对于无污染状况下的平均下载时间，当索引与数据块污染在污染程度大于等于 1∶1 且错误节点信息数目大于等于 500 条时，能够完成下载的观测节点的平均下载时间是无污染状况下的两倍或更多。由此可见，索引与数据块综合污染能够有效地提高污染效果。

数据块污染中存在的污染效果分布不均现象，在索引与数据块综合污染中随着错误节点信息数量的增加，也得到了缓解。例如在表 11.1 中，污染程度为 1∶1 时的观测节点 3，污染程度为 2∶1 时的观测节点 1，其下载时间都明显大于同次实验的其他观测节点。而在表 11.3 中可发现，随着错误节点信息数量的增加，下载的延迟效果更多地分散在多个节点上而非集中于某一个节点，这是由于资源请求节点在加入文件共享任务后，获得的节点信息中包括大量的错误节点信息，与污染客户端建立连接需要一定的时间，而建立连接的时间具有一定的随机性，使加入系统的资源请求节点能够较“均匀”地与污染客户端建立起连接，从而使数据块污染的效果较平均地分布到资源请求节点。由此可见，综合污染还能起到弥补数据块污染机制不足的作用。

11.3 索引与数据块综合污染的建模分析

11.2.2 节中对索引与数据块综合污染的效果分析在校园网环境中进行，受到实验条件的限制，构建的 P2P 网络的规模较小。为了对大规模 P2P 网络环境下索引与数据块综合污染的效果进行分析，在本小节中建立了索引与数据块综合污染模型，通过仿真实验对索引与数据块综合污染的效果以及影响污染效果的因素进行研究。

11.3.1 模型的参数与变量

索引与数据块综合污染模型通过对 P2P 文件系统内各节点状态在不同时刻的模拟来反映污染的变化过程，以离散事件发生器模拟节点的各种行为。模型以时间顺序进行模拟，每一个时间单位为一个模拟周期，每个模拟周期内对系统中的所有节点依次进行模拟。模型内的节点分为三种类型：污染节点、资源请求节点、资源提供节点。资源请求节点在完成所有的文件片段下载后将转为资源提供节点。资源提供节点会以某一退出率退出系统，而污染节点加入系统后一直存在。资源请求节点在模型中的状态分为三种：空闲状态、下载状态和做种状态。状态之间的转移关系如图 11.2 所示。资源请求节点在加入系统后，处于空闲状态。当资源请求节点与其他节点成功建立连接后，进入下载状态。若资源请求节点获得正确的文件数据并完成文件下载，进入做种状态向其他资源请求节点提供数据，直至该资源请求节点退出系统；若资源请求节点从污染客户端下载错误的文件数据，则在完成文件下载后将数据丢弃，进入空闲状态重新开始下载。

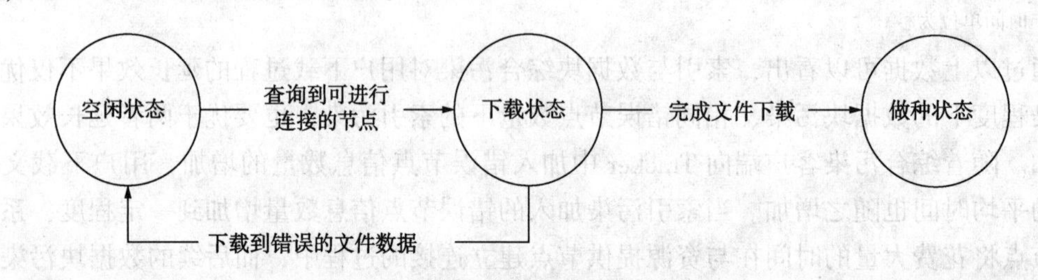

图 11.2　资源请求节点的状态转移图

为了便于描述，首先对模型中涉及的变量做如下定义。文件共享任务开始时系统内初始资源提供节点的数量记为 SI，作为长效种子，资源提供节点不退出系统；污染客户端的数量为 P_{node}，污染客户端向 Tracker 中加入的错误节点信息的总数为 P_{index}；为了便于模拟，模型假设所有节点具有相同的网络带宽，下载一个文件所需的时间都是 $DLTime$；资源请求节点到达文件共享系统的到达率服从参数为 λ 的泊松分布，即在每个时间单位开始的时刻有 λ 个新增的资源请求节点加入系统。

模型中涉及的变量满足以下数学关系。

①第 t 个时间单位结束时，系统内处于空闲状态的资源请求节点数 $Q(t)$ 满足公式(11-1)。

$$Q(t)=\begin{cases}\lambda & ,\ t=0\\ Q(t-1)+\lambda-IDX(t)+QDp(t) & ,\ t>0\end{cases} \tag{11-1}$$

式中 λ——资源请求节点到达文件共享系统的到达率；

$IDX(t)$——第 t 个时间单位中能够与资源提供节点(包括污染客户端)建立起连接的资源请求节点总数；

$QDp(t)$——第 t 个时间单位中因下载到污染数据而需要重新下载文件的资源请求节点总数。

②第 t 个时间单位中，能够与资源提供节点(包括污染客户端)建立起连接的资源请求节点数 $IDX(t)$ 满足公式(11-2)。

$$IDX(t)=\sum_{i=1}^{Q(t-1)}\left(\bigcap_{j=1}^{TR} IHappened_{ij}(P_{idx}(t))\right) \tag{11-2}$$

式中 $P_{idx}(t)$——第 t 个时间单位中资源请求节点成功查询到资源提供节点(包括污染客户端)的节点信息的概率；

$IHappened_{ij}(P)$——资源请求节点 i 查询资源节点信息事件发生的函数，P 为节点信息查询成功的概率，j 为资源请求节点尝试进行连接的次数，若事件发生则该函数值为 1，否则函数值为 0；

TR——每个时间单位内资源请求节点能够尝试连接的最大节点数；

$Q(t-1)$——第 $t-1$ 个时间单位结束时，系统内处于空闲状态的资源请求节点数。

③第 t 个时间单位中，因下载到污染数据而重新下载文件的资源请求节点总数 $QDp(t)$ 满足公式(11-3)。

$$QDp(t)=\begin{cases}0 & ,\ t<DLTime\\ IDX(t-DLTime)-QCplt(t-DLTime) & ,\ t\geqslant DLTime\end{cases} \tag{11-3}$$

式中 $DLTime$——下载一个文件所需的时间；

$IDX(t-DLTime)$——第 $t-DLTime$ 个时间单位中，能够与资源提供节点(建立起连接的资源请求节点数；

$QCplt(t-DLTime)$——第 $t-DLTime$ 个时间单位中新增的完成文件下载的节点数。

④第 t 个时间单位中，新增的完成文件下载的节点数 $QCplt(t)$ 满足公式(11-4)。

$$QCplt(t)=\begin{cases}0 & ,\ t<DLTime\\ \sum_{i=1}^{IDX(t-DLTime)} DHappened_i(P_{dl}(t-DLTime)) & ,\ t\geqslant DLTime\end{cases} \tag{11-4}$$

式中 $DLTime$——下载一个文件所需的时间；

$P_{dl}(t-DLTime)$——第 $t-DLTime$ 个时间单位中，资源请求节点与正确的资源提供节点建立连接，并开始数据传输的概率；

$DHappened_i(P)$——资源请求节点 i 下载成功事件发生的函数，P 为节点成功下载到合法数据的概率，若事件发生则该函数值为 1，否则函数值为 0；

$IDX(t-DLTime)$——第 $t-DLTime$ 个时间单位中，能够与资源提供节点(建立起连接的资源请求节点数。

⑤第 t 个时间单位结束时，完成文件下载的节点总数 $N(t)$ 满足公式(11-5)。

$$N(t)=\begin{cases}0 & ,\ t=0\\ N(t-1)+QCplt(t) & ,\ t>0\end{cases} \tag{11-5}$$

式中　$QCplt(t)$——第 t 个时间单位中新增的完成文件下载的节点数。

⑥第 t 个时间单位结束时，已完成下载且尚未退出系统的节点总数 $QDone(t)$ 满足公式(11-6)。

$$QDone(t)=\begin{cases}0 & ,\ t < DLTime \\ QDone(t-1)-EXT(t-1)+QCplt(t) & ,\ t \geqslant DLTime\end{cases} \tag{11-6}$$

式中　$DLTime$——下载一个文件所需的时间；

$EXT(t-1)$——第 $t-1$ 个时间单位中已完成文件下载，并且退出系统的节点数量；

$QCplt(t)$——第 t 个时间单位中新增的完成文件下载的节点数。

⑦第 t 个时间单位中，已完成文件下载且退出系统的节点数量 $EXT(t)$ 满足公式(11-7)。

$$EXT(t)=\begin{cases}0 & ,\ t < DLTime \\ \sum_{i=1}^{QDone(t)} QHappened_i(PQ) & ,\ t \geqslant DLTime\end{cases} \tag{11-7}$$

式中　$DLTime$——下载一个文件所需的时间；

PQ——资源请求节点完成文件下载后退出系统的概率；

$QHappened_i(P)$——节点 i 退出事件发生的函数，P 为节点退出系统的概率，若事件发生则该函数值为 1，否则函数值为 0；

$QDone(t)$——第 t 个时间单位结束时，已完成下载且尚未退出系统的节点总数。

⑧第 t 个时间单位中，资源请求节点成功查询到资源提供节点(包括污染客户端)的节点信息的概率 $P_{idx}(t)$ 满足公式(11-8)。

$$P_{idx}(t)=\begin{cases}\dfrac{P_{node}+SI}{P_{node}+P_{index}+SI} & ,\ t=0 \\ \dfrac{P_{node}+SI+QDone(t-1)}{P_{node}+P_{index}+SI+QDone(t-1)+Q(t-1)} & ,\ t>0\end{cases} \tag{11-8}$$

式中　P_{node}——污染客户端的数量；

SI——文件共享任务开始时系统内初始的资源提供节点的数量；

P_{index}——污染客户端向 Tracker 中加入的错误节点信息的总数；

$QDone(t-1)$——第 $t-1$ 个时间单位结束时，已完成下载且尚未退出系统的节点总数；

$Q(t-1)$——第 $t-1$ 个时间单位结束时，系统内处于空闲状态的资源请求节点数。

⑨第 t 个时间单位中，资源请求节点与正确的资源提供节点建立连接并开始数据传输的概率 $P_{dl}(t)$ 满足公式(11-9)。

$$P_{dl}(t)=\begin{cases}\dfrac{SI}{P_{node}+P_{index}+SI} & ,\ t=0 \\ \dfrac{SI+QDone(t-1)}{P_{node}+P_{index}+SI+QDone(t-1)+Q(t-1)} & ,\ t>0\end{cases} \tag{11-9}$$

式中　SI——文件共享任务开始时系统内初始的资源提供节点的数量；

P_{node}——污染客户端的数量；

P_{index}——污染客户端向 Tracker 中加入的错误节点信息的总数；

SI——文件共享任务开始时系统内初始的资源提供节点的数量；

$QDone(t-1)$——第 $t-1$ 个时间单位结束时，已完成下载且尚未退出系统的节点总数；

$Q(t-1)$——第 $t-1$ 个时间单位结束时，系统内处于空闲状态的资源请求节点数。

11.3.2 仿真实验与污染效果分析

实验中涉及的的软硬件环境和默认参数设置如下：

①实验的硬件环境：AMD 双核速龙 3800+处理器，2Gb 内存，1Tb 硬盘；

②实验的软件环境：Windows XP SP3，Matlab 7.0，Visual C++ 6.0；

③参数 λ 的取值为 10，即在每个时间单位开始的时刻有 10 个新的资源请求节点加入文件共享任务；实验迭代的次数为 200 次，即实验模拟的时间长度为 200 个时间单位；系统内初始的资源提供节点的数量 SI 为 10；节点下载文件所需的时间 DLTime 为 10 个时间单位；资源请求节点完成文件下载后退出系统的退出率 PQ 为 10%。

(1) 索引污染对综合污染效果的影响

在污染客户端数量 P_{node} 为 50，每个时间单位内资源请求节点能够尝试进行连接的最大节点数 *TR* 为 20 的条件下，索引污染的数量——即污染客户端向 Tracker 中加入的错误节点信息的总数 P_{index} 对综合污染效果的影响如图 11.3 所示，其中横轴为模型运行所花费的时间单位，每个时间单位为模型运行一轮；纵轴为完成文件下载的节点数量，单位为“个”。

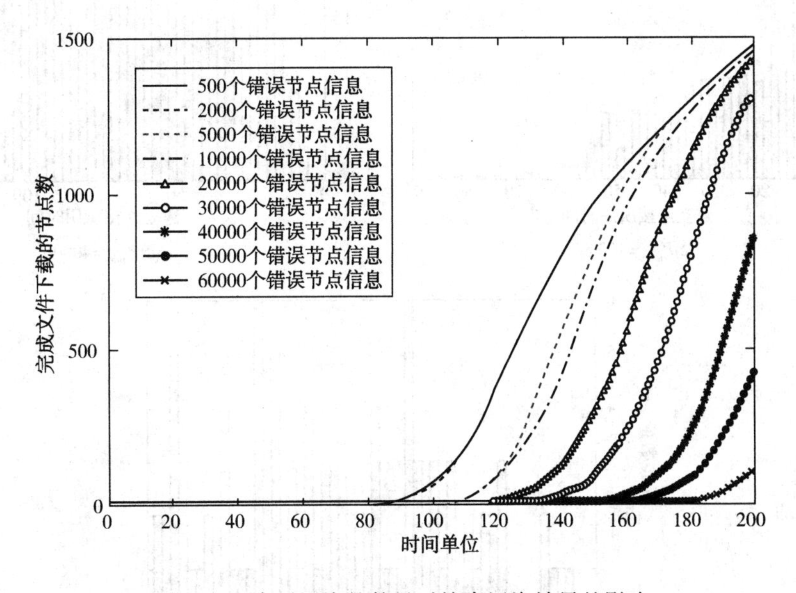

图 11.3　索引污染的数量对综合污染效果的影响

由图 11.3 可知，随着 P_{index} 的增加，在 200 个时间单位的模拟结束时，能够成功完成文件下载的节点数在减少。P_{index} 的值越大，成功完成文件下载的节点数开始增长的时刻越晚。当 P_{index} 的值介于 500~20000 之间时，随着 P_{index} 取值的增加，完成文件下载的节点数缓慢减少；而当 P_{index} 的值介于 30000~60000 之间时，随着 P_{index} 取值的增加，完成文件下载的节点数迅速降低。综上可知，在资源提供节点的数量一定的情况下，增加索引污染的数量可以使相同时间内成功完成文件下载的节点数量减少，但是必须在索引污染的数量超过一定程度后才会有明显的效果，这也印证了 10.2.3 节索引污染实验的结论。

不同的索引污染数量下，资源请求节点建立连接所用时间的直方图如图 11.4 所示，其中横轴为节点建立连接所花费的时间单位，每个时间单位为模型运行一轮；纵轴为使用某个时间完成连接建立的节点数量，单位为“个”。

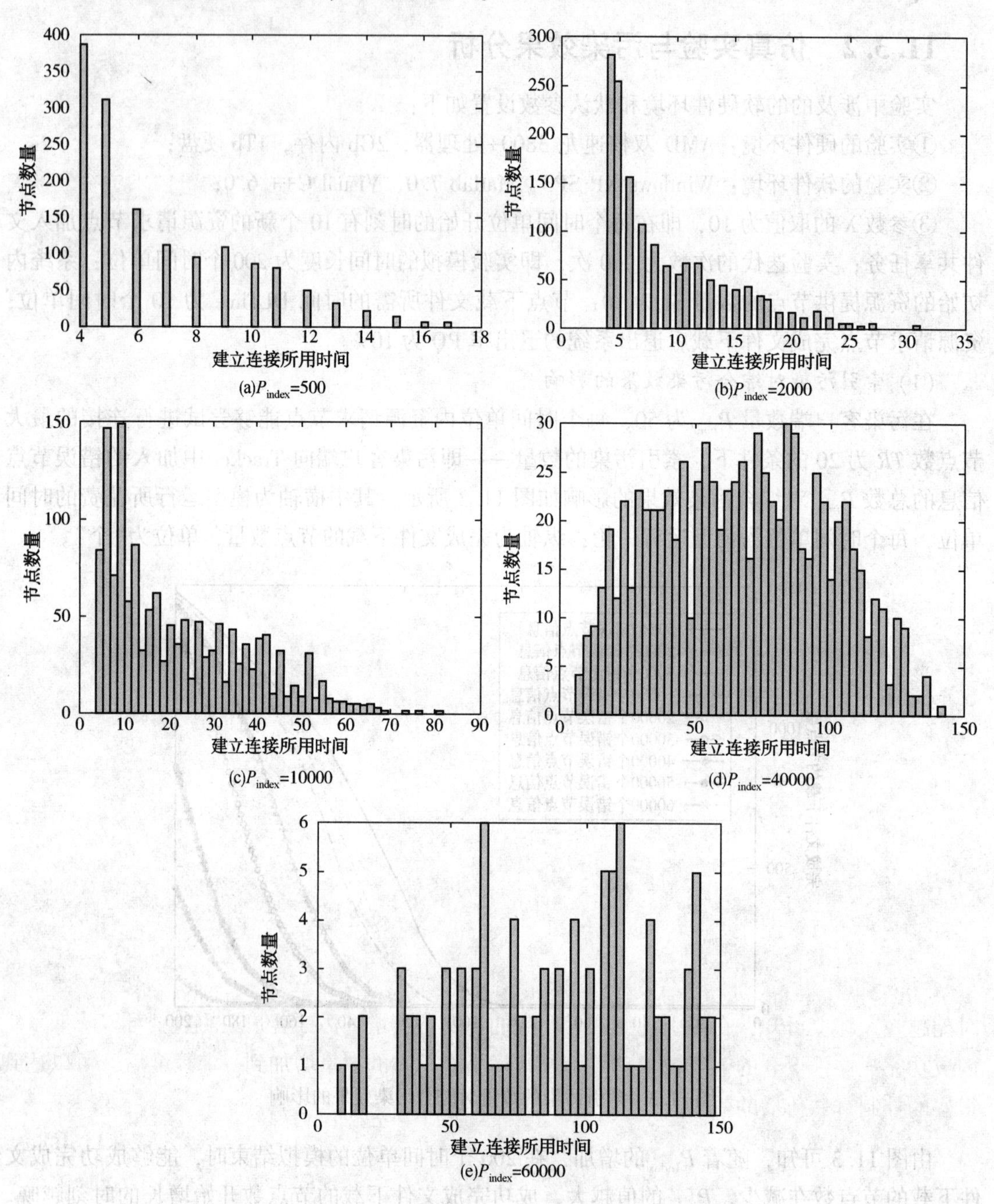

图 11.4 资源请求节点建立连接时间的直方图

由图 11.4 可知，随着 P_{index} 的增加，资源请求节点建立连接所用时间的分布从近似于极值分布向近似于正态分布转变。在图 11.4(a)、图 11.4(b)和图 11.4(c)中，资源请求节点建立连接所用时间的值主要分布在图中取值最小的几个时间段上，说明多数节点建立连接所用的时间较短，综合污染中索引污染的效果有限。随着 P_{index} 的增加，建立连接所用时间主要的分布区间在向取值大的区间移动。在图 11.4(d)和 11.4(e)中，资源请求节点建立连接所用时间的值主要分布在图形中部，且建立连接所用时间的取值区间明显大于图 11.4(a)至 11.4(c)中的取值区间。由此可知，随着综合污染中索引污染数量的增加，资源请求节点建立连接耗费的时间也随之增加，且时间的分布从近似极值分布变为近似正态分布，污染效果分布的范围更广。

(2) 数据块污染对综合污染效果的影响

在污染客户端数量 P_{index} 为 10000，每个时间单位内资源请求节点能够尝试进行连接的最大节点数 *TR* 为 20 的条件下，进行数据块污染的污染客户端的数量 P_{node} 对索引与数据块综合污染效果的影响如图 11.5 所示，其中横轴为模型运行所花费的时间单位，每个时间单位为模型运行一轮；纵轴为完成文件下载的节点数量，单位为“个”。

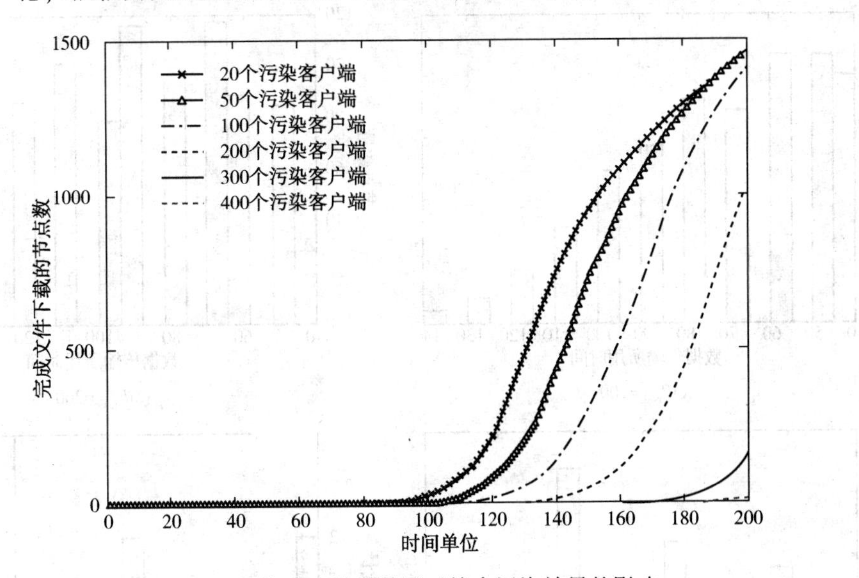

图 11.5　污染客户端的数量对综合污染效果的影响

由图 11.5 可知，随着 P_{node} 的增加，在 200 个时间单位的模拟结束时，能够成功完成文件下载的节点数在减少，而且减少呈现加速的趋势。当 P_{node} 的取值超过 200 后，能够成功完成文件下载的节点数迅速减少。P_{node} 的值越大，成功完成文件下载的节点的数量开始增长的时刻越晚。综上可知，在索引污染数量一定的情况下，增加污染客户端的数量可以降低系统内成功完成文件下载的节点数量，特别是当污染客户端的数量增加到一定程度后，可以达到很好的控制文件传播的效果。

不同的污染客户端数量下，资源请求节点数据传输所用时间的直方图如图 11.6 所示，其中横轴为节点进行数据传输所花费的时间单位，每个时间单位为模型运行一轮；纵轴为使用某个时间完成数据传输的节点数量，单位为“个”。

在图 11.6 中，随着污染客户端数量 P_{node} 值的增加，资源请求节点数据传输所用时间从主要分布于数值较小的区间逐渐转移到数值较大的区间。即随着 P_{node} 值的增加，数据块污染使资源请求节点花费在数据传输上的时间随之增加。

(3) 最大节点连接数对综合污染效果的影响

在 P_{index} 为 10000，P_{node} 为 50 的条件下，每个时间单位内资源请求节点能够尝试连接的

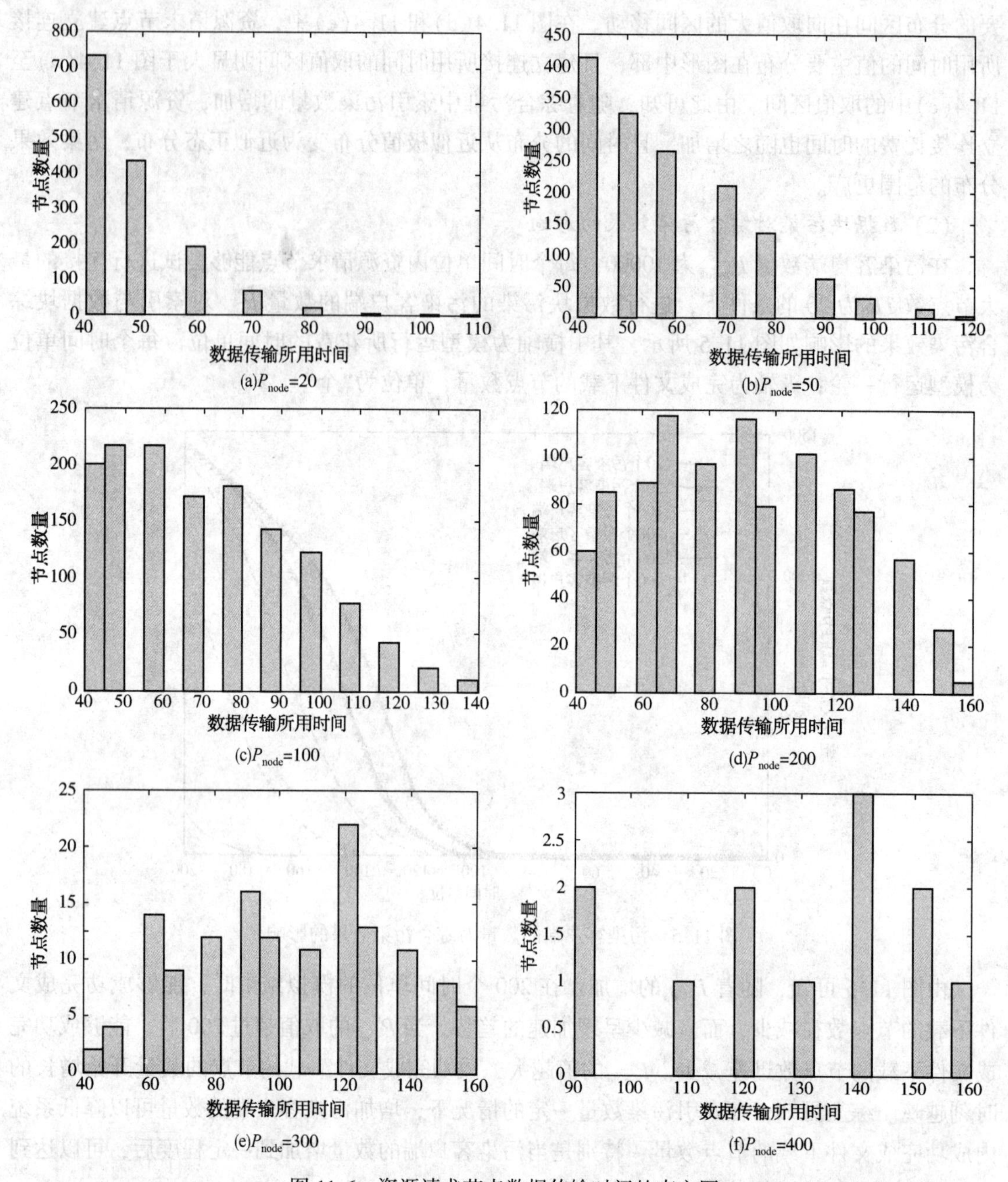

图 11.6　资源请求节点数据传输时间的直方图

最大节点数 *TR* 的取值对综合污染效果的影响如图 11.7 所示，其中横轴为模型运行所花费的时间单位，每个时间单位为模型运行一轮；纵轴为完成文件下载的节点数量，单位为“个”。

当资源请求节点从 Tracker 获得节点列表后，将尝试与节点列表中的节点建立连接。*TR* 的取值体现了资源请求节点验证节点信息可用性的能力。在图 11.7 中，随着 *TR* 取值的降低，能够成功完成文件下载的节点数也随之降低，但是只有当 *TR* 的取值等于 50 或更少时，降低 *TR* 的取值才会有明显的效果。由此可见在综合污染中，使 *TR* 的取值低于某一阈值才能达到良好的控制文件传播的效果。

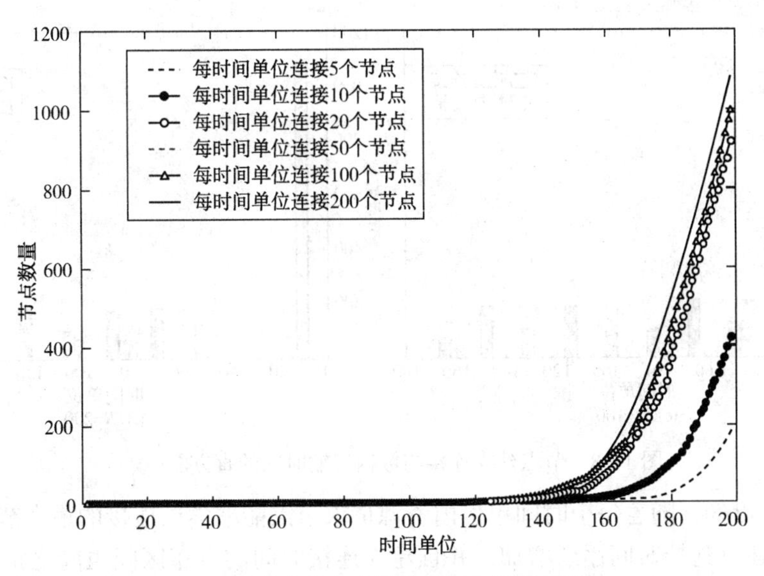

图 11.7　最大节点连接数对污染效果的影响

最大节点连接数取不同值时，资源请求节点建立连接过程和数据传输过程所用时间的直方图如图 11.8 所示，其中横轴为节点建立连接或进行数据传输所花费的时间单位，每个时间单位为模型运行一轮；纵轴为使用某个时间完成连接建立或数据传输的节点数量，单位为"个"。

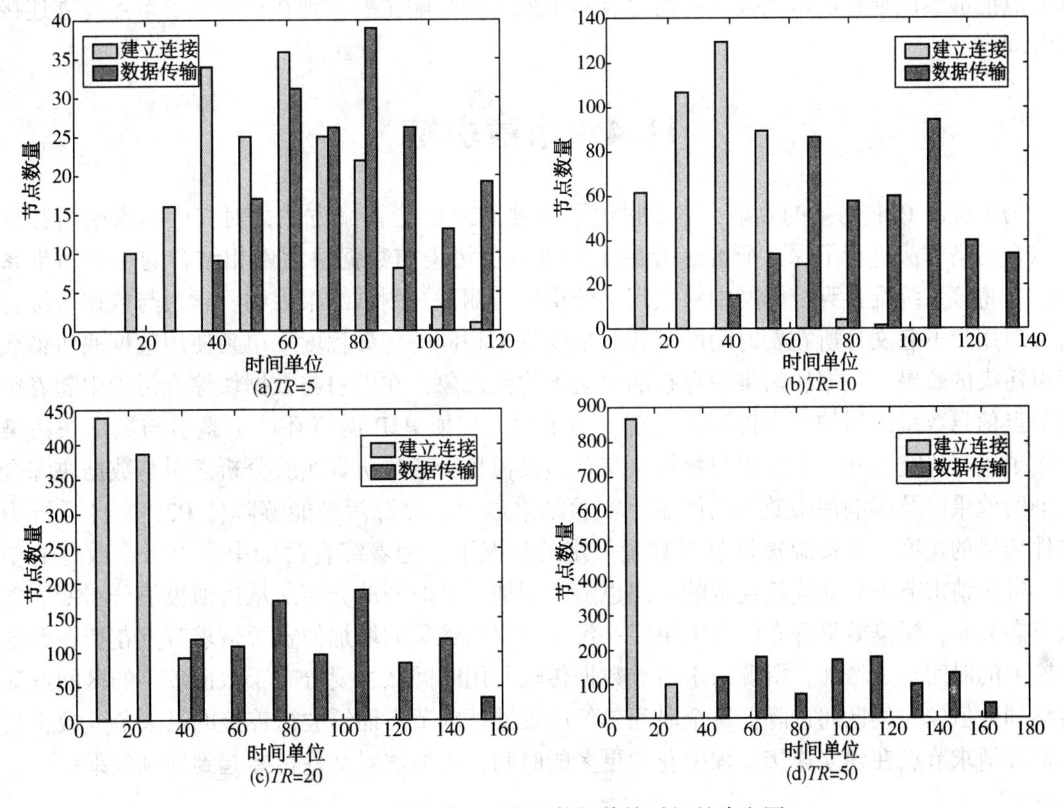

图 11.8　节点建立连接与数据传输时间的直方图

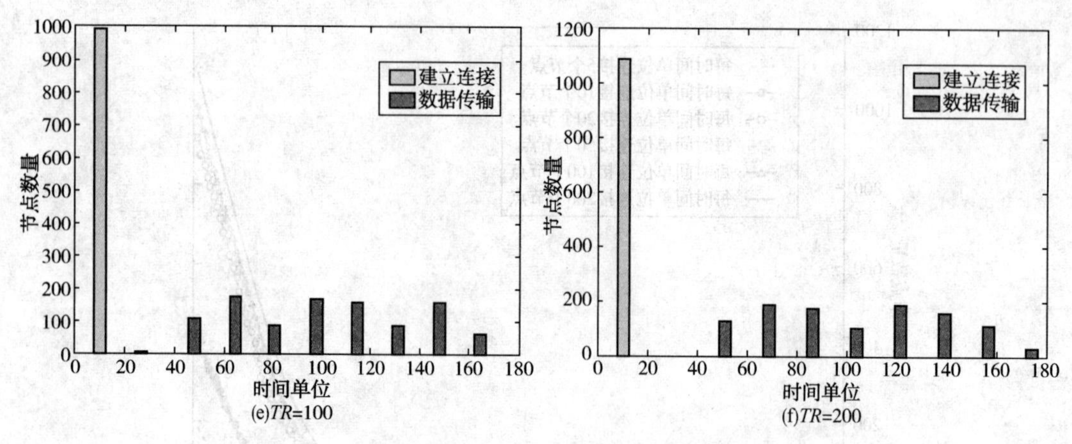

图 11.8 节点建立连接与数据传输时间的直方图(续)

由图 11.8 可知，随着每个时间单位内资源请求节点能够尝试连接的最大节点数的减少，资源请求节点建立连接时间逐渐增加，并且建立连接时间的分布区间也随之扩大。在 *TR* 为 200 时，节点建立连接的时间分布在 0~20 个时间单位的区间中，当 *TR* 减至 5 时，节点建立连接的时间分布在 10~120 个时间单位的区间中。而随着 *TR* 取值的减少，节点的数据传输时间及其分布区间的变化相对于建立连接时间的变化不显著。以上情况说明每个时间单位内资源请求节点能够尝试连接的最大节点数的减少，使资源请求节点在单位时间内验证节点信息真伪的能力降低，从而使资源请求节点在建立连接过程中花费更多的时间。因此，资源请求节点能够尝试连接的最大节点数对综合污染效果的影响主要体现在资源请求节点建立连接的时间上。

11.4 本章小结

为了提高 P2P 污染的效果，本章讨论了多种 P2P 综合污染方法，对其中的索引与数据块综合污染方法进行了深入研究。介绍了一种索引污染与数据块污染相结合的综合污染系统，并将该系统配置到校园网中对其污染效果进行测试。测试结果表明，索引与数据块综合污染对用户下载文件所花费时间的延长效果要好于相同的污染程度下单独使用数据块污染或索引污染的效果；数据块污染中存在的污染不均衡现象，在索引与数据块综合污染中随着错误节点信息数量的增加，也得到了缓解。为了对大规模 P2P 网络环境下索引与数据块污染的效果进行研究，建立了索引与数据块综合污染模型，通过仿真实验分析索引与数据块综合污染的效果以及影响污染效果的因素。实验结果显示，综合污染能够降低 P2P 文件系统中文件传播的速度。在资源提供节点数量一定的情况下，随着综合污染中索引污染数量的增加，资源请求节点建立连接耗费的时间也随之增加，且时间的分布从从近似极值分布变为近似正态分布，污染效果分布的范围更广；污染客户端数量的增加使资源请求节点花费在数据传输上的时间随之增加，资源请求节点数据传输所用时间从主要分布于数值较小的区间逐渐转移到数值较大的区间；降低每个时间单位内资源请求节点能够尝试连接的最大节点数，会令资源请求节点在建立连接过程中花费更多的时间，也能够对文件传播起到抑制效果。

参 考 文 献

[1] Aburada K, Kita Y, Yamaba H, et al. Evaluation of Index Poisoning Method in Large Scale Winny Network [C]//International Conference on Emerging Internetworking, Data & Web Technologies. Springer, Cham, 2018: 999-1006.

[2] Almeida R B D, Natif J A M, Silva A P C D, et al. Pollution and whitewashing attacks in a P2P live streaming system: Analysis and counter-attack[C]// IEEE International Conference on Communications. IEEE, 2013.

[3] Barabási A L, Albert R. Emergence of scaling in random networks[J]. Science, 1999, 286(5439): 509-512.

[4] Barabási A L, Albert R, Jeong H. Scale-free characteristics of random networks: the topology of the world-wide web[J]. Physica A: statistical mechanics and its applications, 2000, 281(1-4): 69-77.

[5] Broder A, Mitzenmacher M. Network applications of bloom filters: A survey[J]. Internet Mathematics, 2004, 1 (4): 485-509.

[6] 陈贵海, 李振华. 对等网络: 结构、应用与设计[M]. 北京: 清华大学出版社, 2007: 18

[7] Cohen B. The BitTorrent Protocol Specification[EB/OL], http: //www. bittorrent. org/beps/bep_ 0003. html, 2008-02-28/2019-07-21.

[8] Cohen R, Havlin S. Scale-free networks are ultrasmall[J]. Physical Review Letters, 2003, 90(5): 058701.

[9] Cheng J J, Liu Y, Shen B, et al. An epidemic model of rumor diffusion in online social networks[J]. The European Physical Journal B, 2013, 86(1): 29.

[10] Cancho R F I, SoléR V. Optimization in complex networks [J]. Lecture Notes in Physics, 2003, 625: 114~126.

[11] Chawla S. Content pollution in P2P system[J]. J. Inf. Comput. Technol, 2013, 3(8): 841-844.

[12] Chow K P, Cheng K Y, Man L Y, et al. BTM-An automated rule-based BT monitoring system for piracy detection[C]//Second International Conference on Internet Monitoring and Protection (ICIMP 2007). IEEE, 2007: 2-2.

[13] Cohen R, Erez K, Avraham D B, et al. Resilience of the internet to random breakdowns[J]. Physical Review Letters, 2000, 85(21): 4626-4629.

[14] Crucitti P, Latora V, Marchiori M, et al. Error and attack tolerance of complex networks[J]. Physica A: Statistical Mechanics and its Applications, 2004, 340(1): 388-394.

[15] Dhungel P, Wu D, Schonhorst B, et al. A measurement study of attacks on BitTorrent leechers[C]//Proceedings of the 7th international conference on Peer-to-peer systems. Tampa Bay, Florida, 2008

[16] Dhungel P, Wu D, Ross K W. Measurement and mitigation of BitTorrent leecher attacks[J]. Computer Communications, 2009, 32(17): 1852-1861.

[17] 方莹. 基于应用层签名特征的 P2P 流量识别[J]. 计算机工程与应用, 2012, 48(3): 73-75.

[18] Foukia N, Salima H. Towards self-organizing computer networks: A complex system perspective[C]. Proceedings of the International Workshop on Engineering Self-Organizing Applications, 2003: 77-83.

[19] 郭斌. BitTorrent 传输行为的监测与封堵[D]. 长春: 吉林大学, 2006.

[20] Guo D K, Wu J, Chen H H, et al. Theory and network applications of dynamic bloom filters[C]. Proceedings of the 25th Annual Joint Conference of the IEEE Computer and Communications Societies, 2006: 1-10.

[21] He M, Gong Z, Chen L, et al. Securing network coding against pollution attacks in p2p converged ubiquitous networks[J]. Peer-to-Peer Networking and Applications, 2015, 8(4): 642-650.

[22] Howard J, Ruder S. Universal language model fine-tuning for text classification[J]. arXiv preprint arXiv: 1801.06146, 2018.

[23] Hyman J M, Li J. Differential susceptibility epidemic models[J]. Journal of Mathematical Biology, 2005, 50 (6): 626-644.

[24] Ismail H, Germanus D, Suri N. P2P routing table poisoning: A quorum-based sanitizing approach[J]. Computers & Security, 2017, 65: 283-299.
[25] Joulin A, Grave E, Bojanowski P, et al. Bag of tricks for efficient text classification[J]. arXiv preprint arXiv: 1607.01759, 2016.
[26] Konrath M A, Barcellos M P, Mansilha R B. Attacking a swarm with a band of liars: evaluating the impact of attacks on bittorrent[C]//Seventh IEEE International Conference on Peer-to-Peer Computing (P2P 2007). IEEE, 2007: 37-44.
[27] Kulba Y, Bickson D. The eMule Protocol Specification [EB/OL], http: //code.google.com/p/emule-xtreme/downloads/detail? name=The-eMule-Protocol-Specification.pdf/2019-07-31.
[28] Kumar R, Yao D D, Bagchi A, et al. Fluid modeling of pollution proliferation in p2p networks[C]//ACM SIGMETRICS Performance Evaluation Review. ACM, 2006, 34(1): 335-346.
[29] Lee U, Choi M, Cho J, et al. understanding pollution dynamics in P2P file sharing systems[C]. In Proceedings of the 5th International Workshop on Peer-toPeer Systems, IPTPS'06, 2006: 1-6.
[30] Leibnitz K, Hoßfeld T, Wakamiya N, et al. On pollution in eDonkey-like peer-to-peer file-sharing networks [C]//Proceedings of the13th GI/ITG Conference-Measuring, Modelling and Evaluation of Computer and Communication Systems. VDE, 2006: 1-18.
[31] Liang J, Naoumov N, Ross K W. The Index Poisoning Attack in P2P File Sharing Systems[C]//25th IEEE International Conference on Computer Communications (INFOCOM 2006). Barcelona, Spain, 2006.
[32] Liang J, Kumar R, Ross K W. Understanding kazaa[EB/OL]. http: //cis.poly.edu/~ross/papers/UnderstandingKaZaA.pdf, 2004/2019-07-08.
[33] Liang J, Kumar R, Xi Y, et al. Pollution in P2P file sharing systems[C]//Proceedings IEEE 24th Annual Joint Conference of the IEEE Computer and Communications Societies. IEEE, 2005, 2: 1174-1185.
[34] Lin E, Castro D M N D, Wang M, et al. SPoIM: A close look at pollution attacks in P2P live streaming [C]// 2010 IEEE 18th International Workshop on Quality of Service (IWQoS). IEEE, 2010.
[35] Liu Y, Wang R, Huang H, et al. Applying Support Vector Machine to P2P Traffic Identification with Smooth Processing[C]. 8th International Conference on Signal Processing. IEEE, 2006.
[36] Lotfollahi M, Siavoshani M J, Zade R S H, et al. Deep packet: A novel approach for encrypted traffic classification using deep learning[J]. Soft Computing, 2017: 1-14.
[37] Mann N R. Statistical estimation of parameters of the Weibull and Frechet distributions[M]//Statistical Extremes and applications. Springer, Dordrecht, 1984: 81-89.
[38] Mao J P, Cui Y L, Huang J H, et al. Analysis of pollution disseminating model of P2P network[C]//2008 Second International Symposium on Intelligent Information Technology Application (IITA '08). IEEE, 2008, 3: 790-794.
[39] Maymounkov P, Mazieres D. Kademlia: A peer-to-peer information system based on the xor metric[C]//International Workshop on Peer-to-Peer Systems. Springer, Berlin, Heidelberg, 2002: 53-65.
[40] Moore C, Newman M E J. Epidemics and percolation in small-world networks[J]. Physical Review E, 2000, 61(5): 5678-5682.
[41] Newman M E J. Assortative mixing in networks[J]. Physical Review Letters, 2002, 89(20): 208701.
[42] Newman M E J. The structure and function of networks[J]. Computer Physics Communications, 2002, 147 (1): 40-45.
[43] Newman M E J, Watts D J. Scaling and percolation in the small-world network model[J]. Physical Review E, 1999, 60(6): 7332-7342.
[44] Newman M E J, Watts D J. Renormalization group analysis of the small-world network model[J]. Physics Letters A, 1999, 263(4): 341-346.

[45] Newman M E J, Moore C, Watts D J. Mean field solution of the small-world network model[J]. Physical Review Letters, 2000, 84(14): 3201-3204.

[46] Newman M E J. Power law, Pareto distributions and ZIPf's law[J]. Contemporary Physics, 2005, 46(5): 323-351.

[47] Nash A L. Attacking P2P Networks[EB/OL], https://pdfs.semanticscholar.org/d08e/35bf2f25c62f40889cf4c2fefdd738c71146.pdf, 2005-12-16/2019-07-15.

[48] Oram A. Peer-to-Peer: Harnessing the Power of Disruptive Technologies[M]. Sebastopol, CA, USA: O'Reilly & Associates, Inc., 2001: 26.

[49] Palo Alto Networks. Application Usage & Threat Report (10 edition, February 2013) [EB/OL], https://blog.paloaltonetworks.com/app-usage-risk-report-visualization/, 2013-02-1/2019-08-01.

[50] Reddy J M, Hota C, Rajarajan M. Behavior-based P2P traffic identification using fuzzy approach[C]//2015 International Conference on Applied and Theoretical Computing and Communication Technology (iCATccT). IEEE, 2015: 152-155.

[51] Singh J, Kumar D, Hammouch Z, et al. A fractional epidemiological model for computer viruses pertaining to a new fractional derivative[J]. Applied Mathematics and Computation, 2018, 316: 504-515.

[52] Thommes R W, Coates M. Epidemiological Modelling of Peer-to-Peer Viruses and Pollution[C]//Proceedings of the 25th IEEE International Conference on Computer Communications (INFOCOM 2006), 6: 1-12.

[53] Vapnik V N. The nature of statistical learning theory[M]. Germany: Springer-Verlag, 1995.

[54] Watts D J, Strogatz S H. Collective dynamics of "small-world" networks[J]. Nature, 1998, 393(6684): 440-442.

[55] Wang C H, Chiu C Y. Copyright protection in P2P networks by false pieces pollution[C]//international conference on Autonomic and trusted computing. Springer, Berlin, Heidelberg, 2011: 215-227.

[56] Wang D, Zhang L, Yuan Z, et al. Characterizing application behaviors for classifying p2p traffic[C]//2014 International Conference on Computing, Networking and Communications (ICNC). IEEE, 2014: 21-25.

[57] Wang H, Chen X, Wang W, et al. Content pollution propagation in the overlay network of peer-to-peer live streaming systems: modelling and analysis[J]. IET Communications, 2018, 12(17): 2119-2131.

[58] 王珏，周莉．BitTorrent 模型原理分析[J]．南昌：华东交通大学学报．2009. 26(1): 82-83

[59] Xu Q, Su Z, Zhang K, et al. Epidemic information dissemination in mobile social networks with opportunistic links[J]. IEEE Transactions on Emerging Topics in Computing, 2015, 3(3): 399-409.

[60] Yoshida M, Ohzahata S, Nakao A, et al. Controlling file distribution in Winny network through index poisoning[C]//2009 International Conference on Information Networking. IEEE, 2009: 1-5.

[61] Zghaibeh M. O-Torrent: A fair, robust, and free riding resistant P2P content distribution mechanism[J]. Peer-to-Peer Networking and Applications, 2018, 11(3): 579-591.

[62] 中国互联网络信息中心．中国互联网络发展状况统计报告[EB/OL], http://i2.sinaimg.cn/IT/images/2006-01-17/U853P2T78D6039F1070DT20060117183153.pdf, 2006-01-17/2019-08-01

[63] Zhou T, Fu Z Q, Wang B H. Epidemic dynamics on complex networks[J]. Progress in Natural Science, 2006, 16(5): 452-457.

[64] Zhang P, Helvik B E. Towards Green P2P: Understanding the Energy Consumption in P2P under Content Pollution[C]// Green Computing & Communications. IEEE, 2011.

[65] Zhang P Q, Helvik B E. Modeling and analysis of p2p content distribution under coordinated attack strategies[C]//2011 IEEE Consumer Communications and Networking Conference (CCNC 2011). IEEE, 2011: 131-135.

[66] Zhang X, Zhao J, LeCun Y. Character-level convolutional networks for text classification[C]//Advances in neural information processing systems. 2015: 649-657.